“十二五”职业教育国家规划教材
经全国职业教育教材审定委员会审定
普通高等教育“十一五”国家级规划教材

AutoCAD 机械制图

第 2 版

主　编　孙燕华
参　编　马宏亮　黄志辉　陈桂芬　华红芳
主　审　卢章平

机 械 工 业 出 版 社

本书是“十二五”职业教育国家规划教材，经全国职业教育教材审定委员会审定。本书是以工程制图体系为主线，以AutoCAD 2013中文版为软件平台组织编写的。主要内容有：计算机绘图基础、平面图形的绘制、组合体的三视图和轴测图、三维实体造型、机件的表达方法、机械图样的画法、Internet功能与图形输出及附录。书中提供了大量的图例及练习题，附录提供了AutoCAD 2013菜单命令表及AutoCAD 2013快捷键功能索引，便于读者对AutoCAD 2013进行较全面的认识和学习。

本书结构清晰，案例翔实，既可以用于高职高专院校计算机绘图或CAD教学，也可作为CAD培训教材或工程技术人员学习CAD技术的参考书。

图书在版编目（CIP）数据

AutoCAD机械制图／孙燕华主编．—2版．—北京：机械工业出版社，2014.8（2021.8重印）

“十二五”职业教育国家规划教材 普通高等教育“十一五”国家级规划教材

ISBN 978-7-111-47128-8

Ⅰ.①A… Ⅱ.①孙… Ⅲ.①机械制图-AutoCAD软件-高等职业教育-教材 Ⅳ.①TH126

中国版本图书馆CIP数据核字（2014）第160933号

机械工业出版社（北京市百万庄大街22号 邮政编码100037）
策划编辑：薛 礼 责任编辑：薛 礼
版式设计：霍永明 责任校对：陈立辉
封面设计：路恩中 责任印制：李 昂
北京中科印刷有限公司印刷
2021年8月第2版第8次印刷
184mm×260mm·12.75印张·304千字
16901—17900册
标准书号：ISBN 978-7-111-47128-8
定价：39.80元

电话服务
客服电话：010-88361066
010-88379833
010-68326294

网络服务
机 工 官 网：http://www.cmpbook.com
机 工 官 博：http://weibo.com/cmp1952
金 书 网：www.golden-book.com
机工教育服务网：www.cmpedu.com

第 2 版前言

AutoCAD 是当今非常流行的计算机绘图软件之一，版本更新速度很快。编者结合多年来从事 AutoCAD 教学的实践经验，以 AutoCAD 2013 中文版为软件平台，对原普通高等教育“十一五”国家级规划教材《AutoCAD 2005 机械制图》进行升级改版。

本教材继承了“以工程制图体系”为主线的编写特色，通过典型工程制图案例，逐章逐节、由浅入深引入 AutoCAD 2013 命令、功能等基础知识，并将编者对软件教学及应用的经验通过“提示”、“技巧”等栏目进行展示与体现，进一步增强了教材的“易教易学、激发兴趣、学以致用”的风格。

本教材在内容修订上，结合 AutoCAD 软件版本的升级与应用，系统优化教材体系与内容，增加了参数化绘图、高级编辑命令、三维建模等方面的知识与实用案例；精选体现专业特点的典型零件图样，将机械制图图样画法、尺寸标注、技术要求等知识要素与 AutoCAD 软件应用技能有机融合并完整体现，旨在训练学生的机械二维图样表达与三维造型核心能力。

本教材由无锡职业技术学院孙燕华主编。参加编写的有：马宏亮、黄志辉、陈桂芬及华红芳。本教材由江苏工程图学会副理事长、江苏大学卢章平教授主审。

本教材在修订过程中，得到了江苏大学戴立玲教授等专家的指导，得到了机械工业出版社的大力支持，谨向有关同志表示诚挚的感谢；同时，在教材编写过程中还参阅了相关的文献与资料，在此一并向原作者表示感谢！

由于计算机绘图技术的快速发展，加之编者水平所限，本教材仍有不足甚至错误之处，敬请读者批评指正！

编　者

第 1 版前言

随着计算机在各个领域的广泛应用，计算机绘图已成为工程界设计的主流。由于计算机绘图软件的不断更新，为了进一步做好计算机绘图的推广、应用和培训工作，全国机械职业教育基础课教学指导委员会制图学科组组织编写了本教材。

本教材以工程制图体系为主线，选择 AutoCAD 2005 中文版，逐章逐节、循序渐进引入 AutoCAD 2005 主要命令、功能、用法和作图技巧，并通过典型工程制图图例来实现计算机绘图命令操作这一过程，使计算机绘图软件的学习和工程制图图样画法有机结合，体现以计算机作为现代绘图工具的理念。基于 CAD 设计中三维造型的普及与制造信息化、全球化的特点，本教材加强了三维实体造型、AutoCAD 文件的输出与 Internet 网络链接等内容。全书文字通俗易懂，图文并茂，易教易学，有较好的可读性与实用性，适用于高职高专院校的计算机绘图或 CAD 教学，也可作为 CAD 培训教材或工程技术人员学习 CAD 技术的参考书。

本教材由无锡职业技术学院孙燕华主编。参加编写的有：孙燕华（绪论、第一章、第六章）、无锡职业技术学院华红芳（第二章、第四章、第五章第四节、第七章、附录）、蒋兆军（第三章、第五章第一、二、三节和实练题部分）。

本教材由江苏工程图学会副理事长、江苏大学卢章平教授主审。

本教材在编写过程中，得到了福建工程学院任志聪副教授、陕西工业职业技术学院吕守祥教授等专家的指导，并提出宝贵意见，在此表示诚挚的谢意。

由于编者水平有限，书中难免有欠妥和错误之处，恳请读者批评指正。

编　者

目　录

第一章　计算机绘图基础

学习导航

学习目标	了解 AutoCAD 2013 的基本功能及新增功能，熟悉文件的创建和管理，掌握 AutoCAD 2013 的基本使用方法
学习重点	AutoCAD 2013 绘图的工作界面组成、文件管理、基础操作、绘图环境设置及精确绘图工具的使用
相关命令	打开、保存、关闭、退出系统、直线、放弃、重做、缩放、平移、图层、图形界限、单位、工具栏、选项
建议课时	4~6 课时

第一节　AutoCAD 概述

AutoCAD 是美国 Autodesk 公司 1982 年推出的著名计算机辅助绘图软件，在计算机绘图和设计领域已经被运用多年，是当前最为流行、最为普及的计算机绘图软件之一。它具有使用方便、易于掌握以及应用范围广等特点，在机械、电子、建筑、航空、造船、石油化工、纺织等行业得到了广泛应用。该软件的版本更新速度很快，由最初的 1.0 版本升级为目前的 2013 版，显示出强大的生命力。AutoCAD 2013（中文版）以其高度智能化、直观生动的交互界面和高速强大的图形处理能力、全中文菜单及显示，为中文 CAD 用户提供了高度集成化和适应性极强的设计解决方案，能够满足不同专业和个性化设计的要求，且使用方便。

AutoCAD 2013 的基本功能如下：

1）图形绘制与编辑功能。

2）图形尺寸标注及文本注释功能。

3）三维建模及渲染功能。

4）图形的控制显示与观察功能。

5）数据库管理功能。

6）Internet 功能。

7）输出与打印功能。

8）二次开发和用户定制功能。

除此以外，AutoCAD 2013 版本还增加了如下新功能：

（1）界面更加人性化　在快速访问工具栏上多了“切换工作空间”选项。功能区选项板进行了优化，并新增了“插件”、“联机”选项。在状态栏上新增了“推断约束”、“三维对象捕捉”和“循环选择”等按钮。

（2）参数化绘图功能　利用参数化功能，用户可以对图形对象建立几何约束，以保证图形对象之间准确的位置关系；用户还可以建立尺寸约束，通过该约束既可以锁定对象，使其大小保持固定，也可以通过修改尺寸值来改变所约束对象的大小。

（3）路径阵列功能　利用阵列命令可以在二维平面和三维空间创建矩形阵列和环形阵列。另外，AutoCAD 2013 还可以创建沿任意轨迹线进行排列的路径阵列。同时，利用路径阵列的定距等分选项，在拉长路径后，阵列对象数量自动调整但对象间距保持不变。

（4）由三维模型创建二维图形　用户在模型空间中选择要创建视图的对象，然后使用“基础视图”工具来创建工程视图，并通过在现有工程视图中拾取点来定义剖切线，可以创建截面视图等。

（5）命令行的新功能　命令行可以灵活地显示历史记录和访问最近使用的命令。在命令行输入命令时，系统会自动提供一份清单，列出匹配的命令名称、系统变量和命令的别名。另外，还可以将命令行固定在窗口的顶部或底部，或使其浮动以获得绘图区域的最大化。

（6）夹点编辑功能更强　相对以前版本，夹点操作更迅速简便，可以直接应用于直线、多段线、圆弧、椭圆弧、尺寸和多重引线中，当在某一个夹点悬停时即可查看和选取相关的命令和选项。

（7）云端服务　利用 Autodesk360 云端服务，用户可以注册一个 Autodesk 的 ID，从而可享受 Autodesk 免费提供的 3G 空间，可以上传、同步或共享文件。

（8）光栅图像及外部参照　该版本更新了两色重采样的算法，提高了范围广泛的受支持图像的显示质量，可在“外部参照”选项板中直接编辑保存的路径。

第二节　启动 AutoCAD 2013

启用中文版 AutoCAD 2013 有以下三种方式：

1）双击桌面上的 AutoCAD 2013 的快捷图标。

2）在桌面依次单击【开始】菜单→【所有程序】→【Autodesk】→【AutoCAD 2013-Simplified Chinese】。

3）双击已存在的 AutoCAD 2013 图形文件。

AutoCAD 2013 启动后，系统将弹出一个【欢迎】界面，如图 1-1 所示，该界面分为工作、了解和扩展三部分。通过该界面可以新建或打开文件，也可以了解 AutoCAD 2013 新增功能和 AutoCAD 2013 入门操作的视频内容（可以在有网络连接的时候进行观看）。此外，还可以通过 Autodesk Exchange Apps 查找应用程序和扩展插件等，利用 Autodesk 360 网络功能对文件进行云处理、实现信息联机处理等。

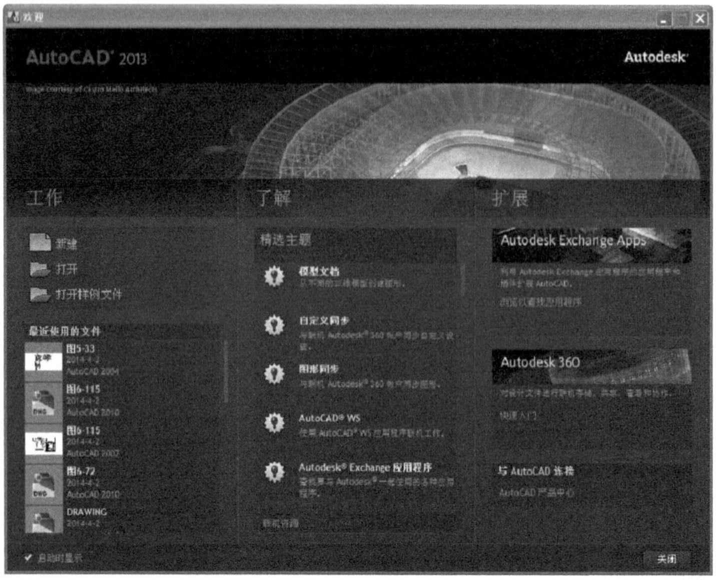

图 1-1　AutoCAD 2013【欢迎】界面

提示

如果用户不希望每次启动AutoCAD 2013后出现【欢迎】界面，可取消勾选该界面左下角的【启动时显示】选项。

第三节　工作空间与界面组成

一、AutoCAD 2013 的工作空间

AutoCAD 2013 启动后，单击【欢迎】界面右上角按钮或右下角【关闭】按钮，关闭【欢迎】界面，AutoCAD 2013 工作空间将完整地显示出来。为满足用户不同的需求，AutoCAD 2013 提供了二维草图与注释、三维基础、三维建模和 AutoCAD 经典 4 种工作空间，如图 1-2 所示为 AutoCAD 2013 的“二维草图与注释”工作空间。

“二维草图与注释”工作空间用于绘制二维图形，“三维基础”工作空间用于三维基本建模，“三维建模”工作空间则用于三维复杂建模和渲染。这三种工作空间提供了实现其功能的【功能区】选项板，方便用户调用工具命令和控件等，而“AutoCAD 经典”工作界面是 AutoCAD 的传统界面，沿用了 AutoCAD 较早版本的绘图习惯和操作方式。

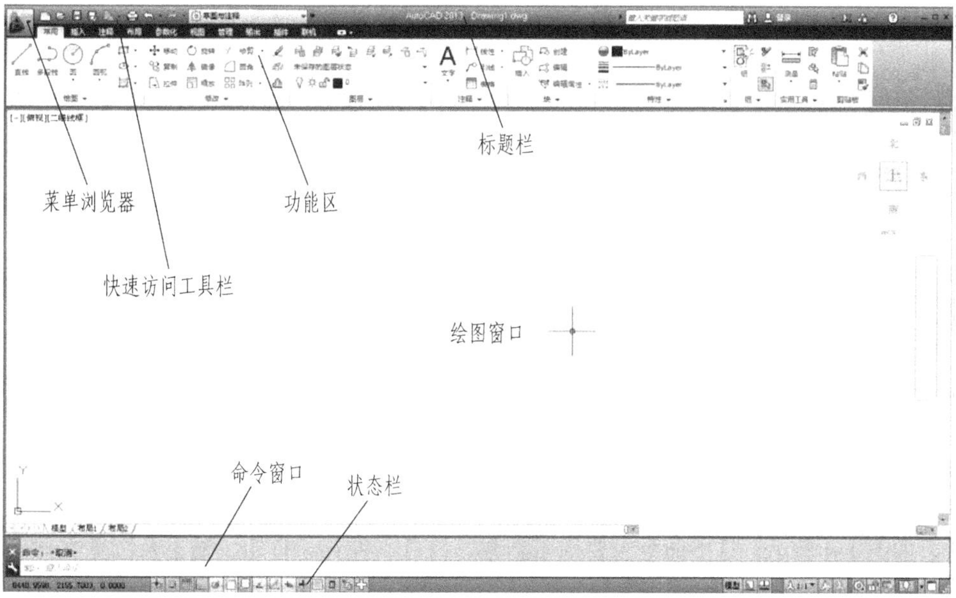

图 1-2　【二维草图与注释】工作空间

提示

1）用户可以根据绘图的需要选择相应的工作空间，也可以在绘图过程中切换所需的工作空间。

2）切换工作空间的方法：单击状态栏切换工作空间按钮，在弹出的快捷菜单中选择所需的工作空间或单击快速启动工具栏中的工作空间切换框右侧下拉三角按钮，在弹出的下拉菜单中选择。

二、AutoCAD 2013 的界面组成

尽管 AutoCAD 2013 每个工作空间的用途和界面不同，但它们之间还是包含了许多共同界面组成元素，如菜单浏览器、快速访问工具栏、标题栏、绘图窗口及命令行窗口等。另外，通过设置用户也可以让某个工作空间显示其他工作空间特有的界面元素，以满足特殊的绘图需要。因此，可以说 AutoCAD 2013 的各个空间是相通的。

如图 1-3 所示，AutoCAD 2013 的完整工作界面主要由标题栏、菜单栏、多个工具栏、功能区、绘图窗口、光标、命令行窗口、状态栏、坐标系图标、布局标签、滚动条和菜单浏览器等组成。

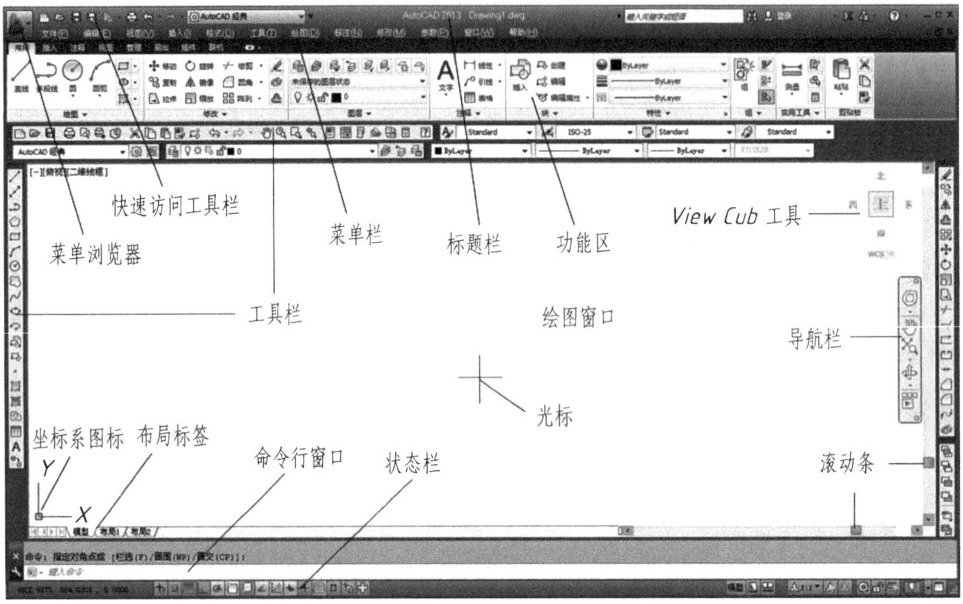

图 1-3　AutoCAD 2013 的完整工作界面

提示

上述AutoCAD 2013完整工作界面是在“AutoCAD 经典”工作界面的基础上通过增加功能区获得的，具体方法是：单击菜单栏【工具】→【选项板】→【功能区】。

1. 菜单浏览器

菜单浏览器位于工作界面的左上角，单击此浏览器按钮，系统会弹出用于管理文件的菜单命令，如图 1-4 所示，这些命令主要用于新建、打开、保存、打印、输出及浏览文件等。

2. 快速访问工具栏

快速访问工具栏位于工作界面上方，菜单浏览器的右侧，它包含了最常用的快捷按钮，以方便用户快速调用。默认状态下，由【新建】、【打开】、【保存】、【另存为】、【Cloud 选项】、【打印】、【重做】和【放弃】8 个快捷按钮和一个【工作空间切换】框组成，如图 1-5 所示。

3. 标题栏

标题栏位于工作界面的最上方，用于显示 AutoCAD 软件以及当前图形文件名等信息，如图 1-6 所示。AutoCAD 2013 默认的文件名格式为“drawingN.dwg”（N 为自然数），用户可以通过重新保存或者重命名来更改文件的名称。

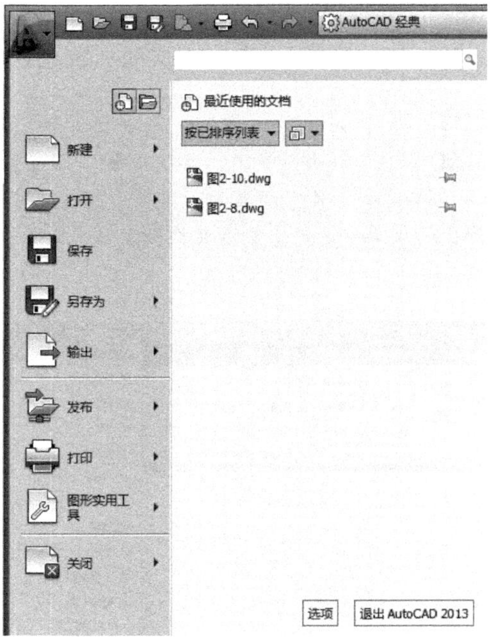

图 1-4　菜单浏览器

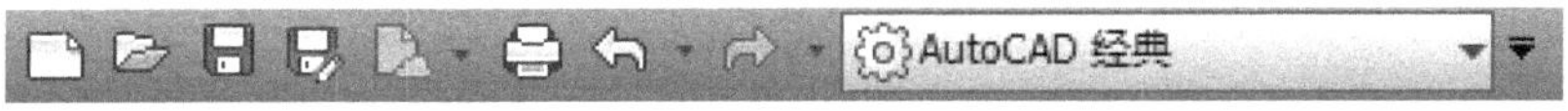

图 1-5　快速访问工具栏

标题栏中的信息中心提供了多种信息来源。在文本框中输入需要帮助问题的关键字，然后单击【搜索】按钮，就可获取相关的帮助信息；单击登录按钮，可以登录到 Autodesk 360 以访问该软件的相关集成服务；单击【应用程序】按钮，可以访问 Autodesk Exchange 应用程序网站；单击【保持连接】按钮，可以访问产品更新信息，并与 Autodesk 社区联机连接；单击【访问帮助】按钮，可以访问 Autodesk 的帮助文档。

图 1-6　标题栏

4. 菜单栏

菜单栏只有在“AutoCAD 经典”工作空间才会默认显示，默认共有 13 个菜单项，可执行 AutoCAD 的大部分命令。单击菜单栏中的某一选项，会打开相应下拉菜单。图 1-7 所示为【修改】下拉菜单。

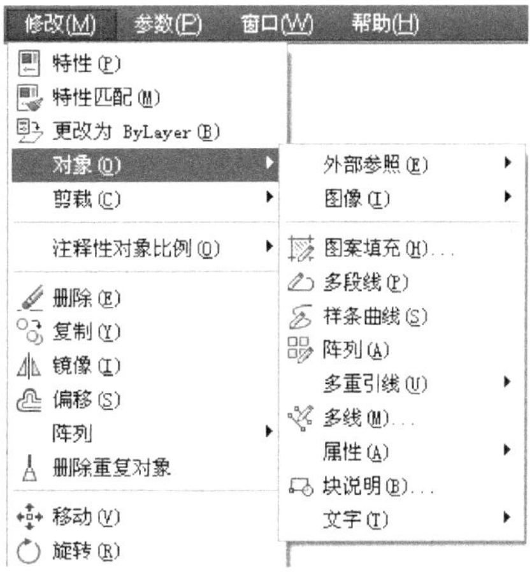

图 1-7　【修改】下拉菜单

AutoCAD 2013 下拉菜单有以下几个特点：

1）下拉菜单项中，若右边有一个实心的小三角（▶），则表明它有子菜单。如单击下拉菜单【视图】→【缩放】，则出现下一级子菜单。

2）下拉菜单项中，若右边跟着省略符号（…），则表明选择该菜单项将会弹出一个对话框，提供进一步的选择和设置。

3）若菜单项右边没有上述标记，单击后会执行对应的 AutoCAD 命令。

提示

除“AutoCAD 经典”工作空间外，其他三种工作空间都默认不显示菜单栏，以节省空间。如果需要这些工作空间显示菜单栏，可以单击快速访问工具栏右端的下拉按钮，在弹出的菜单中选择【显示菜单栏】选项，如图1-8所示。

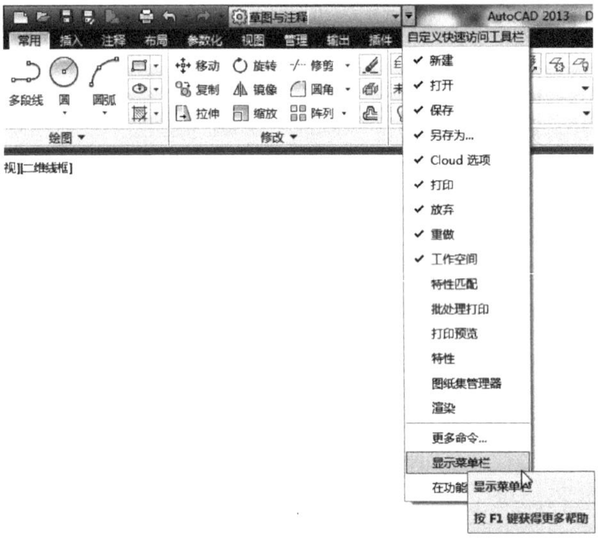

图 1-8　显示菜单栏操作

5. 功能区

功能区由功能选项卡和面板组成。AutoCAD 2013 初始状态下有【常用】、【插入】、【注释】、【参数化】、【视图】、【管理】、【输出】、【插件】和【联机】共 9 个功能选项卡，每个选项卡又包含若干个面板，如【常用】选项卡含有“绘图”、“修改”、“图层”等面板，如图 1-9 所示。这些面板是按照选项卡的功能不同被划分在不同的选项卡中的，同时每个面板又包含实现该面板功能的多个工具按钮和控件，AutoCAD 大部分的操作命令均可通过点选这些工具按钮或控件来实现。

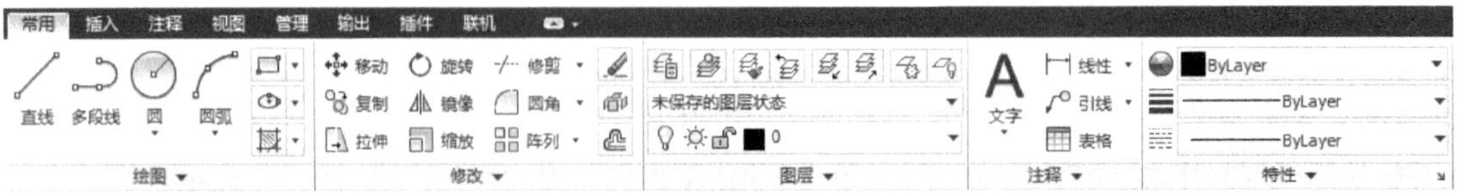

图 1-9　功能区

6. 工具栏

在 AutoCAD 2013 中，除了通过功能区提供的工具面板外，还可以利用工具栏来完成命令操作。AutoCAD 2013 工具栏更接近 Windows 系统风格，显示更加突出，更具有现代风格，利用这些工具栏中的命令按钮，可以方便地启动相关命令。默认设置下，“AutoCAD 经典”工作空间界面上显示【标准】、【样式】、【工作空间】、【快速访问】、【图层】、【特性】、【绘图】和【修改】

工具栏。

提示

如果将AutoCAD的工具栏全部打开，会占用较大的绘图空间，因此常常会根据需要打开或关闭部分工具栏。打开或关闭工具栏的操作方法如下：

方法一：在已打开的工具栏上单击鼠标右键，弹出列有工具栏目录的快捷菜单，在此快捷菜单中选择相应的工具栏名称，即可打开或关闭该工具栏。

方法二：用户通过单击菜单【工具】→【工具栏】→【AutoCAD】→工具栏名选项来打开或关闭某一工具栏。

7. 绘图窗口

AutoCAD 2013 界面上最大的空白区域是绘图窗口，是用来绘制图样的地方，也是显示和观察图样的窗口。绘图区实际上是无限大的，用户可以通过缩放、平移等命令来观察绘图区的图形。

8. 坐标系图标

坐标系图标表示用户绘图时正使用的坐标系形式，位于绘图窗口的左下角，通过点的坐标确定一个参照系。根据工作需要，用户可以选择将其关闭，方法是：选择菜单命令【视图】→【显示】→【UCS 图标】→【开】。

9. 光标

AutoCAD 2013 绘图窗口内的十字线称为光标，其交点反映了光标在当前坐标系中的位置，十字线的方向与当前用户坐标系的 X 轴、Y 轴方向平行。AutoCAD 2013 光标在不同的操作状态的形状会有所不同："+"为绘制状态，"□"为选择状态、"⌖"为原始状态。

10.ViewCube 工具和导航栏

ViewCube 工具位于绘图窗口的右上角，用以控制图形的显示和视角，一般在二维状态下不用显示该工具。关闭工具操作是单击菜单浏览器中的【选项】按钮，在弹出的【选项】对话框中选择【三维建模】选项卡，然后在【显示 ViewCube 工具】栏目下取消【二维相框视觉样式】前面的勾选。

导航栏位于绘图区的右侧，用以控制图形的缩放、平移、回放和动态观察等功能。一般在二维状态下不用显示导航栏。要关闭导航栏，只需单击导航栏右上角的按钮即可。另外，单击功能区【视图】选项卡的【窗口】面板中的【用户界面】按钮，在弹出的下拉菜单中选中或清除"导航栏"复选框，可以打开或关闭导航栏。

11. 布局标签

布局标签位于绘图窗口的下方，用于实现模型空间与图纸空间的切换，模型空间用于绘制图形，而布局也就是图纸空间，用于图形的输出，如设置打印图形的大小、比例等。

12. 命令行窗口

命令行窗口位于绘图窗口的底部，是输入命令名和显示命令提示的区域。AutoCAD 2013 通过命令行窗口反馈各种信息（包括出错信息），因此用户要时刻关注在命令行中出现的信息，并按提示信息进行相关操作。

提示

默认状态下，AutoCAD 2013在命令行窗口保留最后三行执行的命令或提示信息。若要显示更多内容，可将光标移至命令行窗口上边缘，当光标呈 形状时，按住鼠标左键向上拖动鼠标就可增加命令行窗口的行数。

13. 状态栏

状态栏在屏幕的底部，如图 1-10 所示，用于显示 AutoCAD 2013 当前的状态。状态栏主要由坐标显示区、辅助绘图工具、快速查看工具、注释工具和工作空间工具组成。坐标显示区用于显示当前光标所在位置的坐标值，辅助绘图工具是用于实现图形精确绘制、快速绘制等功能的工具，快速查看工具是用于实现快速预览打开的图形、切换模型和图纸空间等功能的工具，注释工具是用于显示缩放注释的工具，工作空间工具是用于切换 AutoCAD 工作空间以及进行自定义工作空间等操作的工具。

图 1-10　状态栏组成

14. 滚动条

在绘图窗口的下方和右侧还提供了用来浏览图形的水平滚动条和竖直滚动条，在滚动条上单击鼠标或拖动滚动块，用户可以在绘图窗口中按水平或竖直两个方向控制图样在绘图窗口中的位置。

第四节　文件管理

文件管理是软件操作的基础。在 AutoCAD 2013 中，图形文件管理包括创建新的图形文件、打开已有的图形文件、关闭图形文件以及保存图形文件等。下面以图 1-11 为例，介绍文件的创建、保存和打开等操作方法。

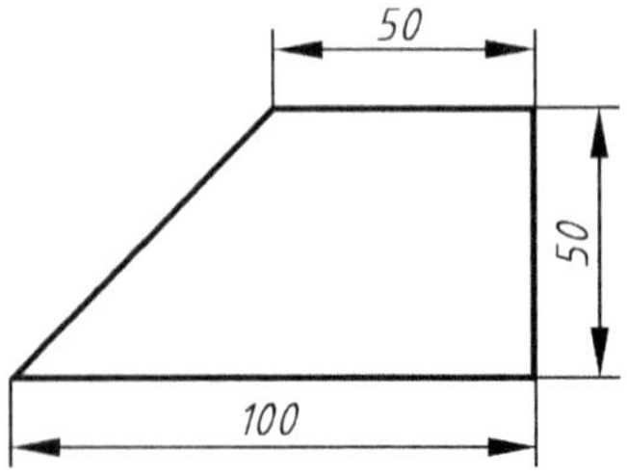

图 1-11　梯形的绘制

一、新建图形文件

启动 AutoCAD 2013 时，系统会自动新建一个文件，该文件默认以“acadiso.dwt”为样板。但如果要在启动后创建一个新的项目，就需要通过以下几个方法来新建一个空白图形文件：

1）在命令行窗口输入“NEW”。

2）单击菜单栏【文件】→【新建】命令。

3）单击快速访问工具栏中的【新建】按钮或【标准】工具栏上的按钮。

4）快捷键：Alt +N。

执行上述操作后，系统将打开如图 1-12 所示的【选择样板】对话框，按照自身的需要选择某一图形样板，单击对话框上的【打开】按钮，即可创建一个空白图形文件。

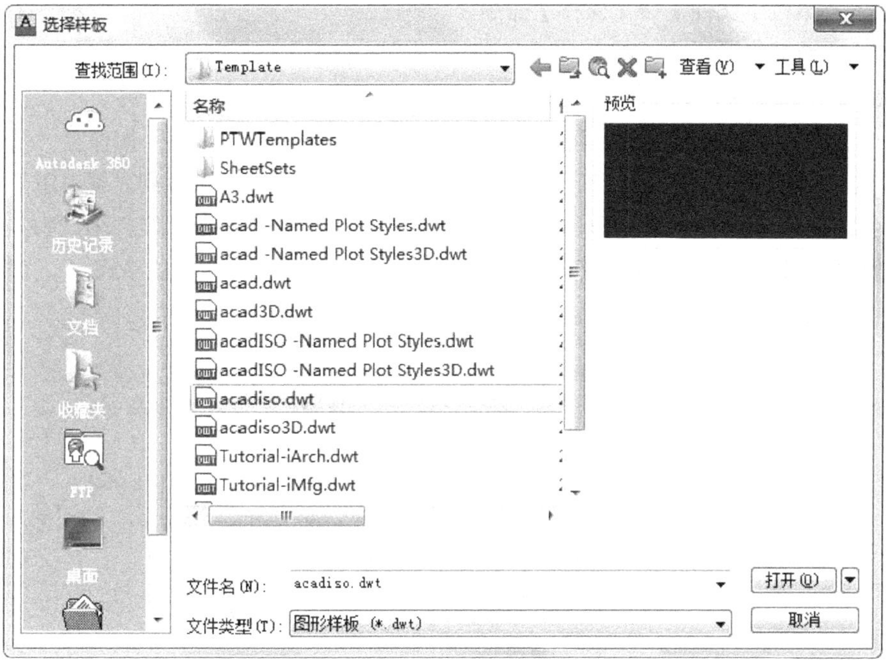

图 1-12　【选择样板】对话框

二、保存与加密图形文件

1. 图形文件的保存

保存图形文件就是将图形文件信息写入磁盘中，俗称“存盘”。利用计算机绘图时，最需牢记的就是要经常存盘，以免由于因意外操作或计算机系统故障而导致正在绘制的图形文件丢失。为了说明图形的保存方法，首先绘制图 1-11 所示的图形，然后将其保存。

（1）绘制图形　这里利用在命令窗口输入命令的方式创建上述图形。命令行操作如下：

命令：LINE ↙　（输入直线命令）

指定第一点：100,100 ↙（输入起点坐标）

指定下一点或［放弃（U）］：200,100 ↙（输入第二点坐标）

指定下一点或［放弃（U）］：200,150 ↙（输入第三点坐标）

指定下一点或［闭合（c）/ 放弃（U）］：150,150 ↙（输入第四点坐标）

指定下一点或［闭合（c）/ 放弃（U）］：c ↙（选择“闭合”选项，图线首尾自行封闭）

提示

1）为加以区分，本书中列出的命令行的提示信息文字一律采用灰色背景，↙表示按回车键。

2）要想在命令行输入上述数据，必须单击状态栏上的辅助绘图工具中的动态输入按钮 ⊹，将“动态输入”状态关闭。

（2）保存图形　在 AutoCAD 2013 中，可以使用多种方式将所绘图形存入磁盘，常用保存图形的方法有如下几种：

1）在命令行窗口输入“QSAVE”。

2）单击菜单栏【文件】→【保存】命令。

3）在快速访问工具栏或标准工具栏上单击保存按钮 。

4）快捷键：Ctrl+S。

图形绘制完成后，执行上述保存命令。由于当前所绘图形文件是第一次保存，系统会弹出【图形另存为】对话框，如图 1-13 所示。在该对话框中，【保存于】下拉列表框中用于设置图形文件的保存路径；【文件名】文本框用于输入图形文件的名称，这里输入文件名“T1”；【文件类型】下拉列表框用于选择文件的保存格式，其中 *.dwg 是图形文件的默认格式。

提示

1）如果当前所绘图形文件是命名过的文件，执行上述保存命令后将不会出现【图形另存为】对话框，AutoCAD 2013自动按照已定义的路径和文件名保存所作的修改。

2）如果用户想为当前图形文件保存一个副本，可以单击【文件】→【另存为】命令或在命令行窗口输入“SAVE”命令，直接打开图1-13所示的【图形另存为】对话框，对图形文件名进行改名或另设路径加以保存。

图 1-13 【图形另存为】对话框

2. 图形文件的加密

在 AutoCAD 2013 中，用户在保存文件时设置密码有助于在进行工程协作时确保图形数据的安全，可防止未经授权的人员对其进行查看。

在启用保存命令获得图 1-13 所示的【图形另存为】对话框情况下，单击该对话框右上角的【工具】按钮，在弹出的下拉列表中选择【安全选项】命令，如图 1-14 所示。此时将打开【安全选项】对话框，如图 1-15 所示。

图 1-14 【图形另存为】对话框中的【工具】下拉列表

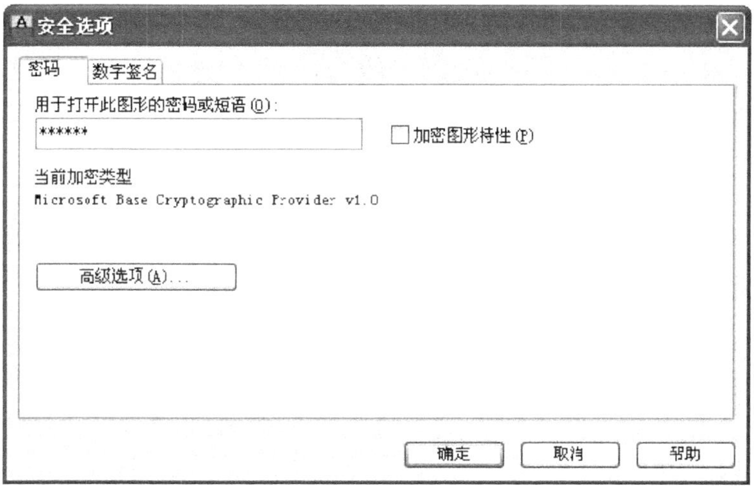

图 1-15 【安全选项】对话框

在【安全选项】对话框中的【密码】选项卡中，用户在【用于打开此图形的密码或短语】文本框中输入密码，然后单击【确定】按钮，打开【确认密码】对话框，如图 1-16 所示，在【再次输入用于打开此图形的密码】文本框中输入确认密码。

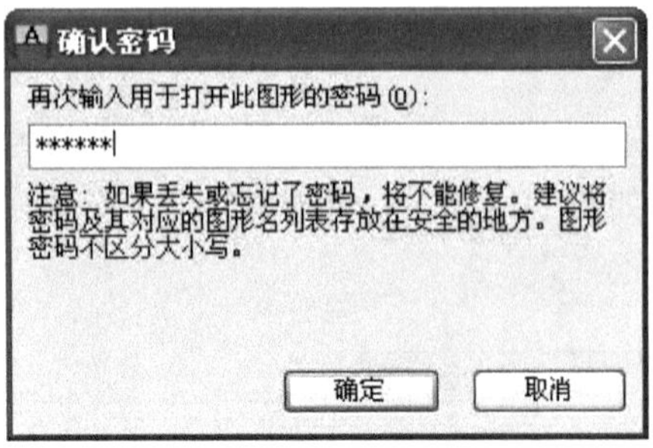

图 1-16 【确认密码】对话框

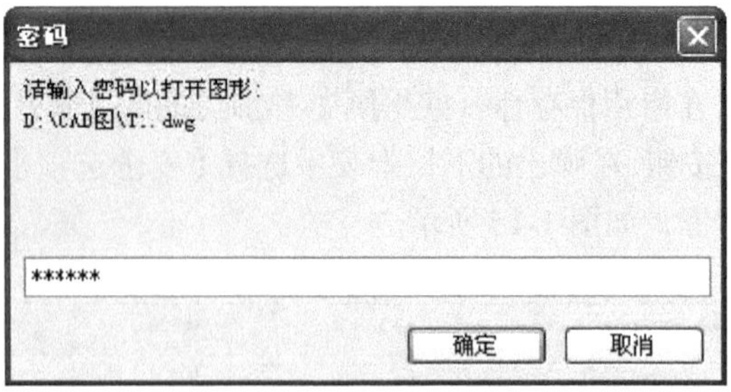

图 1-17 【密码】对话框

设置密码后，用户在打开文件时系统将打开【密码】对话框，如图 1-17 所示。要求用户输入正确的密码，否则文件将无法打开，出现如图 1-18 所示的信息。密码对于需要保密的图形文件非常重要。

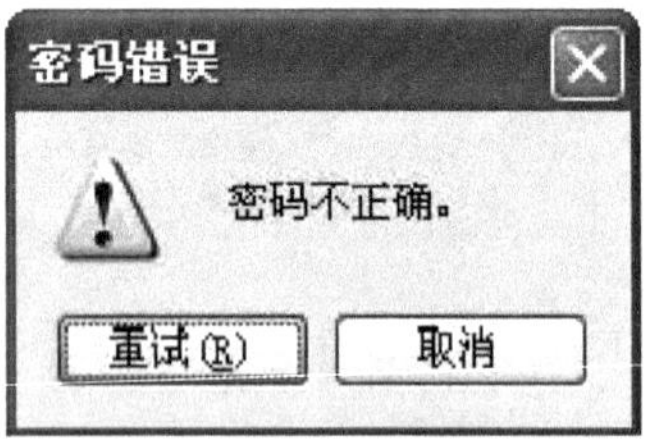

图 1-18 错误信息

三、打开图形文件

AutoCAD 2013 文件的打开方式有很多种，下面介绍几种较为常见的打开方式。

1）在命令行窗口输入“OPEN”。

2）单击菜单栏【文件】→【打开】命令。

3）在快速访问工具栏或标准工具栏上单击打开按钮。

4）快捷键：Ctrl+O。

执行以上操作都会弹出如图 1-19 所示的【选择文件】对话框。在对话框中选择已保存文件的路径和名称，然后单击【打开】按钮即可打开该文件。

图 1-19 【选择文件】对话框

四、关闭当前图形文件

单击 AutoCAD 2013 标准工具栏右侧的按钮、键入“CLOSE”命令或单击菜单栏【文件】→【关闭】命令都可关闭当前文件。如果当前图形文件没有存盘，系统将弹出警告对话框，询问用户是否保存文件，如图 1-20 所示。此时单击【是】按钮或直接按回车键，可保存当前图形文件并将其关闭；单击【否】按钮，可关闭当前图形文件但不存盘；单击【取消】按钮，则取消关闭当前图形文件操作，既不保存也不关闭。

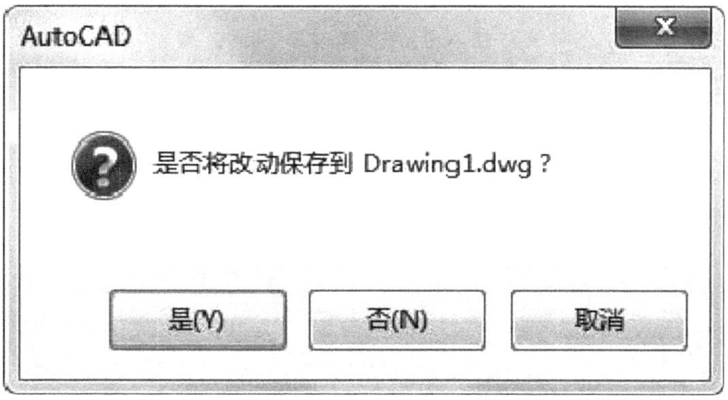

图 1-20　警告对话框

五、退出 AutoCAD 2013

退出 AutoCAD 2013 有多种方式，具体如下：

1）在命令行窗口输入“QUIT”。

2）单击菜单栏【文件】→【退出】命令。

3）单击右上角的按钮。

4）快捷键：Alt+F+X。

如果退出时当前图形未保存，系统也会出现如图 1-20 所示的警告对话框，提示用户是否进行存盘操作。

第五节　基本操作

AutoCAD 2013 相关命令的用法、对象选取、图形的显示和刷新处理等是学习本软件的基础，也是非常重要的知识，用户必须掌握这些基本操作，并能够熟练运用，为后续的图形绘制打下牢固的基础。

一、命令的用法

1. 命令的启动方式

AutoCAD 2013 中，大部分的绘图、编辑操作都可以通过“命令”方式来完成，所以操作的第一步就是获取相应的命令。通常，获取 AutoCAD 2013 命令的方式主要有三种：键盘输入方式、按钮方式和菜单方式。

（1）键盘输入方式　用户可通过键盘输入命令来绘制或编辑图形，命令字符不区分大小写。如要画一条直线，可在命令窗口“命令：”提示信息下输入“LINE”命令，然后按回车键，即可运行该命令。

提示

1）用键盘键入命令之前，一定要确认在屏幕最后一行的命令提示区已经显示出“命令：”提示符。如果没有显示出“命令：”提示符，应先按ESC键恢复到初始“命令：”状态。

2）AutoCAD 2013为一些常用命令提供了缩写形式，以便快速输入。例如，用“直线”命令作图时，可以不输入“Line”，而只输入“L”，“L”就是该命令的别名。

3）当在命令行窗口输入命令字母时，系统会自动提供一份清单，列出匹配的命令名称、系统变量和命令的别名，如图1-21所示，用鼠标单击清单中所需的命令名即可执行该命令，而无需输入全部命令字符。

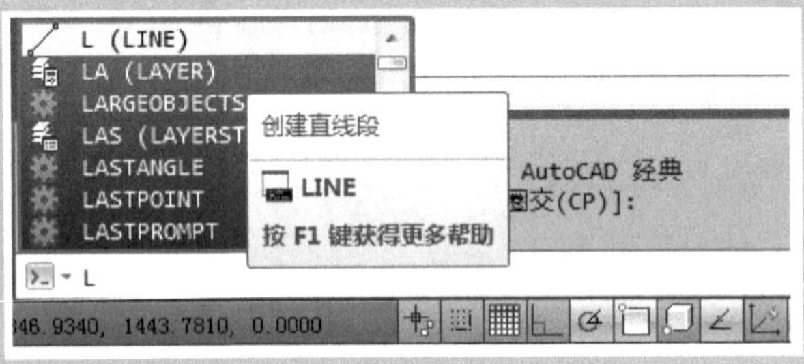

图 1-21　命令清单

（2）按钮方式　AutoCAD 2013 工具栏或功能区中的面板都是由各种按钮组成的，将鼠标移动到某一按钮上停留片刻，在鼠标附近将提示该按钮的名称及作用，单击按钮就能执行对应的命令。如绘制一条直线，可单击【绘图】工具栏中的按钮。

（3）菜单方式　AutoCAD 2013 的菜单栏包含了绝大部分的系统命令，几乎所有的操作都能通过菜单完成。将鼠标移至菜单栏，左右移动鼠标选择所需的菜单项，单击该菜单项，在下拉菜单中移动鼠标，单击所需的命令项以启动该命令。如画一条直线，可单击菜单栏【绘图】→【直线】命令。

2. 命令行的提示操作

AutoCAD 2013 命令行的作用不仅在于通过它可以启动 AutoCAD 命令，更重要的是它为用户与 AutoCAD 互动提供了一个很好的“窗口”。所以在执行命令时，要注意命令行的提示，并对提示做出相应的操作。如单击【修改】工具栏中的【偏移】命令按钮，在命令行窗口将出现图 1-22 所示的命令响应提示信息。这些提示信息是一种约定格式的语句，只有通晓这种语句格式，才能更好地掌握 AutoCAD 的命令操作。

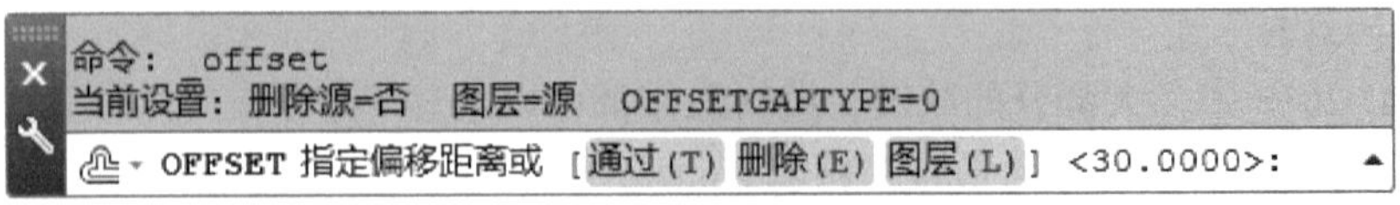

图 1-22　命令响应提示信息

命令行提示信息有时含有许多选项，一般会有一个默认选项或优先选项。图 1-22 中的提示内容用“或”分为两部分：前面部分为优先选项，如用户想要执行该选项，可直接用鼠标或键盘输入相应的数据；如用户想要执行“[ ]”中各选项，则应首先输入该选项的标识字符（选项后面的字母），按回车键后再根据命令提示进行相应的操作；在命令提示结尾有时还带有尖括号“< >”，尖括号中给出的为默认选项或数值，用户若选用该项或此数值，直接回车操作即可。

3. 命令的重复、撤销、重做

（1）命令的重复 若需要连续反复使用同一条命令，可以使用命令的重复操作功能。在上一个命令刚好执行结束，命令行窗口自动返回到“命令：”提示状态时，如果用户想重复使用该命令，只需直接按回车键或空格键即可。另外单击鼠标右键，在弹出的快捷菜单中选择“重复 ×××”命令，如图 1-23 所示，系统亦会自动重复执行上一个命令。

图 1-23 右键快捷菜单

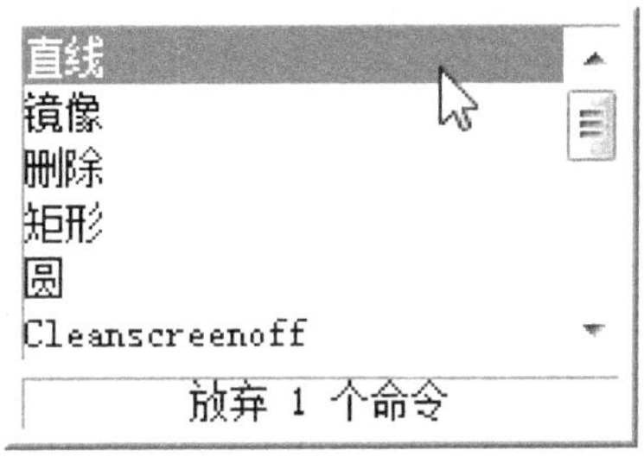

图 1-24 【放弃】下拉菜单

（2）命令的撤销与中止 在完成某一项操作后，如果发现所做的操作不符合要求，希望将该步操作取消，可在命令行键入“UNDO”命令后回车或在图 1-23 所示的右键快捷菜单中选择“放弃 ×××”命令，可以撤销刚刚执行的操作。另外，单击【标准】工具栏上的按钮 也可撤销刚刚执行的操作。如果单击该按钮右侧下拉箭头，还可以选择撤销的步骤，如图 1-24 所示。

撤销操作是在命令结束之后进行操作，但是在绘图过程中难免会遇到命令操作出错的情况，此时需要在命令执行过程中中止该命令的执行。按 Esc 键或单击鼠标右键，在弹出的快捷菜单中选择【取消】选项，即可中止当前命令。

（3）命令的恢复 已被撤销的命令还可以重新恢复。单击【标准】工具栏上的按钮 或在命令行窗口中键入“MREDO”即可恢复该命令。

4. 透明命令

有些命令可以在执行绘图或编辑命令的过程中进行操作，这些命令的执行并不影响原来正常的绘图或编辑命令的功能，执行完这些命令后可继续进行原来的操作，因此形象地将此类命令称为透明命令。最常用的透明命令是图形显示命令，如 ZOOM、PAN 等。使用时应在输入该透明命令之前输入单引号（’），在系统出现透明命令的提示前有一个双折号（>>）。完成透明命令后，系统将继续执行原命令。例如画直线时，要打开视窗缩放命令中的利用窗口缩放的子命令，可输入以下命令：

命令：LINE ↙（直线命令）

指定第一点：(在屏幕上拾取一点作为直线的第一点)

指定下一点或[放弃(U)]：'ZOOM ↙(使用透明命令 zoom)

>>指定窗口的角点，输入比例因子(nX或nXP)，或者

ZOOM[全部(A)/中心(C)/动态(D)/范围(E)/上一个(P)/比例(S)/窗口(W)/对象(O)]<实时>：W ↙

>>指定第一个角点：(选取窗口的第一角点)

>>指定对角点：(选取窗口的第二角点)

正在恢复执行LINE命令。

LINE 指定下一点或[放弃(U)]：(继续执行"直线"命令)

二、数据输入方法

在执行命令时，通常还需要提供必要的数据。常见的输入数据有：点的坐标（如线段的端点、圆的圆心等）、数值（如距离或长度、直径或半径、角度、位移及项目数等）。

1. 点的坐标输入方式

（1）输入点的绝对直角坐标　点的绝对直角坐标输入格式为"m，n"，表示输入点相对于坐标原点（0，0）的水平距离为m，竖直距离为n，如图1-25a所示。

（2）输入点的相对直角坐标　点的相对直角坐标输入格式为"@m，n"，表示输入点相对于前一个输入点的水平距离为m，竖直距离为n，如图1-25b所示。

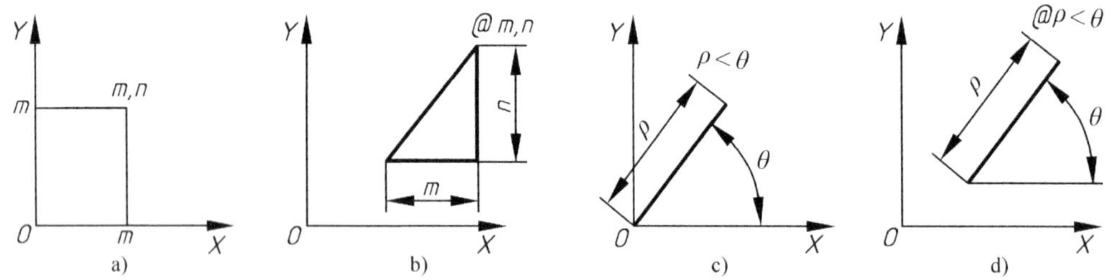

图1-25　点的坐标输入方式

（3）输入点的绝对极坐标　点的绝对极坐标输入格式为"$\rho<\theta$"，其中ρ表示输入点到坐标原点（0，0）的距离，θ为该点至坐标原点（0，0）的连线与X轴正向夹角，如图1-25c所示。

（4）输入点的相对极坐标　点的相对极坐标输入格式为"@$\rho<\theta$"，其中ρ表示输入点到前一个输入点的距离，θ为该点至前一个输入点的连线与X轴正向夹角，如图1-25d所示。

（5）鼠标输入点　在绘图窗口中，移动鼠标在屏幕合适位置单击直接取点，或用对象捕捉方式在屏幕已有图形的特殊点（如端点、交点、圆心等）上单击鼠标，即可输入相应点的坐标。

2. 数值输入方式

AutoCAD 2013提供了两种输入数值的方式：一种是用键盘在命令行窗口直接输入数值，另一种是在屏幕上拾取两点，以两点的距离值定出所需的数值。

3. 动态输入

动态输入是从AutoCAD 2006版本开始增加的一种比命令输入更友好的人机交互方式。单击状态栏上的按钮，可以打开动态输入功能。动态输入包括指针输入、标注输入和动态提示3项功能。单击菜单栏【工具】→【草图设置】命令，将弹出【草图设置】对话框，用户可在该对话框的【动态输入】选项卡对上述动态输入的功能选项进行设置，如图1-26所示。

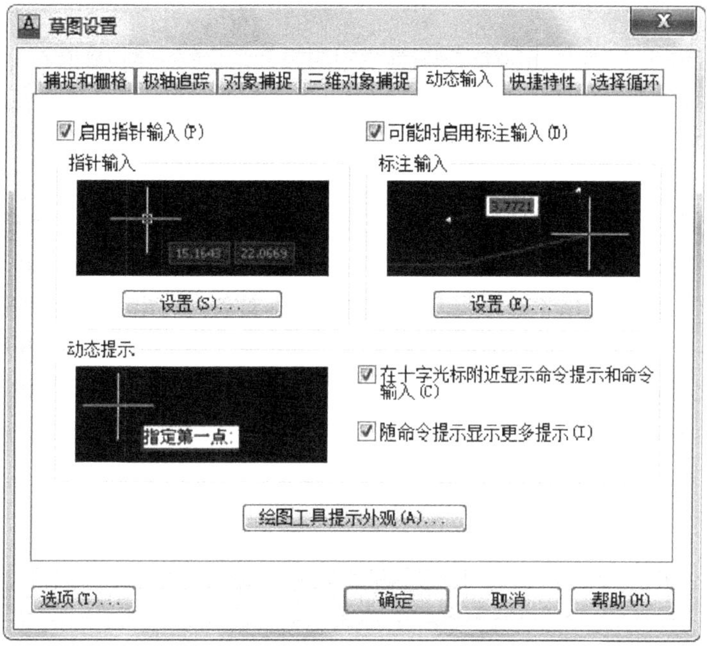

图 1-26 【动态输入】选项卡

（1）指针输入 在对话框中选中【启用指针输入】复选框，则启用指针输入功能。为了区别于其他功能，【动态输入】选项卡的其他选项暂不勾选。设置后在绘图区域中移动光标时，光标附近的工具栏提示显示为坐标，如图 1-27 所示。用户可以在工具栏的提示中输入坐标值，并用 Tab 键在几个工具栏提示中切换。

（2）标注输入 选中【可能时启用标注输入】复选框，则启用标注输入功能。当命令提示输入第二点时，工具栏提示中的距离和角度值将随着光标的移动而改变，如图 1-28 所示。用户可以在工具栏提示中输入距离和角度值，并用 Tab 键进行切换。

（3）动态提示 选中【在十字光标附近显示命令提示和命令输入】复选框，则启动动态提示。在光标附近会显示命令提示，用户可以使用键盘上的↓键显示命令的其他选项，根据具体选项做出相应的操作，如图 1-29 所示。

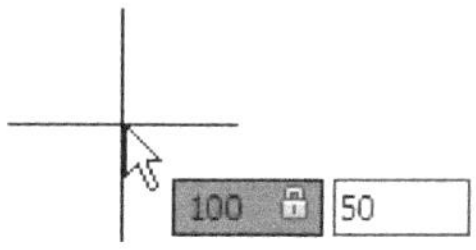

图 1-27 指针输入

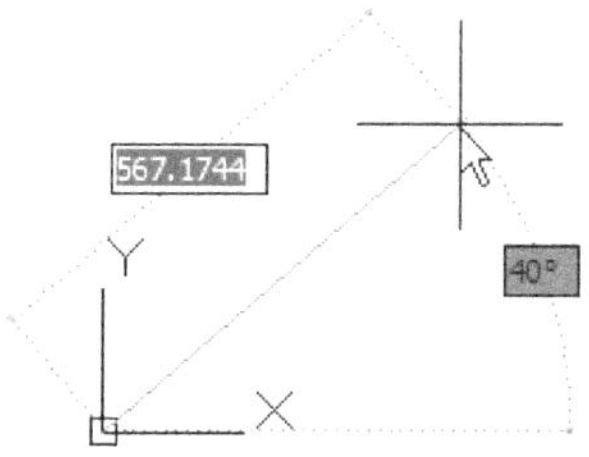

图 1-28 标注输入

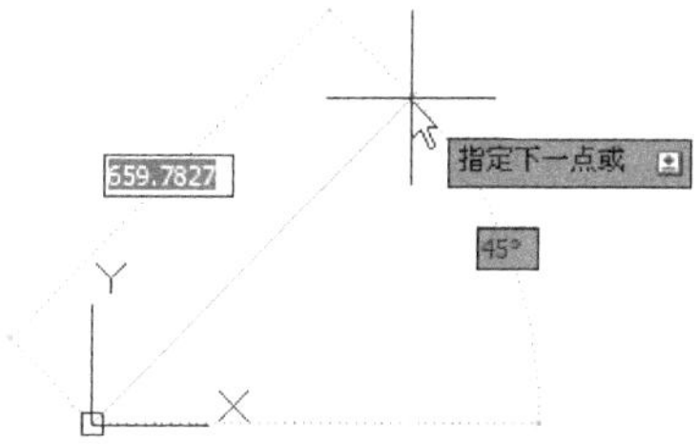

图 1-29 动态提示

三、选择对象的方法

用户在对图形进行编辑时，首先要选择对象，然后再对其进行编辑，因此对象选择是一种常用的、使用频率极高的操作。当系统提示用户进行图形对象的选择时，此时绘图区的十字光标将变成一个小方框，称为选择框。当对象被选中时，选中对象将以虚线高亮显示。AutoCAD 2013 提供了多种选择对象的方法，如点取方法、用选择窗口选择对象以及用对话框选择对象等。

1. 点选方式

用户在执行编辑命令，如单击【修改】工具栏中删除命令按钮时，此时在命令行“选择对象”的提示下，移动鼠标将选择框置于要选择的对象上，单击鼠标左键，该对象将变成虚线高亮显示，表示该对象被选中。用该方式亦可连续选择多个图形对象。

2. 窗选方式

窗选方式是通过确定选取图形对象的范围进行对象选择的一种方法，它有窗口方式和窗交方式两种形式。

（1）窗口方式　该方式用于选中完全显示在窗口的对象。在出现“选择对象”提示下，用鼠标左键单击出左上角点 *A*，然后拖动鼠标至右下角 *B* 处，则出现如图 1-30 所示的矩形窗口。单击鼠标左键，此时完全包含在矩形窗口中的对象变成虚线显示，表示被选中。

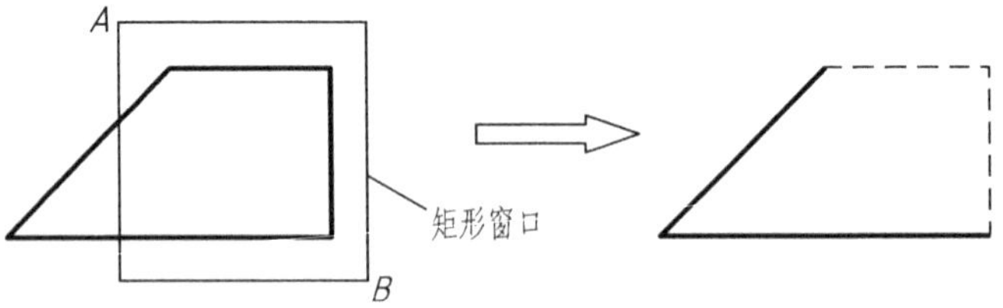

图 1-30　窗口方式选择对象

（2）窗交方式　该方式用于选中完全或部分显示在窗口中的对象。如图 1-31 所示，在出现“选择对象”提示下，用鼠标先给出右下角点 *A*，然后拖动鼠标至左上角 *B* 处，则出现如图 1-31 所示的矩形窗口，单击鼠标左键，则完全或部分处在矩形窗口中的对象都变成虚线显示，即被选中。

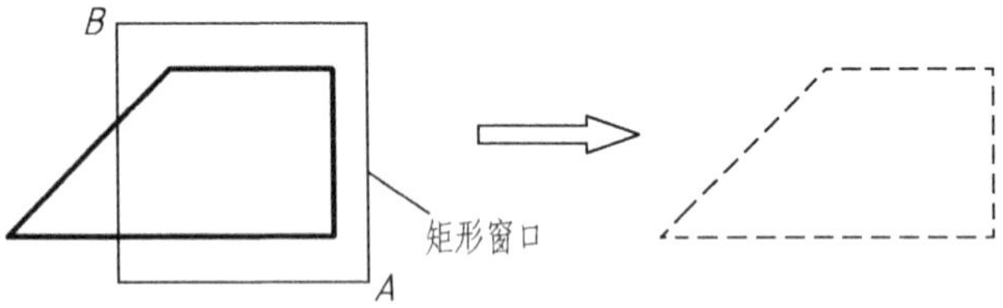

图 1-31　窗交方式选择对象

3. 全选方式

在出现“选择对象”提示下，输入“ALL”后回车，将选中整个图形对象。

四、图形显示的控制方法

为了便于绘图操作，AutoCAD 2013 提供了多种控制图形显示的方法，以满足用户观察图形的不同需求。一般这些命令只能改变图形在屏幕上的显示方式，如可按操作者期望的位置、比例和范围进行显示以便观察，但不能使图形产生实质性的改变，既不改变图形的实际尺寸，也不影响对象间的相对位置。换句话说，其作用只改变了主观的视觉效果，而不会引起图形产生客观实际变化。

1. 图形的缩放

图形的缩放显示命令可以改变图形实体在视窗中显示的大小，以便于实现准确绘制实体、捕捉目标等操作。启动该命令有以下几种常用的方式：

1）直接输入“ZOOM”命令，出现如图 1-32 所示的信息提示，然后选中某一选项进行相应的缩放操作。

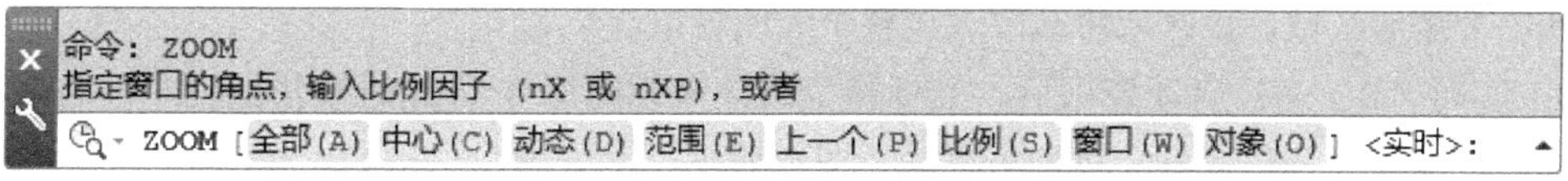

图 1-32　ZOOM 命令的信息提示

2）单击菜单栏【视图】→【缩放】命令，出现如图 1-33 所示的二级菜单，再选择具体的选项进行缩放操作。

3）单击功能区【视图】选项卡【二维导航】面板【范围】右侧的三角按钮，出现如图 1-34 所示的下拉菜单，再选择具体的选项进行缩放操作。

4）在【缩放】工具栏中单击相应的按钮，如图 1-35 所示。

从上述四种启动命令的方式来看，打开后的缩放子命令选项几乎是相同的。各缩放子命令选项的功能如下：

1）范围（E）：启动该项，将在当前绘图窗口显示整个图形的范围。

2）全部（A）：在当前绘图窗口显示整个图形和绘图界限范围。

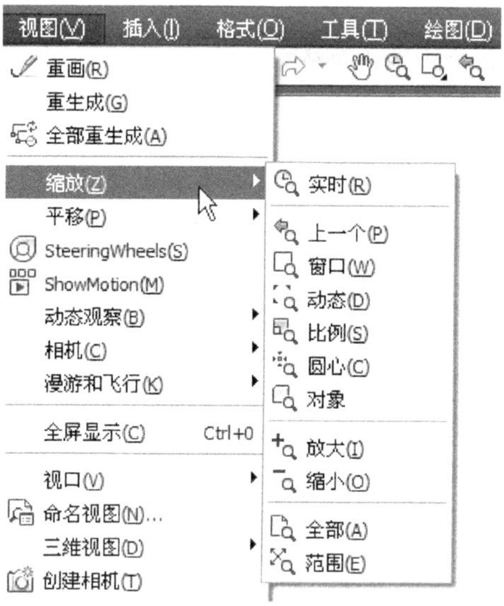

图 1-33　缩放下拉菜单

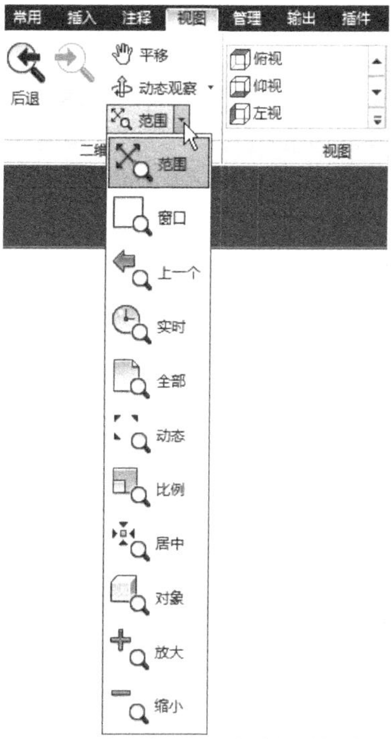

图 1-34　功能区【缩放】菜单

图 1-35　缩放工具栏

3）窗口（W）：启动该项后，通过定义窗口确定放大范围，即用鼠标在屏幕上拾取两点得到一个矩形区域，该区域将被放大至整个绘图窗口。

4）实时（R）：启动该项后，光标将变成放大镜图标，此时按住鼠标左键向上移动，图形放大；反之，按住鼠标左键向下移动，图形缩小。

5）上一个（P）：启动该项后，将恢复上一次的缩放状态。

6）比例（S）：启动该项后，然后输入所需的比例因子，使视图按比例进行缩放。如果输入比例仅为数值（如 0.5）并按回车键，图形将按比例值进行绝对缩放，即相对于实际尺寸进行缩放；如果在比例值后面加 X（如 0.5X），则将相对于当前显示图形的大小缩放；如果在比例值后面加 XP（如 0.5XP），则将相对于图纸空间的大小缩放。

7）居中（C）：又称“圆心”或“居中”。启动该项后，通过指定图形的显示中心和缩放比例，图形将以该显示中心为缩放的中心，按给定的比例缩放。

8）动态（D）：启动该项后，绘图区将出现一个中心带有“×”的矩形选择框，如图 1-36a 所示。单击鼠标左键，“×”消失，而在矩形选择框的右边线出现一个方向箭头→，拖动鼠标但不按下可调整选择框的大小，如图 1-36b 所示。再次单击鼠标，则又恢复到含“×”的矩形选择框状态，移动选择框至目标对象合适处，如图 1-36c 所示，按回车键或右击即可放大查看方框中的图形部分。

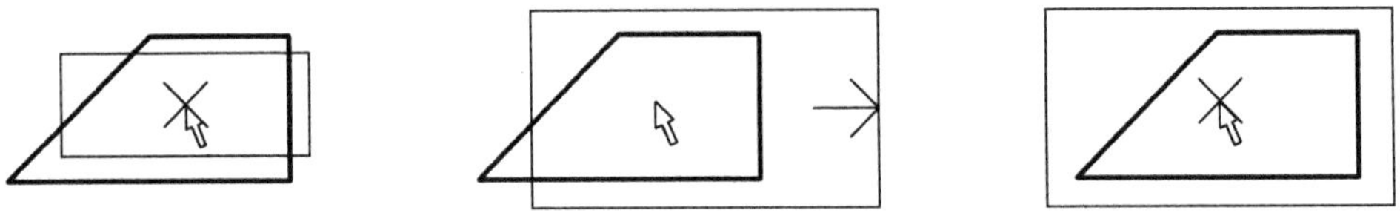

a)　　b)　　c)

图 1-36　动态缩放操作

9）对象（O）：启动该项后，选择要缩放的对象并回车，将使选择的图形对象最大化地显示在绘图窗口。

10）放大：启动该项后，图形将放大至当前图形的两倍。

11）缩小：启动该项后，图形将缩小至当前图形的一半。

2. 视图平移

使用 AutoCAD 2013 绘图时，当前图形文件中的所有图形实体并不一定全部显示在绘图窗口内，因为绘图窗口的大小毕竟是有限的。如果想查看绘图窗口外的图形，可以使用实时平移命令 PAN。PAN 比缩放视图要快得多，因为它不必进行缩放显示。另外，平移视图的操作直观形象而且简便，因此，在绘图中会经常用到这个命令。单击【标准】工具栏上按钮或键入“PAN”或单击菜单栏【视图】→【平移】均可启动该命令。

启动实时平移命令后光标变为手形，如图 1-37 所示，按住鼠标左键，同时移动光标，即可将图形平移，当图形移到适当的位置后，释放鼠标左键。要结束“实时平移”命令，按 Esc 键或回车键即可。

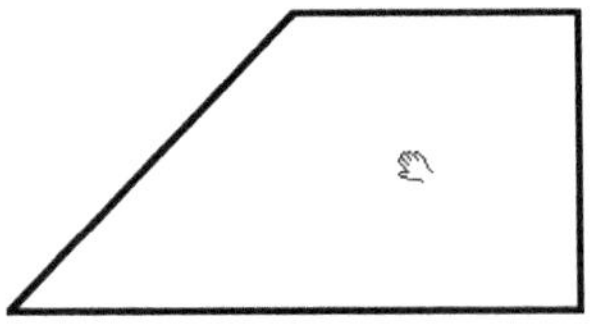

图 1-37　实时平移命令的执行显示

技巧

在AutoCAD 2013中，使用鼠标中键（滚轮）可以进行实时平移和部分缩放功能的快捷操作：

1）向前转动滚轮可放大视图，向后转动滚轮可缩小视图。

2）双击鼠标中键可将所绘图形最大化地全部显示在绘图窗口中。

3）按住鼠标中键不放，光标变成手形，移动鼠标可以平移视图。

3. 图形的重画与重生成

在绘图和编辑的过程中，绘图窗口上常常留下对象的拾取标记，这些临时标记并不是图形中的对象，但有时会使当前绘图窗口显得混乱。为了去除这些不必要的临时标记，使图形显得整洁清晰，可使用 AutoCAD 2013 的重画和重生成功能。

（1）图形的重画　单击菜单栏【视图】→【重画】命令。执行该命令后，绘图窗口中原有的图形将被刷新，原图中残留的临时标记将不会再出现。

（2）图形的重生成　单击菜单栏【视图】→【重生成】命令。执行该命令后，系统将重新生成全部图形，并在绘图窗口上显示出来。执行“重生成”命令时，系统要把图形文件的原始数据重新计算一遍，因此它要比执行“重画”命令生成图形的速度慢。该命令的优点是：通过重生成图形可以提高图形的显示质量。

第六节　绘图环境

为了保证图形文件的规范性和图形的准确性，提高绘图效率以及满足用户个人绘图习惯的要求，通常需要在绘制图形前对绘图环境进行设置。需要设置的绘图环境主要包括图形单位、图形界限及用户个性化方面的设置。

一、绘图单位设置

手工绘图要明确绘图的单位设置，利用计算机进行绘图也是如此。

单击菜单栏【格式】→【单位】或键入“UNITS”均可执行“图形单位”命令，系统会弹出如图 1-38 所示的【图形单位】对话框，然后根据该对话框对各选项进行设置。该对话框各选项的含义如下：

1)【长度】选项区域：根据制图国家标准，在长度单位的类型中选择“小数”选项，精度根据实际绘图的精度而定，一般选择“0.000”选项就足够了。

2)【角度】选项区域：角度类型一般选择“十进制度数”，角度精度根据绘图要求而定，一般选择“0.0”选项就足够了。

3)【顺时针】复选框：若选中此项，则按顺时针旋转的角度值为正；未选中此项，则按逆时针旋转的角度值为正。

4)【插入时的缩放单位】选项区域：用于选择插入到当前图形中块及图形的单位，通常采用当前绘图环境所使用的单位。

5)【方向】按钮：单击该按钮将弹出如图 1-39 所示的“方向控制”对话框。该对话框用于设置起始角的方位，通常将“东”作为 0° 角的方向。

二、绘图界限设置

绘图的区域是无限大的，用户可在绘图区域的任何位置进行绘图。为了便于打印和控制图形显示，需指定一个绘图区域，这个指定区域叫做图形界限。图形界限相当于图纸的大小，一般应按国家标准中的图幅尺寸进行设置。

单击菜单【格式】→【图形界限】或键入“LIMITS”均可执行“图形界限”命令。命令行操作如下：

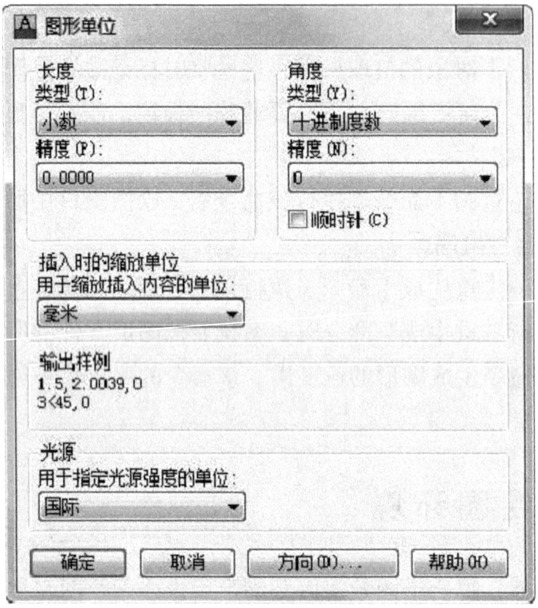

图 1-38 【图形单位】对话框

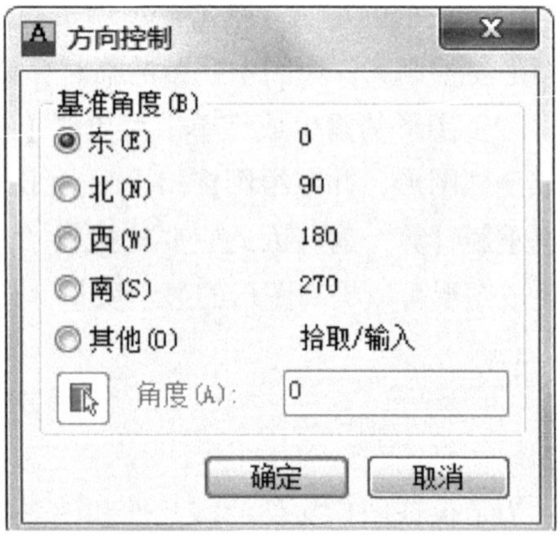

图 1-39 【方向控制】对话框

命令：LIMITS ↙

重新设置模型空间界限：

指定左下角点或 [开(ON)/ 关(OFF)]<0.0000,0.0000>:0,0 ↙(输入图形边界左下角的坐标，此处系统默认值显示为（0，0），可直接回车）

指定右上角点 <420.0000,297.0000> : 420,297 ↙（输入右上角坐标）

其结果相当于使用了一张 A3 图纸。

提示

命令中的[开（ON）/关（OFF）]选项含义如下：

1）开（ON）。如果用户选择此项，则系统会自动打开边界检验功能，此时用户只能在设定的绘图范围内绘图。当用户绘制的图形超出设置的绘图范围时，系统会拒绝执行绘图操作，此选项对于有严格外部尺寸要求的图形设计来说是非常有用的。

2）关（OFF）。如果用户选择了此项，则系统会关闭边界检验功能，此时用户不再受绘图范围的限制。一般不推荐关闭此功能。

三、用户个性化设置

由于每台计算机所使用的输入和输出设备不完全相同，用户喜好的风格（如绘图窗口的颜色、显示精度、光标的大小等）也不完全相同。为了提高用户绘图的舒适性及出图的方便等，用户可以在开始绘图前对系统作必要的配置。

单击菜单栏【工具】→【选项】或键入“PREFERENCES”，系统会弹出如图 1-40 所示的【选项】对话框。该对话框中包含 11 个选项卡，可以在其中查看、调整 AutoCAD 2013 系统设置。这里就其中的一些常见设置进行讲解，其他设置用户可参考 AutoCAD 2013 的相关帮助。

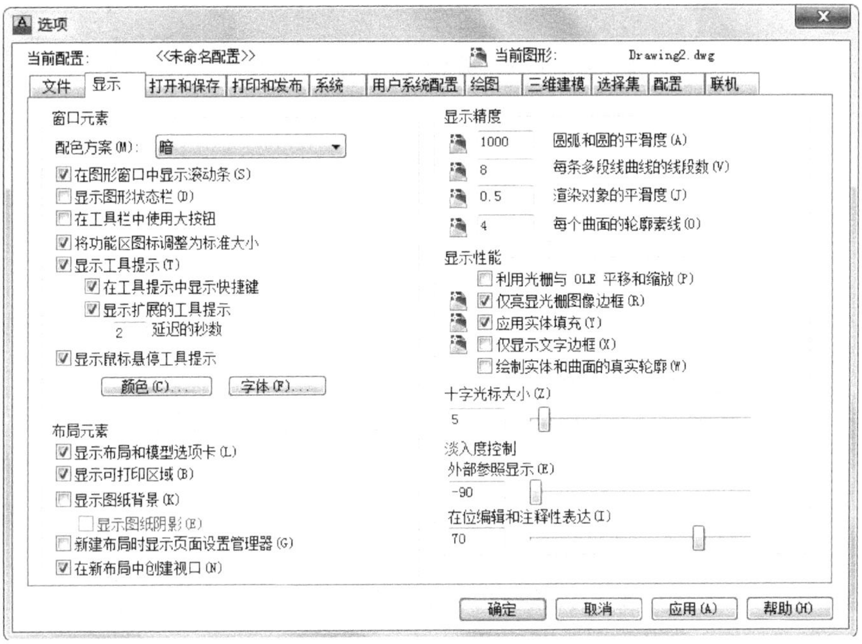

图 1-40 【选项】对话框

1. 设置绘图窗口背景的颜色

在默认的情况下，AutoCAD 2013 的绘图窗口为黑色背景。用户可以根据需要或个人习惯，通过【选项】对话框改为其他颜色（如白色），具体操作如下：单击图 1-40 所示的【选项】对话框中的【显示】选项卡，然后再单击对话框中的【窗口元素】栏中的【颜色】按钮，弹出【图形窗口颜色】对话框，如图 1-41 所示。在该对话框中的【界面元素】列表框中选择【统一背景】选项，在【颜色】下拉列表框中选择【白】选项，单击【应用并关闭】按钮，即可将绘图窗口的背景颜色从默认的黑色改为白色。

2. 调整光标的大小

在绘图过程中，设置合理的十字光标可以使其定位更加精确。可在上述【选项】对话框的【显示】选项卡中拖动【十字光标大小】栏中的滑块，或在该滑块前面的文本框中输入所需的数值，最后单击【应用】按钮，即可调整十字光标的大小。

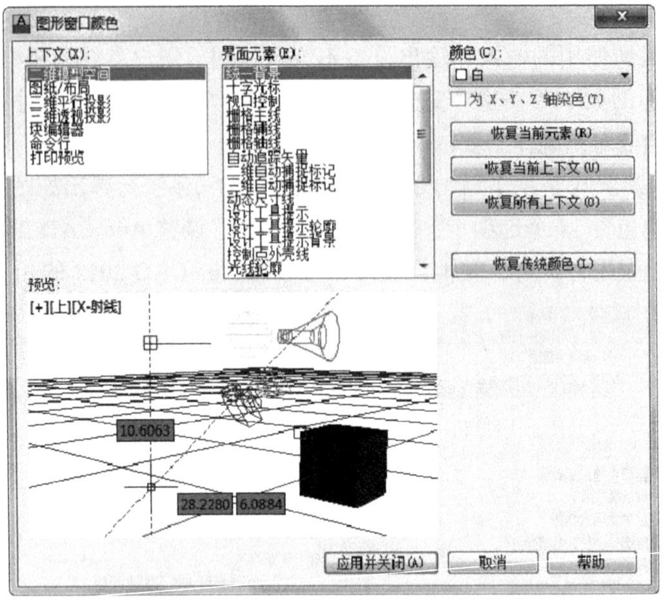

图 1-41 【图形窗口颜色】对话框

第七节 精确绘图工具

精确绘图工具是指能够帮助用户快速准确地定位某些特殊点（如端点、中点、圆心等）和特殊位置（如水平位置、垂直位置）的工具，包括捕捉、栅格、正交、极轴追踪、对象捕捉和对象捕捉追踪等工具，这些工具主要集中在状态栏上。利用这些辅助工具，用户可以在不输入坐标的情况下精确绘图，提高绘图速度。

一、栅格

打开“栅格显示”模式后，AutoCAD 绘图区显示为一个带有网格的区域，如图 1-42 所示。它就像是坐标纸，可以为用户提供直观的距离和位置参照，从而大大提高绘图效率。图形打印时，栅格并不会随图样输出而输出。

1. 启动方式

1）在状态栏中，单击栅格显示按钮▦。

2）按 F7 键。

2. 栅格参数设置

单击菜单栏【工具】→【草图设置】命令，或在栅格显示按钮▦上单击右键选取快捷菜单中的【设置】选项，系统会弹出【草图设置】对话框。单击【捕捉和栅格】选项卡，如图 1-43 所示，可以对其进行设置。其中【启用栅格】复选框用来控制栅格的开关（等同于按 F7 键或单击状态栏中的栅格显示按钮），【栅格 X 轴间距】和【栅格 Y 轴间距】文本框用于设置栅格在 X 方向和 Y 方向的间距；【每条主线之间的栅格数】文本框如输入“1”，则每个栅格的大小为“栅格 X 轴间距”×“栅格 Y 轴间距”，如果输入“5”，则栅格大小仅为原栅格大小的 1/（5×5）。

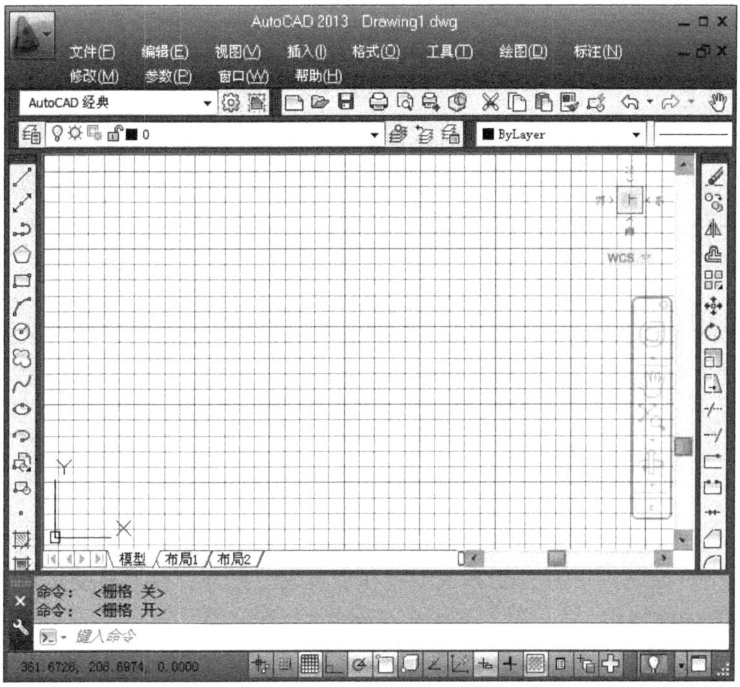

图 1-42　栅格显示

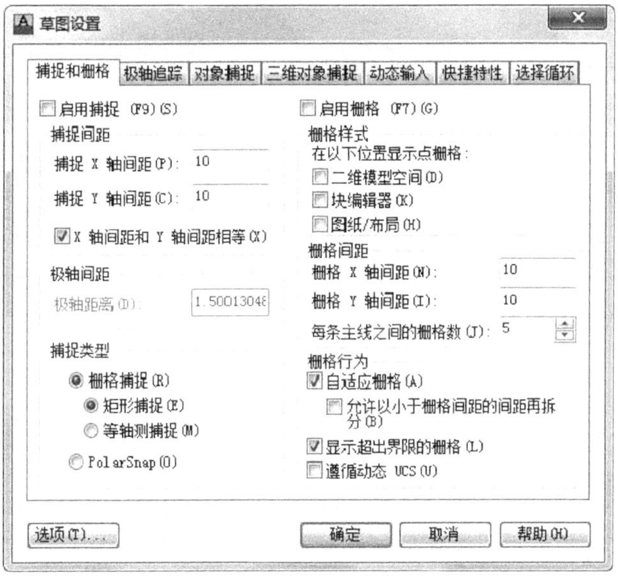

图 1-43 【草图设置】对话框中的【捕捉和栅格】选项卡

二、捕捉

捕捉用于设定光标移动的间距（步长），使鼠标指定的点都落在定义的间距上，以便准确绘图。在精确绘图时，通常将捕捉与栅格配合使用。

1. 启动方式

1）在状态栏中单击捕捉按钮。

2）按 F9 键。

3）命令行：SNAP。

2. 捕捉参数设置

同栅格一样，捕捉设置也是在【草图设置】对话框的【捕捉和栅格】选项卡中进行的。其中【捕捉间距】区用于设置捕捉栅格 X 方向和 Y 方向的间距，【捕捉类型】区用于选择捕捉的具体类型，当选择【PolarSnap】极轴捕捉复选框时，【极轴距离】文本框被激活，可设置沿极轴方向的捕捉间距。

提示

若用户启用了捕捉模式，光标将不再连续移动，只能按给定的捕捉间距跳跃移动，故它不能捕捉到位于捕捉间距之间的点，如要捕捉这些点，则必须关闭捕捉模式。

三、正交

在正交模式下，绘制图形时只能画水平线和垂直线。另外，执行移动、复制命令时也只能进行水平、垂直方向的操作。

1. 启动方式

1）在状态栏中单击正交按钮。

2）按 F8 键。

3）命令行：ORTHO。

2. 正交模式操作方法

正交模式启用后，用户只能画水平或垂直的直线。绘制直线的过程中，当指定直线的起点并移动光标时，会出现一条水平或垂直的辅助线，如图 1-44 所示。由于正交功能已经限制了直线的方向，所以要绘制一定长度的直线时，只需直接输入长度值，而不再需要输入完整的坐标。

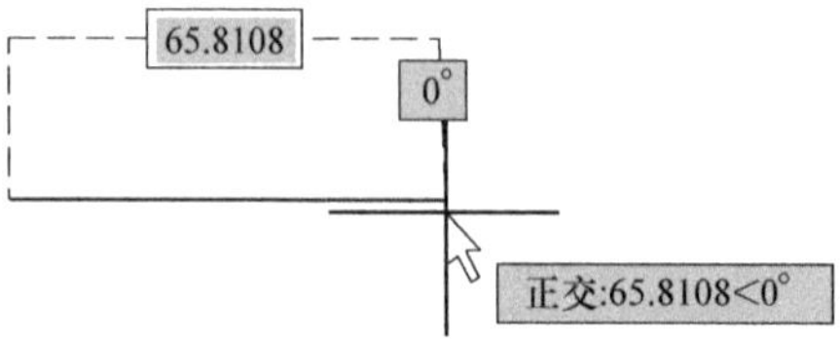

图 1-44　正交模式操作示例

四、极轴追踪

极轴追踪可以实现按事先指定的角度绘制直线对象。

1. 启动方式

1）在状态栏中单击极轴追踪按钮。

2）按 F10 键。

2. 极轴追踪的设置

1）用右键单击状态栏上的极轴追踪按钮，从弹出的快捷菜单中选择【设置】命令，或从【工具】菜单中选择【草图设置】命令，将弹出【草图设置】对话框，在对话框中选中【极轴追踪】选项卡，如图 1-45 所示。

2）对话框中【极轴角设置】区用于设置极轴角度。在【增量角】下拉列表中可以选择已预设好的角度，例如，选择 30°，则系统将对所有 30° 倍角线进行追踪。如果预设的增量角不能满足用户需要的全部追踪角度，可选中【附加角】复选框，单击【新建】按钮，输入要增加的角度。

3)对话框中【极轴角测量】区用于设置极轴角的参照标准。【绝对】选项表示使用绝对极坐标，以 X 轴正方向为 0°；【相对上一段】选项表示根据上一段绘制的直线确定极轴追踪角，即把上一段直线所在方向设为 0°。

4）设置完成后，单击【确定】按钮。

3. 极轴追踪操作

启用极轴追踪后，在绘图过程中，当光标所在位置位于所设增量角、附加角或增量角的整数倍附近时，光标将自动吸附在这些角度线上，并显示一条无限延伸的辅助线，单击鼠标左键，即可绘制出一条具有精确角度的直线，如图 1-46 所示。由于极轴追踪模式已经控制了直线的方向，所以要绘制一定长度和角度的直线，只需输入长度值即可。

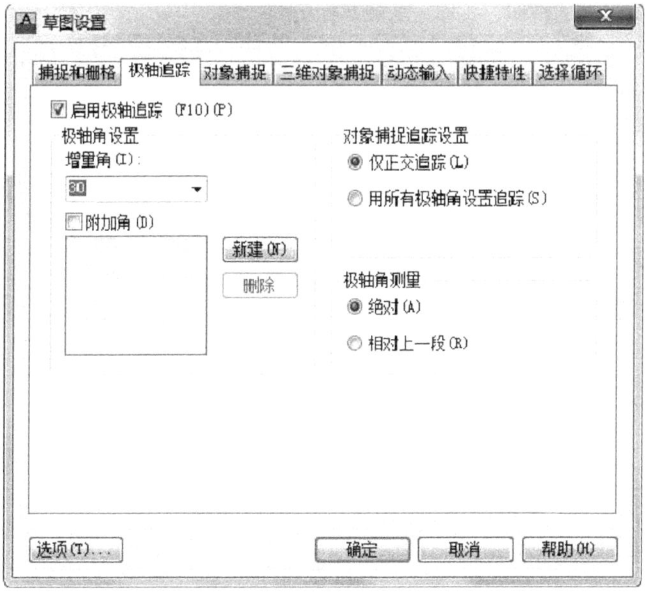

图 1-45 【草图设置】对话框中的【极轴追踪】选项卡

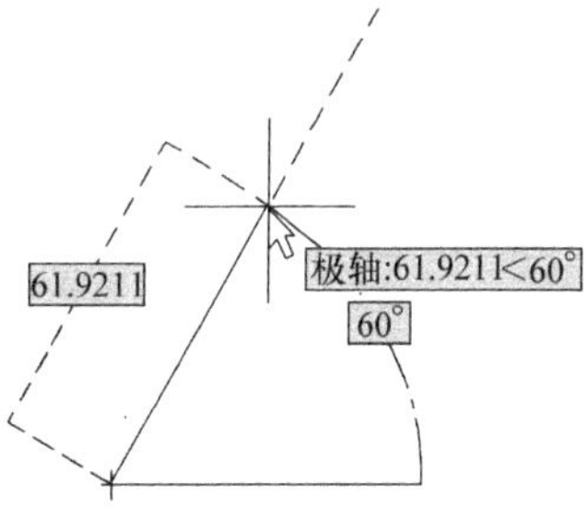

图 1-46 极轴追踪操作示例

五、对象捕捉

使用对象捕捉可以精确定位现有图形对象的特征点，如直线的端点、中点、圆弧的圆心和切点等。光标移到要捕捉的特征点位置时，将显示特征点标记和相应提示。使用对象捕捉功能可快速准确地捕捉到这些点，从而达到准确绘图的目的。AutoCAD 2013 提供了两种捕捉方式：临时捕捉和自动捕捉。

1. 临时捕捉

临时捕捉是一种一次性捕捉模式，这种捕捉模式不是自动的，若需要捕捉某个特征点，需先激活该特征点捕捉功能，然后进行捕捉。该捕捉方式仅对本次捕捉点有效，捕捉后将自动关闭捕捉功能，下次遇到相同的特征点，仍需再次激活。

启用临时捕捉方式通常是通过单击【对象捕捉】工具栏上的特征点按钮来实现的。AutoCAD 2013 初始工作界面没有【对象捕捉】工具栏，启用该工具栏可在 AutoCAD 2013 工作界面中的任一工具栏上单击鼠标右键，在弹出的快捷菜单中选取【对象捕捉】，或单击菜单栏【工具】→【工具栏】→【AutoCAD】→【对象捕捉】选项，即可弹出【对象捕捉】工具栏，如图 1-47 所示。

图 1-47 【对象捕捉】工具栏

【对象捕捉】工具栏打开后，在绘图过程中如需捕捉某个特征点，可单击该工具栏上相应的特征点按钮，再把光标移动到要捕捉对象的特征点附近，系统将显示相应的特征点标记，此时单击鼠标左键即可完成对该点的捕捉。

工具栏中各按钮的功能是不同的，而且工具栏上各功能按钮与操作过程出现的标记形状也是不相同的，所以必须熟悉这些按钮的功能及标记。表 1-1 列出了对象捕捉工具栏中各种捕捉模式的按钮、名称、功能及标记。

表 1-1 捕捉模式的按钮、名称、功能及标记

按钮	名称	功 能	标记
	临时追踪点	创建对象捕捉使用的临时点	无
	捕捉自	从临时参照点偏移	无
	端点	捕捉到线段或圆弧上距光标最近的端点	□
	中点	捕捉到线段或圆弧等对象的中点	△
	交点	捕捉到线段、圆弧、圆等对象之间的交点	×
	外观交点	捕捉到两个三维对象在二维平面上的外观交点（空间不相交）	⊠
	延长线	捕捉到直线或圆弧等延长线路径上的点	
	圆心	捕捉到圆或圆弧的圆心	○
	象限点	捕捉到圆、圆弧上 0°、90°、180° 和 270° 位置上的点	◇
	切点	捕捉到圆或圆弧的切点	
	垂足	捕捉到垂直于直线、圆或圆弧上的点	
	平行线	捕捉所绘直线与已有直线平行的另一端点	//
	插入点	捕捉图块、文本对象及外部对象的插入点	
	节点	捕捉由 POINT 等命令绘制的点	
	最近点	捕捉处在直线、圆弧等图形对象上与光标最接近的点	
	无	关闭对象捕捉模式	无
	对象捕捉设置	设置自动捕捉模式	无

提示

利用对象捕捉快捷菜单也可实现临时捕捉功能，即当系统要求用户指定点时，可以按下Shift键或Ctrl键，然后单击鼠标右键，可打开对象捕捉快捷菜单，如图1-48所示。从该菜单上选择需要的捕捉命令，再把光标移到要捕捉对象上的特征点附近，即可捕捉到相应的对象特征点。

2. 自动捕捉

绘图时，有时需要频繁地捕捉一些相同类型的特殊点。例如，用临时捕捉方式时，需频繁地单击【对象捕捉】工具栏的对应按钮来执行操作，比较费时。为了解决这类问题，AutoCAD 2013 提供了自动捕捉功能。该模式可设置多种特征点，启用后系统会始终自动捕捉这些特征点，直至关闭自动捕捉模式。

（1）自动捕捉模式的启用

1）在状态栏上单击对象捕捉按钮。

2）按 F3 键。

（2）自动捕捉设置 自动捕捉设置是通过【草图设置】对话框中的【对象捕捉】选项卡来完成的，如图 1-49 所示。其中【草图设置】对话框的调用前面已作介绍，这里不再赘述。此外，还可以通过单击【对象捕捉】工具栏上的对象捕捉设置按钮调出该对话框。

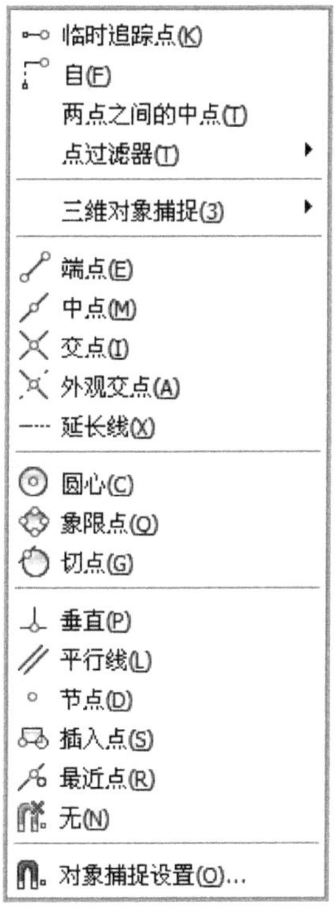

图 1-48 【对象捕捉】快捷菜单

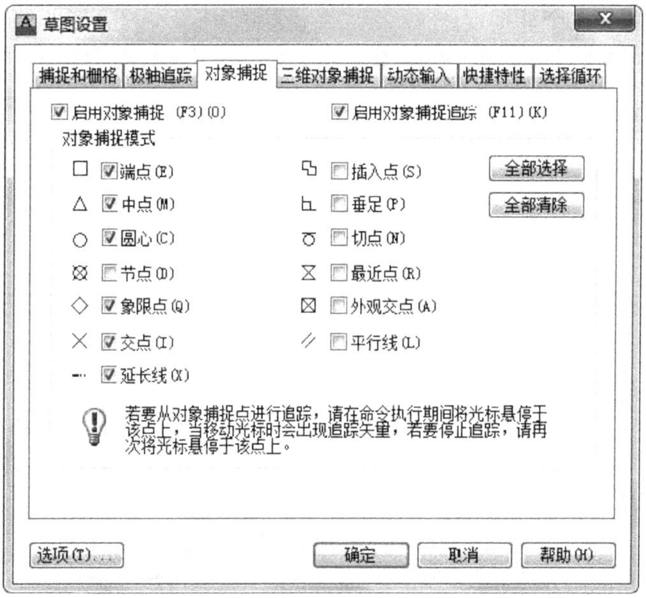

图 1-49 【草图设置】对话框中的【对象捕捉】选项卡

【对象捕捉】选项卡中有 13 种特征点，其功能与临时捕捉模式中的特征点相同。可以从中选择一种或多种特征点形成一组固定模式，选择后单击【确定】按钮完成设置。

技巧

绘制平面图形时，常将“端点”、“交点”、“延长线”这些常用捕捉功能设为自动捕捉，但不宜过多。因为设置为捕捉特征点的种类多了，也会影响点的捕捉效率。如在绘图中遇到一些不常用的捕捉功能时，一般不采用自动捕捉，建议采用临时捕捉。

六、对象捕捉追踪

对象捕捉追踪是对象捕捉与对象追踪的综合。该功能可以使光标从对象上的特征点开始，沿事先设置好的追踪路径进行追踪，并找到需要的精确位置。追踪路径可通过图 1-45【草图设置】对话框中的【极轴追踪】选项卡右侧的【对象捕捉追踪设置】区进行设置：选中【仅正交追踪】选项，将使对象捕捉追踪操作沿水平和竖直方向获取所需点；选中【用所有极轴角设置追踪】选项，将使对象捕捉追踪操作沿极轴追踪所设置的极轴角方向获取所需点。

1. 对象捕捉追踪功能的启用

使用对象捕捉追踪功能时，自动捕捉的对象捕捉功能和对象追踪功能应同时处于打开状态。打开或关闭对象捕捉追踪功能的常见方式有：

1）在状态栏上，单击对象捕捉追踪按钮。

2）按 F11 键。

2. 操作方法

1）对象捕捉追踪功能启用后，打开一个要求输入点的绘图命令或编辑命令，如直线、矩形命令等。

2）移动光标到某个对象捕捉特征点处，此时该特征点上将显示其标记和“+”号（图 1-50a）或虚框（图 1-50b），表示已获取该捕捉点。不要单击鼠标，继续移动鼠标到另一个特征点，可获得第二个捕捉点。

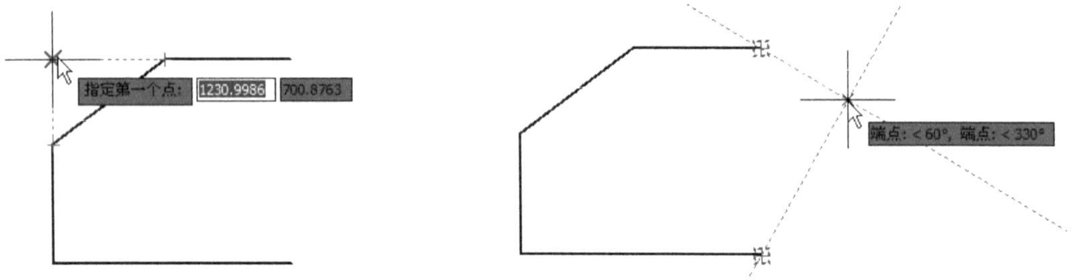

a) b)

图 1-50 对象捕捉追踪示例

a）正交追踪 b）极轴追踪

3）移动光标，将会出现基于获取点的追踪路径（虚线显示），然后沿显示的追踪路径继续移动光标，直至追踪到所希望的虚线交叉点，单击鼠标以获得所需的点。

练一练

1. 绘制图 1-51 所示的图形，练习文件的新建、保存和打开等相关操作。
2. 利用正交、极轴追踪及对象追踪方法，绘制图 1-52 所示的图形。

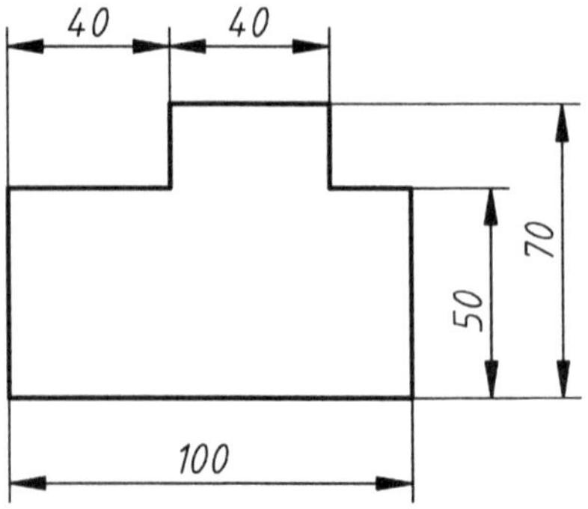

图 1-51 练习一

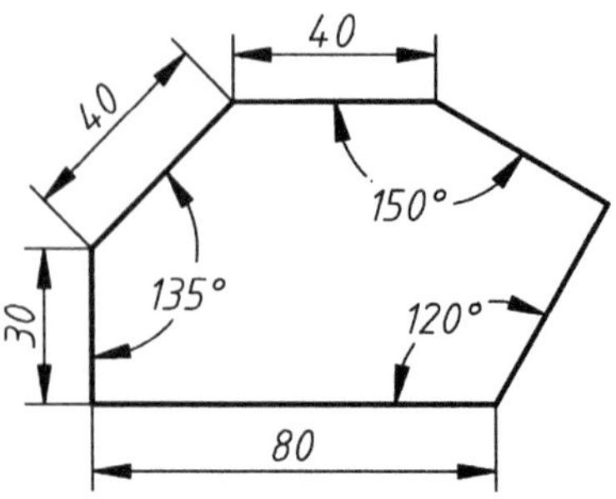

图 1-52 练习二

第二章　平面图形的绘制

学习导航

学习目标	学习样板图的绘制及平面图形的准确绘制
学习重点	图层设置、基本二维绘图和修改命令、选择对象的方式、参数化绘图
相关命令	图层、矩形、圆、复制、偏移、移动、修剪、打断、旋转、文字样式、编辑文字、约束设置、几何约束、尺寸约束
建议课时	4~6 课时

第一节　样板图的绘制

所谓样板就是一个为某个特定的用途建好格式的空文件，使用这种方法可以不用每次花时间在建立一个新文件时都重新设定格式。在 AutoCAD 2013 中，样板就是一些绘图文件，其默认的样板图在子目录 Template 中，如 ISO、ANSI、DIN、JIS、GB 等绘图格式的样板（注：ANSI 为美国国家标准协会制定的标准，ISO 为国际协会制定的标准，JIS 为日本工业协会制定的标准，DIN 为早期的欧洲标准，GB 为我国于 1984 年修订目前正在使用的标准）。AutoCAD 2013 软件包带有 3 种格式的图形样板，其后缀分别为 .dwt，.dwg 及 .dws。一般情况下，.dwt 文件是标准的样板文件，通常将一些规定的标准性的样板文件设定成 .dwt 文件；.dwg 是普通的样板文件；而 .dws 文件是包含标准图层、标注样式、线型和文字样式的样板文件。用户可根据需要直接使用系统自带的标准样板图形。如果用户需要的样板图形无法在 AutoCAD 2013 软件包自带的标准样板图形中找到，则可以自己创建需要的样板图形。

样板图是工程图纸的初始化，常包括以下部分：图幅比例、单位类型和精度、图层、标题栏、绘图辅助命令、文字标注样式、尺寸标注样式、常用图形符号图块（如表面粗糙度、标准件等）等。下面以标准的 A3 幅面图纸为例，建立一个 A3 样板图。

一、绘制 A3 样板图（图 2-1、图 2-2）

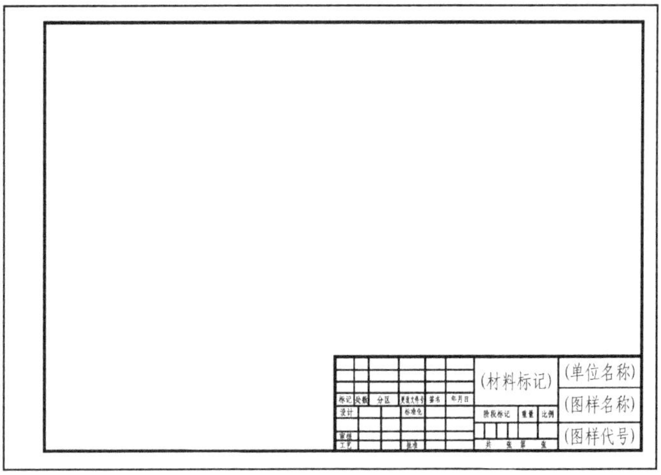

图 2-1　A3 图框及标题栏

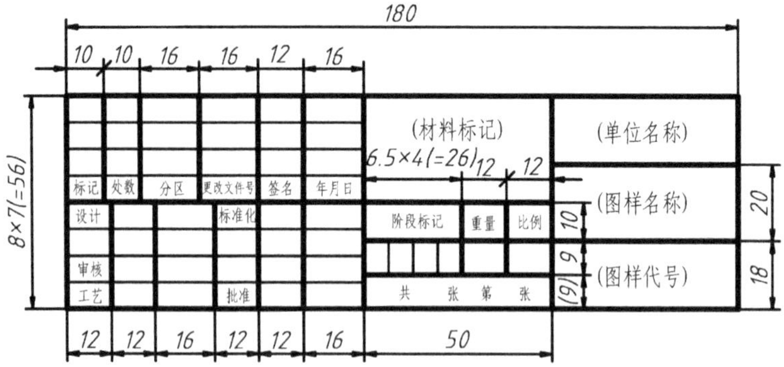

图 2-2 标题栏尺寸

1. 绘图环境设置

（1）设置绘图界限　单击菜单栏【格式】→【图形界限】或键入 LIMITS，建立一张 A3 图纸，图框的坐标分别为（0，0）和（420，297）(具体方法见第一章)。

（2）视窗缩放　单击【缩放】工具栏上按钮、键入“ZOOM”或单击菜单栏【视图】→【缩放】→【全部】，其结果为显示全图，即把左下角到右上角的绘图范围全部显示出来。

（3）绘图单位设置　单击菜单栏【格式】→【单位】或者键入“UNITS”，会弹出【图形单位】对话框（见第一章），其中长度、角度、顺时针、插入时的缩放单位、方向等都选择默认设置。

2. 设置图层

图层是用来组织图形最为有效的工具之一，可利用它来管理和控制复杂的图形。在机械图样中，图形主要包括粗实线、细实线、虚线、中心线、剖面线、尺寸线以及文字说明等元素。如果用图层来组织管理，不仅可以有效地控制图形的各种信息，而且也会给图形的编辑和打印带来很大的方便。下面将根据表 2-1 所列的信息来创建相关图层。

表 2-1　图层信息

层名	颜色	线 型	内 容	线宽 /mm
粗实线	白色	Continuous	粗实线（剖切面的粗剖切线）	0.7
细实线	白色	Continuous	细实线（细波浪线、细折断线）	0.25
虚线	黄色	DASHED	细虚线（不可见轮廓线）	0.25
中心线	红色	CENTER	细点画线（剖切面的剖切线）	0.25
文字	白色	Continuous	文本（细实线）	0.25
标注	绿色	Continuous	尺寸值（公差）	0.25

（1）启动【图层特性管理器】　单击【图层】工具栏上的【图层特性管理器】按钮，或在命令行输入“LAYER”，或单击菜单栏【格式】→【图层】命令，即可打开如图 2-3 所示的【图层特性管理器】对话框。

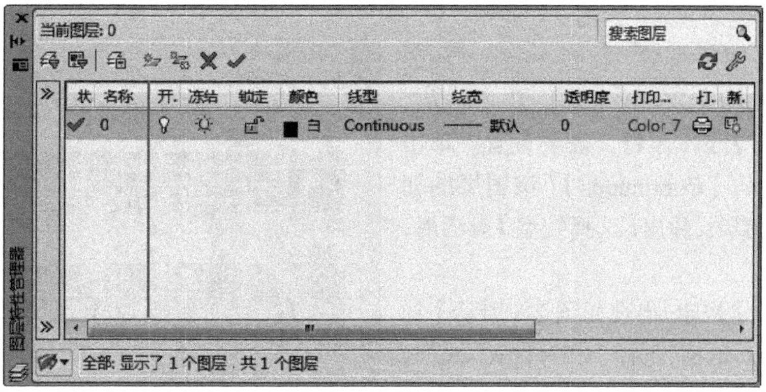

图 2-3 【图层特性管理器】对话框

提示

在图层特性管理器中，0图层是系统默认的图层，用户不能对该图层进行删除或重命名，但用户可以对该图层的颜色、线型、线宽等属性进行修改。

（2）新建并命名图层　单击【图层特性管理器】对话框上方的新建按钮，在列表框中会自动出现一个名为“图层 1”的新图层。含“图层 1”名的文本框处于可输入状态，此时在文本框中直接输入新的名称“粗实线”，完成对该图层的重命名。该新图层继承了当前图层（0 层）的所有特性（状态、颜色、线型等）。用同样方法完成其余图层的创建和命名，结果如图 2-4 所示。

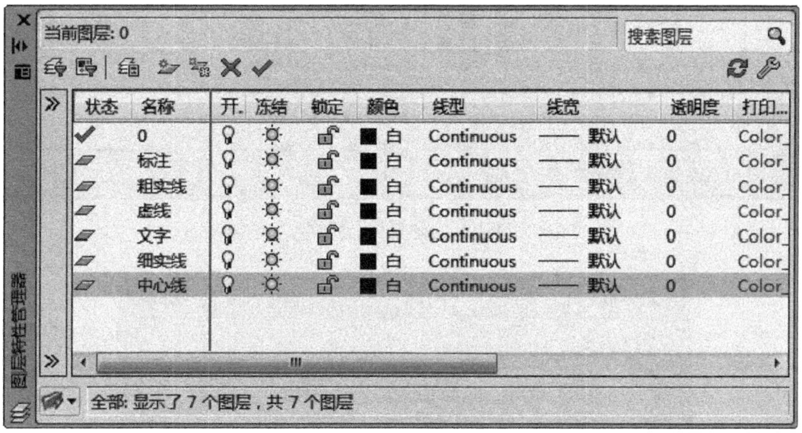

图 2-4　新建并命名图层

提示

如果创建图层时没有及时给图层命名，可以选中要修改的图层名，再用鼠标左键单击该图层名，此时图层名文本框处于可编辑状态，可对该图层重命名。

（3）设置各层颜色　在图 2-4 中，单击【中心线】层所在行上的【白】（该图层的初始颜色）颜色项，弹出如图 2-5 所示的【选择颜色】对话框。在该对话框中选择用户所需的颜色，如红色，然后单击【确定】按钮，返回【图层管理器】对话框，完成中心线层颜色设置。用同样方法完成对其余图层颜色的设置，如图 2-6 所示。

（4）设置各图层线型　在图 2-6 中，各图层所示的线型均为【Continuous】，中心线层、虚线层的线型与表 2-1 不符，需要设置。单击【中心线】层上的【Continuous】(该图层的初始线型名称)线型项，弹出【选择线型】对话框，如图 2-7 所示。

单击【加载】按钮，出现如图 2-8 所示【加载或重载线型】对话框，选择“CENTER”线型，单击【确定】按钮，关闭该对话框，返回【选择线型】对话框，如图 2-9 所示。选中已加载的 CENTER 线型，单击【确定】按钮，返回【图层特性管理器】对话框。此时“中心线”图层的线型变成 CENTER 线型。用同样方法完成对虚线层线型的设置，结果如图 2-10 所示。

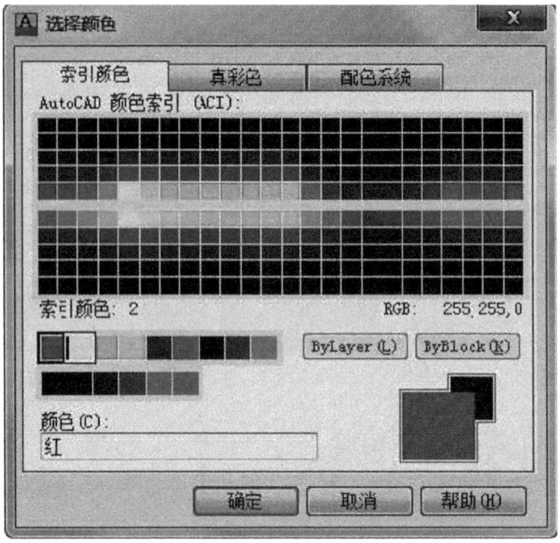

图 2-5 【选择颜色】对话框

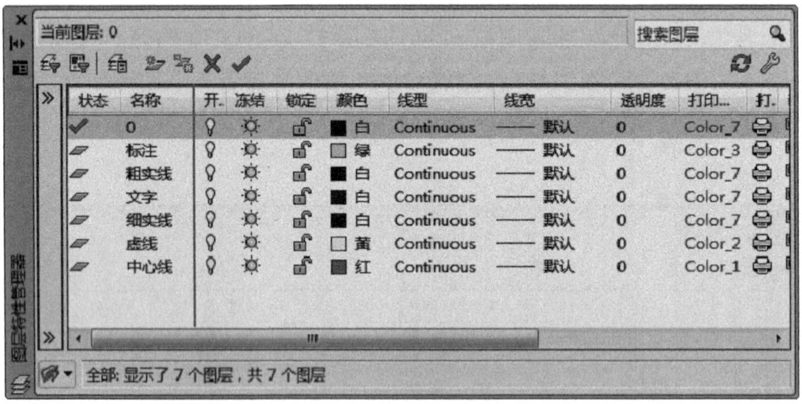

图 2-6　设置图层颜色

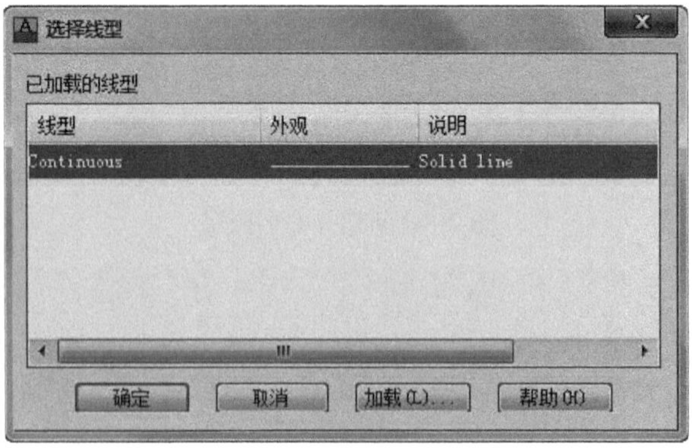

图 2-7 【选择线型】对话框

（5）设置各图层线宽　在图 2-10 所示对话框中，选中【粗实线】层，单击【粗实线】层上的【默认】线宽项，打开【线宽】对话框，如图 2-11 所示。选择【0.70mm】线宽，单击【确定】

按钮，返回【图层特性管理器】对话框。此时粗实线层的线宽已由【默认】变成了【0.70 mm】，用同样方法完成对其余图层线宽的设置，结果如图 2-12 所示。

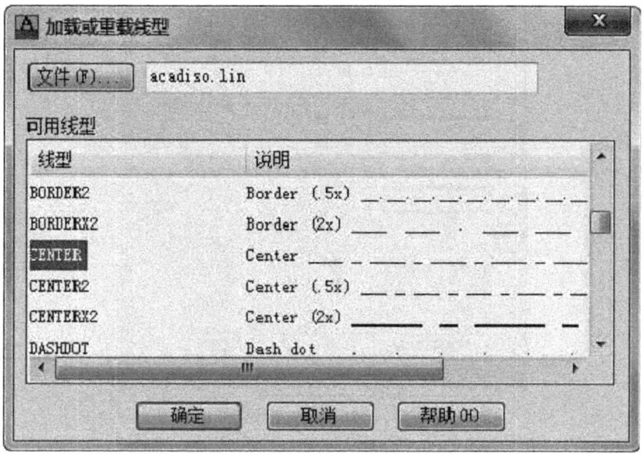

图 2-8 【加载或重载线型】对话框

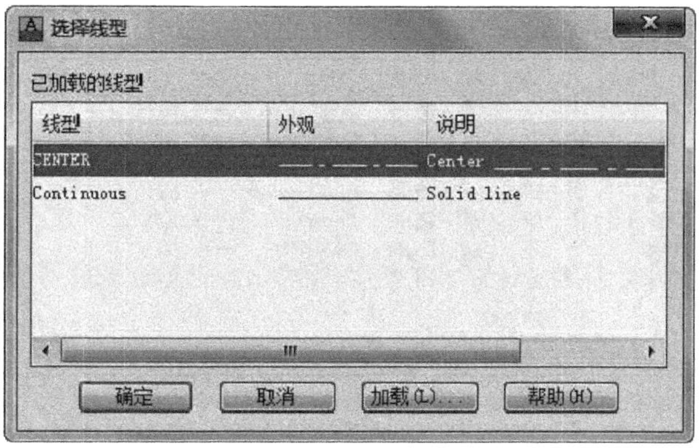

图 2-9　返回【选择线型】对话框

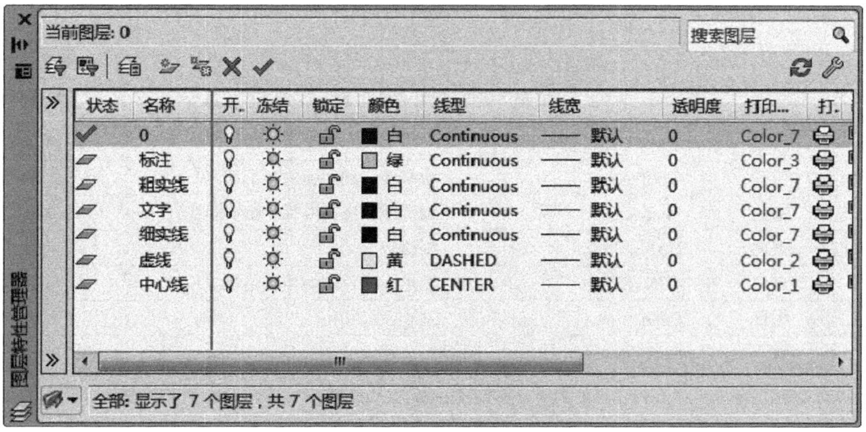

图 2-10　设置图层线型

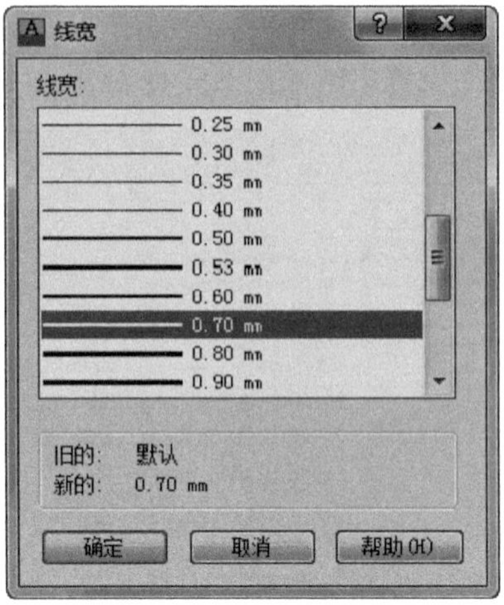

图 2-11 【线宽】对话框

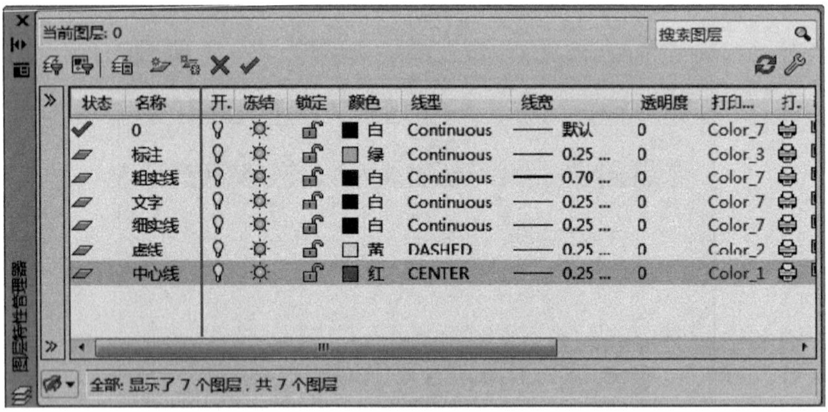

图 2-12 设置图层线宽

提示

根据《CAD工程制图规则》（GB/T 18229—2000），图层的国家标准如表2-2所示。

表 2-2 《CAD 工程制图规则》部分图层设置（部分）

标识	颜色	线 型	描述	线宽 /mm
01	白色	Continuous	粗实线、剖切面的粗剖切线	0.7
02	绿色	Continuous	细实线、细波浪线、细折断线	0.35
04	黄色	DASHED	细虚线	0.35
05	红色	CENTER	细点画线、剖切面的剖切线	0.35
11	绿色	Continuous	文本、尺寸	0.35
12	绿色	Continuous	尺寸值（含公差）	0.35

图层管理也是图层使用中不可或缺的部分。常见的图层管理方法有三种：通过图层特性管理器来管理，通过【图层】工具栏及【对象特性】工具栏来管理，以及通过菜单栏中的【格式】→【图层工具】的菜单项管理。图层管理的内容很多，下面仅介绍常见图层管理项目的操作方法。

1）图层的调用方法。AutoCAD 2013系统默认是在0层上绘图。为了将不同的图形元素绘制在不同的图层上，画图时用户需要经常进行图层的调换。若用户要想在粗实线层中绘制图形，具体方法如下：

① 在图2-12所示的【图层特性管理器】对话框中，选中【粗实线】图层，然后单击对话框上部的按钮，则把该层设置为当前层，并在该图层名左侧显示。关闭【图层特性管理器】对话框，系统将返回到粗实线图层上绘制图形。

② 在【图层】工具栏中单击右侧的图层控制三角按钮，出现如图2-13所示的下拉列表，选中【粗实线】选项，即将当前图层改为粗实线图层。该方法切换图层较为便捷。

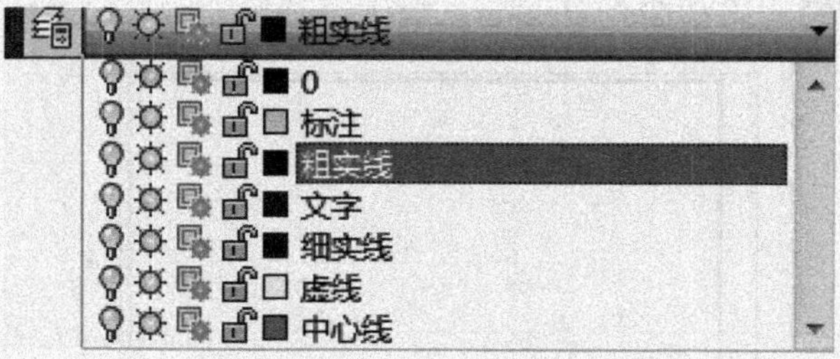

图 2-13 利用“图层”工具栏切换图层

③ 选择图中已有图线（如选中的线是粗实线），单击小三角右侧的图标，如图2-14所示，即将“粗实线”图置为当前层。

图 2-14 设置粗实线图层为当前层

2）图层的删除。用户要删除不用的图层，可以在【图层特性管理器】对话框中选中该图层，然后单击对话框上部的按钮，即可把该层删除。

3）改变对象所在的图层。在实际绘图时，如果绘制完某一图形元素后，发现该图形元素并没有绘制在预先设置的图层上，可用鼠标选中该图形元素，然后在【图层】工具栏中单击右侧的图层控制三角按钮，出现如图2-15所示的下拉列表，选择预先设置好的图层（如中心线层），然后按键盘上的Esc键退出当前选择状态，即可将该对象设置在其他图层上。

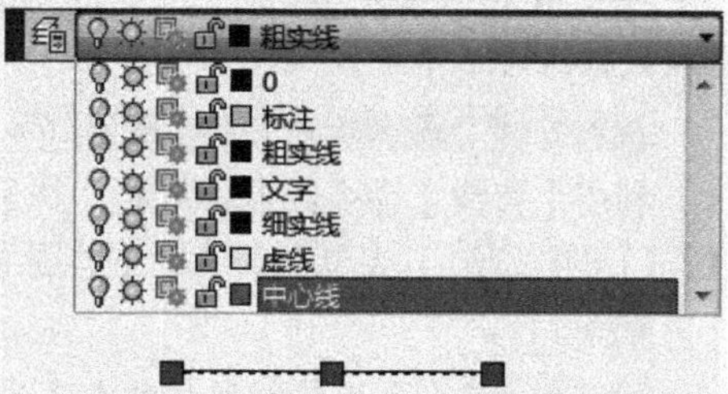

图 2-15 改变对象所在的图层

4）图层状态开关的控制。在AutoCAD 2013中，用户可以通过【图层特性管理器】对话框中的【打开/关闭】、【冻结/解冻】、【锁定/解锁】开关来进一步管理图层，提高绘图效率。

3. 绘制图框及标题栏

1）将细实线层置为当前层 。

2）用矩形命令画出 A3 图幅。单击【绘图】工具栏上的按钮或键入“REC ”（Rectangle 别名）或单击菜单栏【绘图】→【矩形】，命令行操作如下：

命令：REC ↙

指定第一个角点或[倒角（C）/标高（E）/圆角（F）/厚度（T）/宽度（W）]: 0,0↙（第一个角点的绝对坐标）

指定另一个角点或[尺寸（D）]: 420，297↙（第二个角点的绝对坐标）

其结果为在绘图区域出现了 420×297 的矩形线框。

3）将粗实线层置为当前层（方法同上）。

4）画 A3 图框内框线。命令行操作如下：

命令: REC↙

指定第一个角点或[倒角（C）/标高（E）/圆角（F）/厚度（T）/宽度（W）]: 25,5↙（第一个角点的绝对坐标）

指定另一个角点或[尺寸（D）]: @390，287↙（第二个角点的相对第一个角点的坐标）

绘制完成的图形如图 2-16 所示。

图 2-16　A3 图框的绘制

5）绘制标题栏。

命令: REC↙

指定第一个角点或[倒角（C）/标高（E）/圆角（F）/厚度（T）/宽度（W）]:（鼠标单击粗线框的右下角）

指定另一个角点或[尺寸（D）]: @-180，56↙（第二个角点相对起点的坐标）

利用【直线】命令绘制标题栏（详细尺寸见图 2-2），单击【绘图】工具栏上按钮或键入“L”（LINE 别名）或单击菜单栏【绘图】→【直线】，命令行操作如下：

命令: L↙

指定第一个点: 选择标题栏的左上角（直线起点的位置）

指定下一点或[放弃（U）]: @10，0↙（终点相距起点的水平距离为 10）

指定下一点或[放弃（U）]: @0，28↙（画出垂直方向的直线）

提示

当连续画两条以上的直线段时，AutoCAD 2013将给出如下操作提示：指定下一点或［闭合（C）/放弃（U）］。此时直线的起点就是上一条直线的终点，只要求用户确定线段的终点或输入“C”（封闭该图形）或“U”（取消最近绘制的直线段）。

单击【修改】工具栏上的按钮或键入“COPY”或单击【修改】→【复制】，命令行操作如下：

命令：COPY ↙

选择对象：左击选择刚才垂直方向的直线↙（结束选择）

指定基点或［位移（D）模式（O）］<位移>：D ↙

指定位移 <0.0000,0.0000,0.0000>：10,0,0 ↙（复制一条右侧相同的直线，如图 2-17 所示）。

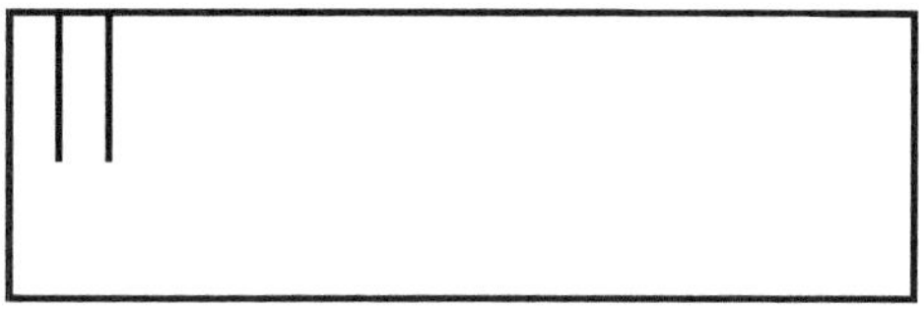

图 2-17　标题栏的绘制

用同样的方法可以画出具有相同尺寸的直线。

提示

绘制具有同样尺寸的直线还可以用偏移命令操作。例如，先画一条水平方向的直线，如图2-18所示。

单击【修改】工具栏上图标或键入“OFFSET”，命令行操作如下：

命令：OFFSET↙

指定偏移距离或［通过（T）删除（E）图层（L）］<通过>：7↙

选择要偏移的对象，或［退出（E）放弃（U）］<退出>：（选择要偏移的水平直线）

指定要偏移的那一侧上的点，或［退出（E）多个（M）放弃（U）］<退出>：（在水平直线的下方的空白处单击）

如图2-19所示，用同样的方法可以画出相同特征的多条直线。

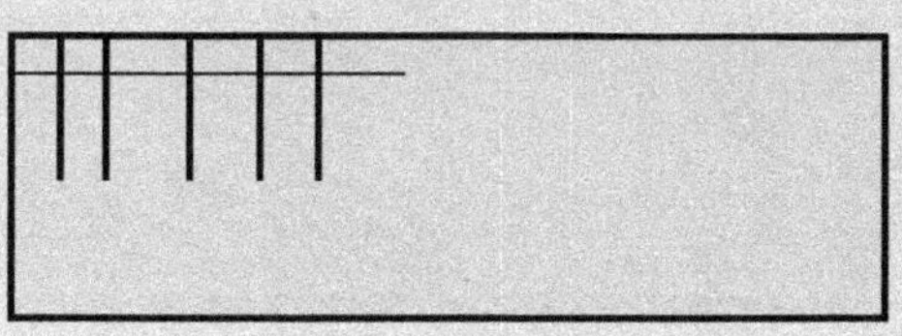

图 2-18　绘制水平线

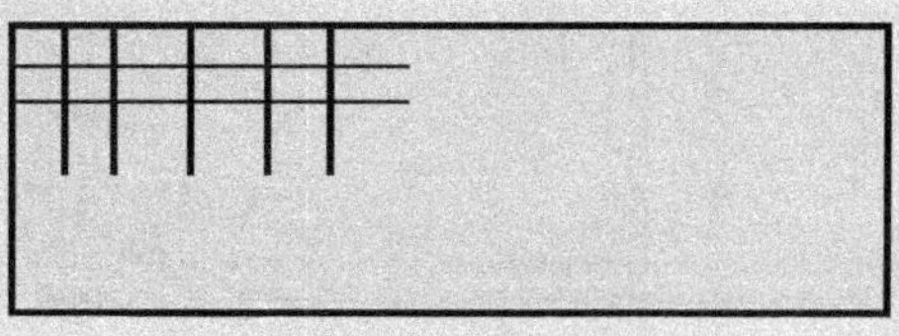

图 2-19　偏移直线

根据图 2-2 标题栏所示的尺寸，用画直线的方法和复制、偏移命令组合，可以画出标题栏的框架。

4. 创建文字

（1）创建文字样式　单击【样式】工具栏或功能区【常用】选项卡的【注释】面板上的A按钮，或键入“STYLE”，或单击菜单栏【格式】→【文字样式】命令，弹出如图 2-20 所示的【文字样式】对话框。单击该对话框右侧【新建（N）】按钮，将弹出【新建文字样式】对话框。输入样式名“汉字”，如图 2-21 所示，单击确定后返回【文字样式】对话框。在【文字样式】对话框的【字体名】下拉列表框中选中【宋体】字体，在【宽度因子】文本框输入字体的宽高比例 0.7，设置结果如图 2-22 所示。选中对话框左侧的【汉字】样式名，再单击对话框右上角的【置为当前】按钮，将该样式设为当前样式。最后单击【应用】按钮后再单击【关闭】按钮，完成文字样式的创建。接下来就可以用设定好的文字样式填写标题栏之中的文字。

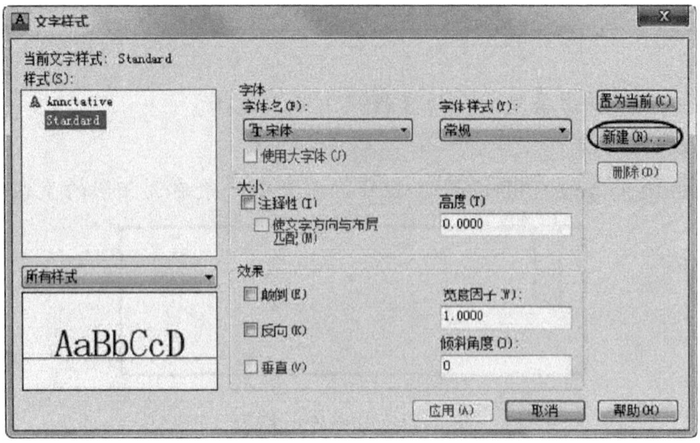

图 2-20 【文字样式】对话框

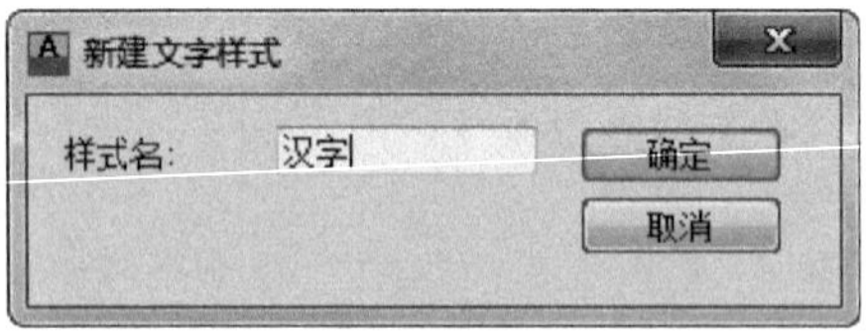

图 2-21 【新建文字样式】对话框

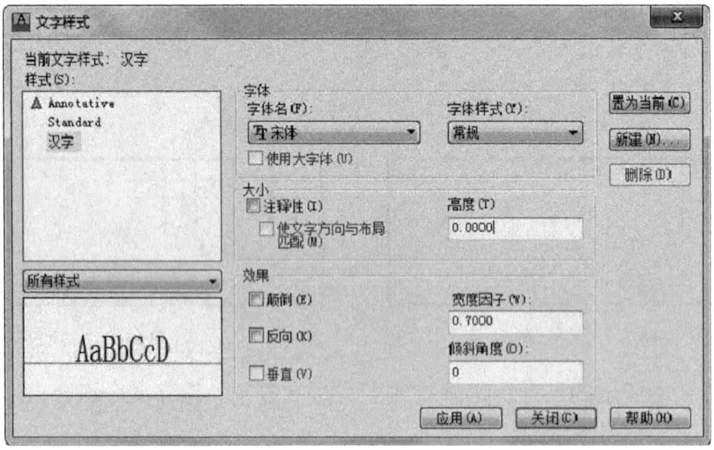

图 2-22 文字样式的设置

（2）填写文字　单击菜单栏【绘图】→【文字】→【单行文字】或者键入“TEXT”，命令行操作如下：

命令：TEXT↙

指定文字的起点或［对正（J）样式（S）］：J↙

输入选项［对齐（A）布满（F）居中（C）中间（M）右对齐（R）左上（TL）中上（TC）右上（TR）左中（ML）正中（MC）右中（MR）左下（BL）中下（BC）右下（BR）］：M↙

指定文字的中间点：单击需要输入文字的框内的中间

指定高度 <2.500>：5↙

指定文字的旋转角度 <0>：↙

键盘输入相应的内容，输完之后再单击其他需要填写的框，可继续填写标题栏，输入完成后两次回车就可以结束文字的编写。

提示

在上述填写标题栏过程中，可以先写好文字，然后通过“移动”命令将文字移动到相应的方框内。

二、保存样板图

单击【标准】工具栏上的按钮，出现【图形另存为】对话框。在【文件名】文本框中输入“A3”，在文件类型编辑框中选（*.dwt），如图 2-23 所示，单击【保存】按钮，此时将弹出【样板选项】对话框，如图 2-24 所示。用户可在该对话框中做一些简要说明，单击【确定】按钮完成样板图的保存。按此方法用户可设置各种不同的样板图（如 A1、A2、A4 等）供日后作图之用。

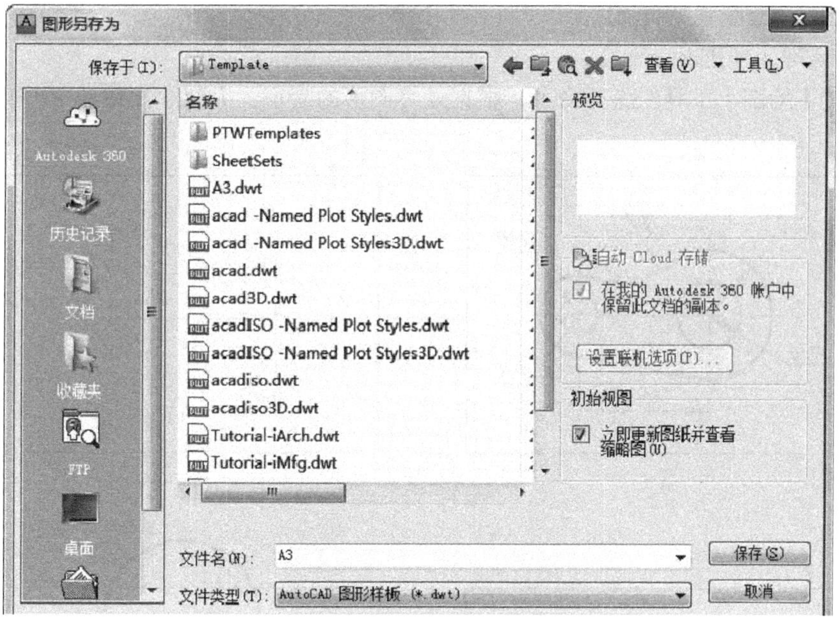

图 2-23　样板图的保存

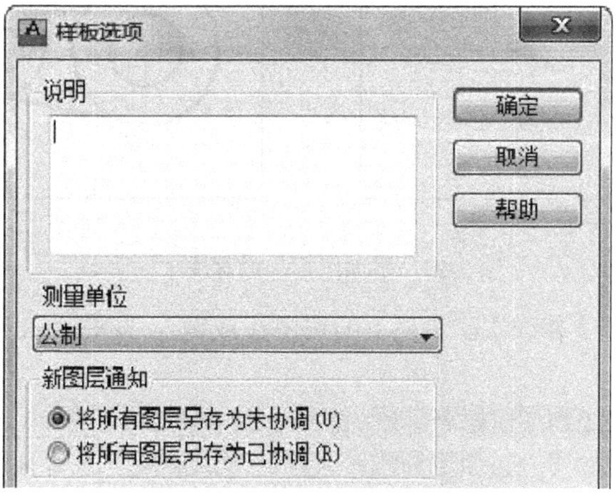

图 2-24　【样板选项】对话框

第二节　平面图形的绘制与编辑

平面图形由若干直线和曲线根据给定的尺寸关系连接而成。要想利用 AutoCAD 2013 正确而迅速地绘制平面图形，就必须对图形的尺寸和线段性质进行分析，然后确定基准，再根据尺寸的齐全性依次画出已知线段、中间线段和连接线段。

一、绘制平面图形一（图 2-25a）

（1）调用合适的样板图　单击【标准】工具栏上按钮，单击【使用样板】按钮，在【选择样板】列表框中选择 A4 大小样板图并单击【确定】按钮。

（2）保存图形　单击【标准】工具栏上按钮，出现【另存为】对话框，在【文件名】编辑框中输入“T2-1”，单击【保存】按钮关闭对话框。

（3）绘制中心线

1）将图层中心线置为当前层。

2）按 F8 键，打开正交开关。

3）通过【绘图】工具栏上命令，根据最终图形的特征，大致绘出线段 *AB* 和 *CD*，如图 2-25b 所示。

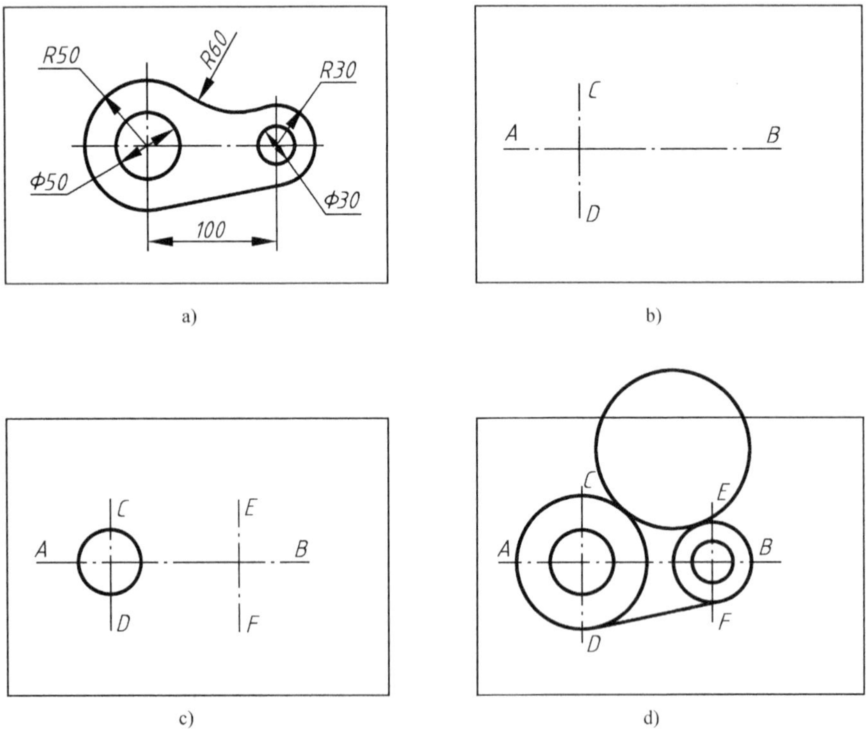

图 2-25　平面图形一的画法（一）

4）绘制线 *EF*。单击【修改】工具栏上的按钮或键入“OFFSET”，命令行操作如下：

命令: OFFSET ↙

指定偏移距离或［通过（T）删除（E）图层（L）］<通过>: 100 ↙

选择要偏移的对象，或［退出（E）放弃（U）］<退出>:（选择线段 *CD*）

指定要偏移的那一侧上的点，或［退出（E）多个（M）放弃（U）］<退出>：（在线段 *CD* 右侧的空白处单击鼠标左键，画出线段 *EF*，如图 2-25c 所示）

（4）绘制圆　根据平面图形分析，先画已知圆 ϕ50、ϕ30 及圆弧 *R*50、*R*30，接着再画 *R*60 的圆弧。

1）将图层粗实线作为当前层。

2）单击【绘图】工具栏上⊙按钮或键入“C”（Circle 别名）或单击菜单栏【绘图】→【圆】，按命令提示进行如下操作：

指定圆的圆心或［三点（3P）/ 两点（2P）/ 相切、相切、半径（T）］：（打开状态栏上的【对象捕捉】选项，捕捉 *AB* 与 *CD* 的交点）

指定圆的半径或［直径（D）］：25 ↙

命令：↙（重复圆的命令）

指定圆的圆心或［三点（3P）/ 两点（2P）/ 相切、相切、半径（T）］：（捕捉 *AB* 与 *CD* 的交点）

指定圆的半径或［直径（D）］<25.0000>：50 ↙

命令：↙（重复圆的命令）

指定圆的圆心或［三点（3P）/ 两点（2P）/ 相切、相切、半径（T）］：（捕捉 *AB* 与 *EF* 的交点）

指定圆的半径或［直径（D）］<50.0000>：15 ↙

命令：↙（重复圆的命令）

指定圆的圆心或［三点（3P）/ 两点（2P）/ 相切、相切、半径（T）］：（捕捉 *AB* 与 *EF* 的交点）

指定圆的半径或［直径（D）］：30 ↙

命令：↙（重复圆的命令）

指定圆的圆心或［三点（3P）/ 两点（2P）/ 相切、相切、半径（T）］：T（用相切、相切、半径方式画圆）

指定对象与圆的第一个切点：（选择 *R*50 右上方的圆弧，注意选择处应尽量靠近实际切点处）

指定对象与圆的第二个切点：（选择 *R*30 左上方的圆弧）

指定圆的半径 <15.0000>：60 ↙（图 2-25d）

提示

“圆”命令选项中，除了常用的利用圆心及半径值方式画圆之外，AutoCAD 2013还提供了其他五种方式：

1）直径（D）：指定直径画圆。

2）三点（3P）：用指定圆周上3点的方法画圆。

3）两点（2P）：指定直径的两端点画圆。

4）相切、相切、半径（T）：按先指定两个相切对象，后给出半径的方法画圆。图2-26所示为以此方式绘制出的圆的各种图形（其中，粗线的圆为最后绘制的圆）。

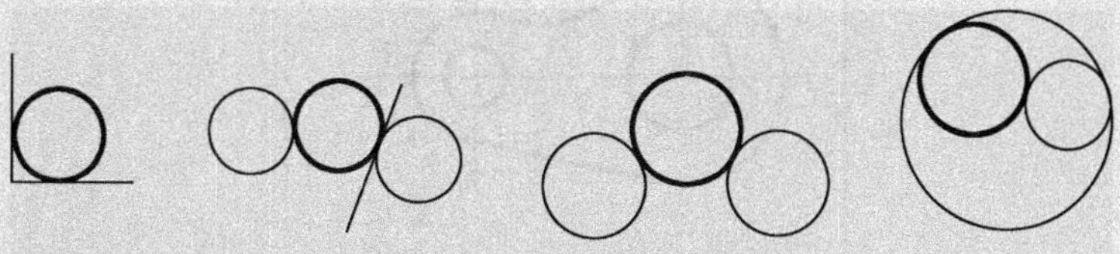

a)　b)　c)　d)

图 2-26　与两个对象相切的画圆方式

5）相切、相切、相切：此种绘圆的方式只有在菜单【绘图】→【圆】中才有。当选择此方式时（图2-27），按系统提示进行操作即可。

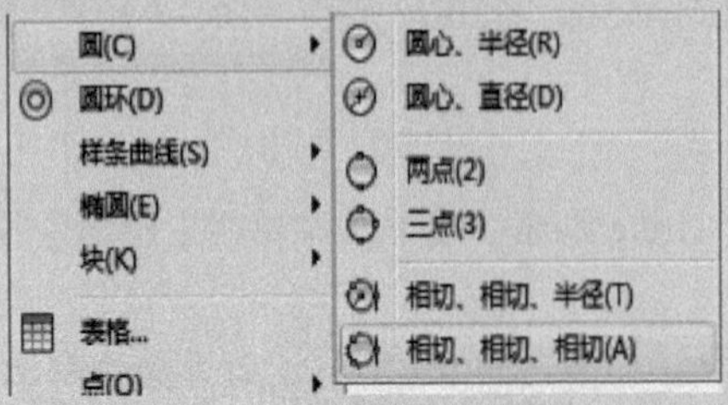

图 2-27　绘制圆的菜单命令

图 2-28　三角形的内切圆

指定圆的圆心或［三点（3P）两点（2P）切点、切点、半径（T）］：_3p指定圆上的第一个点：_tan 到（指定相切的第一个对象）

指定圆上的第二个点：_tan 到（指定相切的第二个对象）

指定圆上的第三个点：_tan 到（指定相切的第三个对象）

绘制三角形的内切圆时即可采用此方法，如图2-28所示。

（5）绘制两圆的公切线　单击【绘图】工具栏上的按钮，进行下列相关操作：

指定下一点或［放弃（U）］:（单击【对象捕捉】工具栏上按钮，移光标至 *R*50 圆弧的下方，单击鼠标左键选择此处切点。注意：选择处应尽量靠近实际切点处）

指定下一点或［放弃（U）］:（单击【对象捕捉】工具栏上按钮，移光标至 *R*30 圆弧的下方，单击鼠标左键选择此处切点。注意：选择处应尽量靠近实际切点处）

指定下一点或［闭合（C）/ 放弃（U）］: ↙

完成该命令操作，系统绘制出了一条与 *R*50 及 *R*30 相切的公切线（图 2-25d）。

（6）修剪图线　单击【修改】工具栏上的按钮或键入 “TR”（Trim 别名）或单击菜单栏【修改】→【修剪】，按命令提示进行如下操作：

选择对象:（选择 *R*50 的圆作为其修剪边界）

选择对象:（选择 *R*30 的圆作为其修剪边界）

选择对象: ↙（表示结束选择边界）

［栏选（F）窗交（C）投影（P）边（E）删除（R）放弃（U）］:（选择 *R*60 的圆上要去除的部分）

完成该命令操作，系统修剪掉了 *R*60 上方的部分圆弧。用同样的方法可修剪掉 *R*30 及 *R*50 上的多余部分圆弧，如图 2-29 所示。

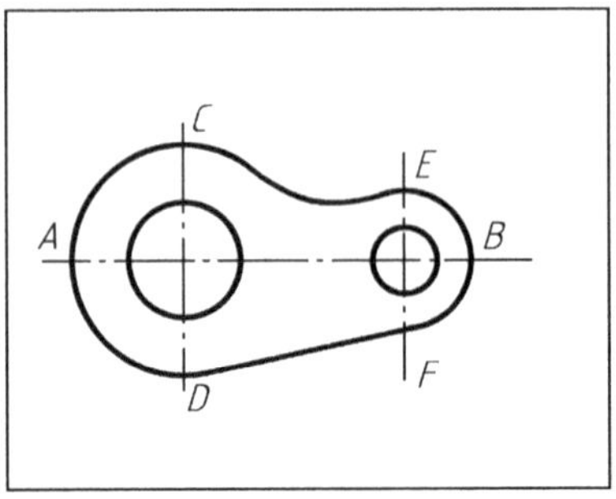

图 2-29　平面图形一的画法（二）

技巧

进行修剪操作时，可以不考虑修剪边界的问题，单击【修改】工具栏上的图标，按命令提示进行如下操作：

选择对象：（框选图中所有跟修剪有关的图线或者直接选中所有图线）

选择对象：↙

［栏选（F）窗交（C）投影（P）边（E）删除（R）放弃（U）］：（选择需要被修剪掉的线段）

（7）整理图形　为达到图形美观的效果，可以对图形的中心线长度和图形在整个图框中的位置稍作调整。

1）修整点画线长度。单击【修改】工具栏上的按钮或键入“BR”（Break 别名）或单击菜单栏【修改】→【打断】，按命令提示进行如下操作：

选择对象：（选取 *EF* 线段上的点 *F*）

指定第二个打断点或［第一点（F）］：（选取 *EF* 线端点以外的合适位置的点）

操作结果为 *EF* 线段上 *F* 点以外的线段被擦除。重复此命令，可以擦除其余点画线多余的部分。

提示

使用“打断”命令时需要注意以下几点：

1）默认情况下，以选择对象时的拾取点作为第一断点，这时需要指定第二个断点。如果直接选取对象上的另一点或者在对象的一端之外拾取一点，将删除对象位于拾取点之间的部分。如果选择“第一点（F）”，则可以重新确定第一个断点。

2）在确定第二个断点时，如果在命令行输入@，可以使第一个、第二个断点重合，从而将对象一分为二。

3）如果对矩形等封闭图形使用打断命令时，AutoCAD 2013将沿逆时针方向把第一断点*A*到第二断点*B*之间的部分删除。如图2-30所示，使用打断命令产生的效果是不同的。

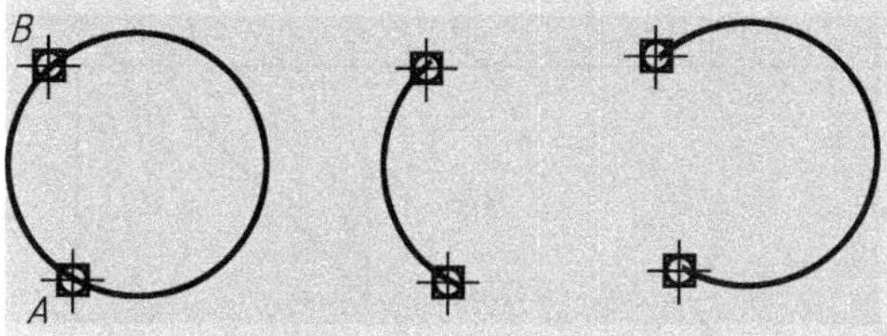

图2-30　圆的“打断”

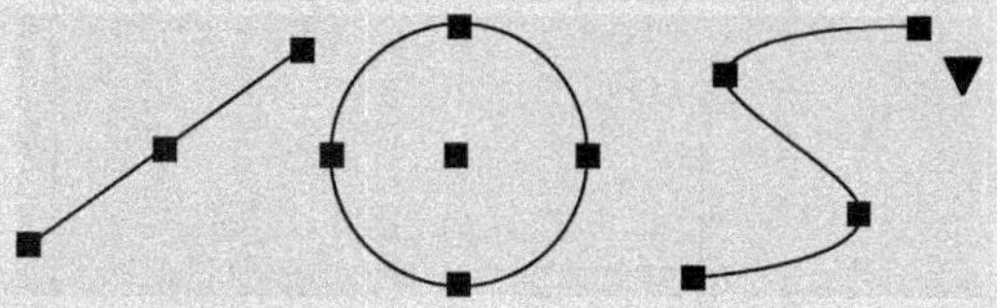

图2-31　夹点控制

另外，调整线段长度时还可以使用夹点功能。在无命令状态下选择对象，对象上将出现夹点，如图2-31所示。如需调整线段的长度，只需要拖动两端点的夹点即可。

2）调整图形的位置。单击【修改】工具栏上的按钮或键入“MOVE”，命令行操作如下：

命令：MOVE ↙

选择对象：（框选所有的图形，除图框）↙

指定基点或［位移（D）］<位移>：（选择任意一点）

指定第二点或［使用第一点作为位移］：（在图框合适的位置单击放置移动之后的图形）

（8）保存　单击【标准】工具栏上的按钮，保存图形 T2-1，完成平面图形的绘制。

二、绘制平面图形二（图 2-32）

（1）调用合适的样板图　单击【标准】工具栏上按钮，单击【使用样板】按钮，在【选择样板】列表框中选择合适的样板图并单击【确定】按钮。

（2）保存图形　单击【标准】工具栏上按钮，出现【另存为】对话框，在【文件名】编辑框中输入“T2-2”，单击【保存】按钮关闭对话框。

（3）绘制中心线

1）将图层中心线作为当前层。

2）按 F8 键，打开正交开关。

3）绘制线 *AB*、*CD*。

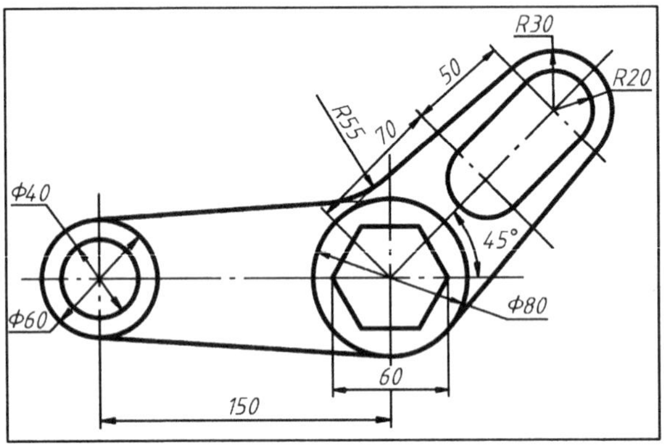

图 2-32　平面图形二

4）利用【偏移】命令画出线 *EF*（过程略，见图 2-33a）。

5）右击状态栏中的极轴追踪按钮，【极轴追踪】→【设置】，弹出【草图设置】对话框（见第一章），增量角选择 45°，同时启用极轴追踪。

6）单击【绘图】工具栏上的命令，选择 *AB* 和 *EF* 的交点为起点，利用极轴追踪大致画出中心线 *OP*，如图 2-33b 所示。

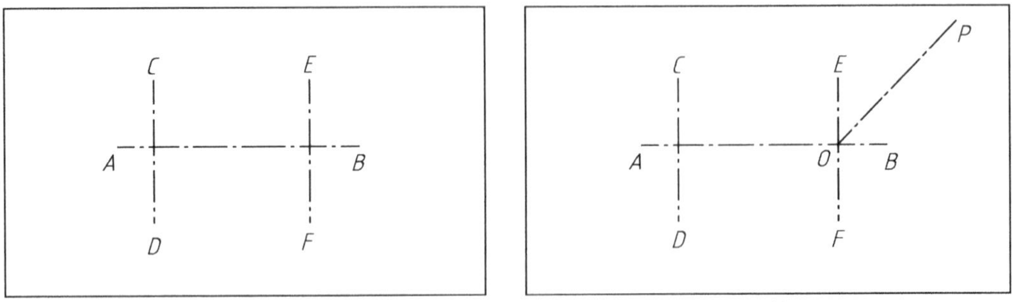

a)　　b)

图 2-33　平面图形二的画法（一）

7）绘制旋转中心线，单击【修改】工具栏上的命令，命令行操作如下：

命令：ROTATE ↙

选择对象：（选择 *EF*）↙

指定基点：（选择交点 *O*）

指定旋转角度，或［复制（C）参照（R）］<0>：C↙

指定旋转角度，或［复制（C）参照（R）］<0>：45↙（将 *EF* 逆时针旋转 45°）

绘图结果如图 2-34a 所示。

8）绘制线 *MN*、*XY*。先绘制 *MN*，单击【修改】工具栏上按钮或键入“OFFSET”，命令行操作如下：

命令：OFFSET↙

指定偏移距离或［通过（T）删除（E）图层（L）］< 通过 >：E↙

要在偏移后删除源对象吗？［是（Y）否（N）］< 是 >：Y↙

指定偏移距离或［通过（T）删除（E）图层（L）］< 通过 >：70↙

选择要偏移的对象，或［退出（E）放弃（U）］< 退出 >：（选择刚才旋转的直线）

指定要偏移的那一侧上的点，或［退出（E）多个（M）放弃（U）］< 退出 >：（在选择的直线的上方的空白处单击，绘制出 *MN*）

利用同样的方法绘制线 *XY*。

命令：OFFSET↙

指定偏移距离或［通过（T）删除（E）图层（L）］< 通过 >：E↙

要在偏移后删除源对象吗？［是（Y）否（N）］< 是 >：N↙

指定偏移距离或［通过（T）删除（E）图层（L）］< 通过 >：50↙

选择要偏移的对象，或［退出（E）放弃（U）］< 退出 >：（选择线 *MN*）

指定要偏移的那一侧上的点，或［退出（E）多个（M）放弃（U）］< 退出 >：（在线 *MN* 上方的空白处单击，绘制出 *XY*，如图 2-34b 所示）

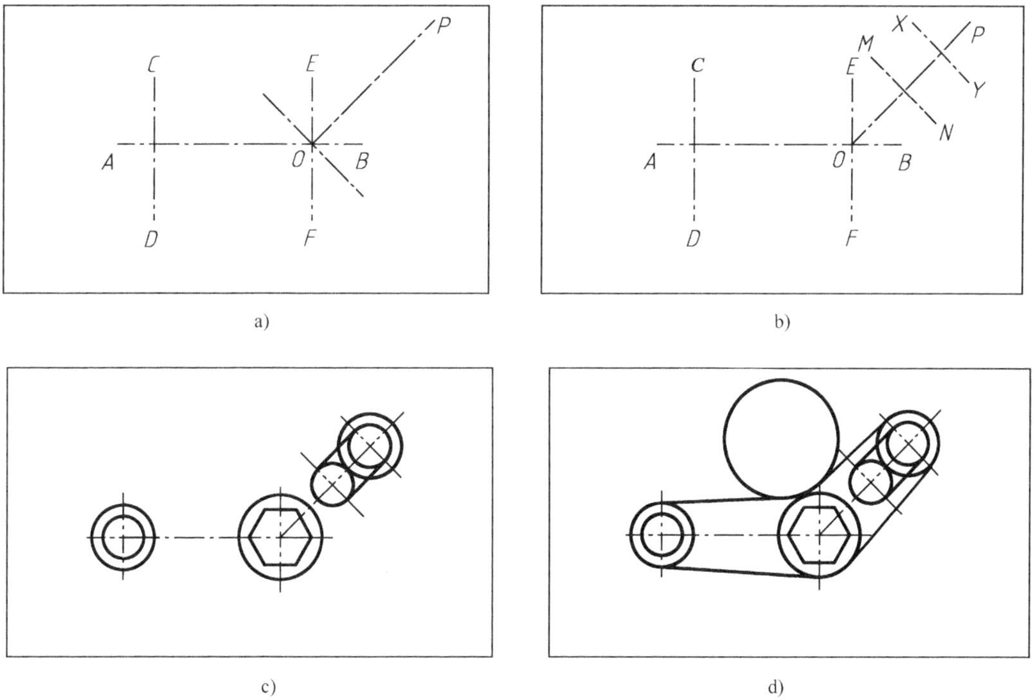

图 2-34　平面图形二的画法（二）

（4）绘制圆　先将【粗实线】图层置为当前层，再利用【圆】命令，辅以“捕捉”功能，利用

【圆心、半径】选项分别画出 $\phi40$、$\phi60$ 和 $\phi80$ 三个圆。

（5）绘制正六边形　单击【绘图】工具栏上的按钮或键入“PO”（Polygon 别名）或单击菜单栏【绘图】→【正多边形】。命令行操作如下：

命令：POLYGON ↙

输入边的数目 <4>：6 ↙（输入正多边形的边数）

指定正多边形的中心点或［边（E）］：（拾取 *AB* 与 *EF* 的交点 *O* 作为正六边形的中心点）

输入选项［内接于圆（I）/ 外切于圆（C）］<I>：↙（选择默认选项 I，内接于圆方式）

指定圆的半径：30 ↙

操作结果如图 2-34c 所示。

提示

1）用户可以使用正多边形的外接圆或内切圆来绘制正多边形。其中I表示正多边形内接于圆，如图2-35a所示；“C”表示正多边形外切于圆，如图2-35b所示。

2）如果选择“边（E）”选项，则只要指定多边形的一条边，系统就会按逆时针方向创建该正多边形，如图2-35c所示。

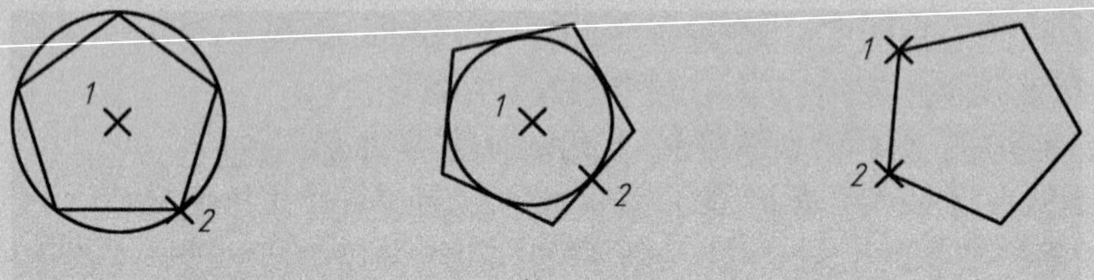

a)　b)　c)

图 2-35　正多边形的画法

（6）画出其余部分结构

1）利用【直线】命令结合【对象捕捉】工具条里的【捕捉到切点】画出各条切线。

2）利用【圆】中的【相切、相切、半径】选项画出半径为 *R*55 的圆，如图 2-34d 所示。

（7）利用修剪命令剪去多余部分的线

（8）整理图形　调整点画线的长度，移动图形在方框中的位置，结果如图 2-36 所示。

（9）存盘　保存图形文件，完成图 T2-2 的绘制。

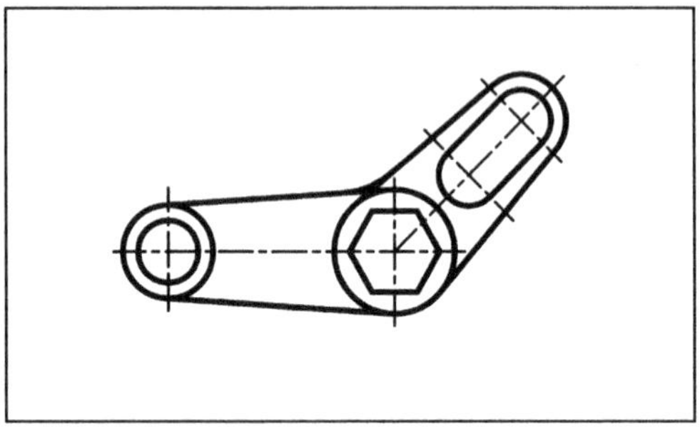

图 2-36　平面图形二画法（三）

第三节　参数化绘图

参数化绘图是从 AutoCAD 2010 版本以后新增的一大功能，这将大大改变在 AutoCAD 中绘制图形的思路和方式。参数化绘图能够使设计更加方便，也是今后设计领域的发展趋势。参数化绘图的关键在于约束工具的使用，常用的约束工具有几何约束和标注约束两种，其中几何约束用于控制对象之间的位置关系，标注约束用于控制对象之间的距离、长度、角度、圆弧和圆的尺寸大小。此外，AutoCAD 2013 中还添加了自动约束，它是根据对象相对于彼此之间的关系，自动地将已经存在的几何约束应用于选择的对象。

利用参数化方法绘制图 2-37a 所示的图形。首先调用合适的样板图并将该图形文件保存为“T2-3”。利用直线、圆以及对象捕捉等命令大致绘制出草图，如图 2-37b 所示。通过【修剪】命令将图形剪切成图 2-37c 所示的轮廓，最后对图形创建自动约束（图 2-37d）。

单击【参数化】工具栏上的按钮或单击菜单栏【参数】→【自动约束】或键入“AUTOCONSTRAIN”均可执行该命令，命令行操作如下：

命令：AUTOCONSTRAIN ↙

选择对象或［设置（S）］:（框选所画的图）↙

系统提示：已将 16 个约束应用与 12 个对象（此时已经约束了直线和各圆之间存在了相交的关系）

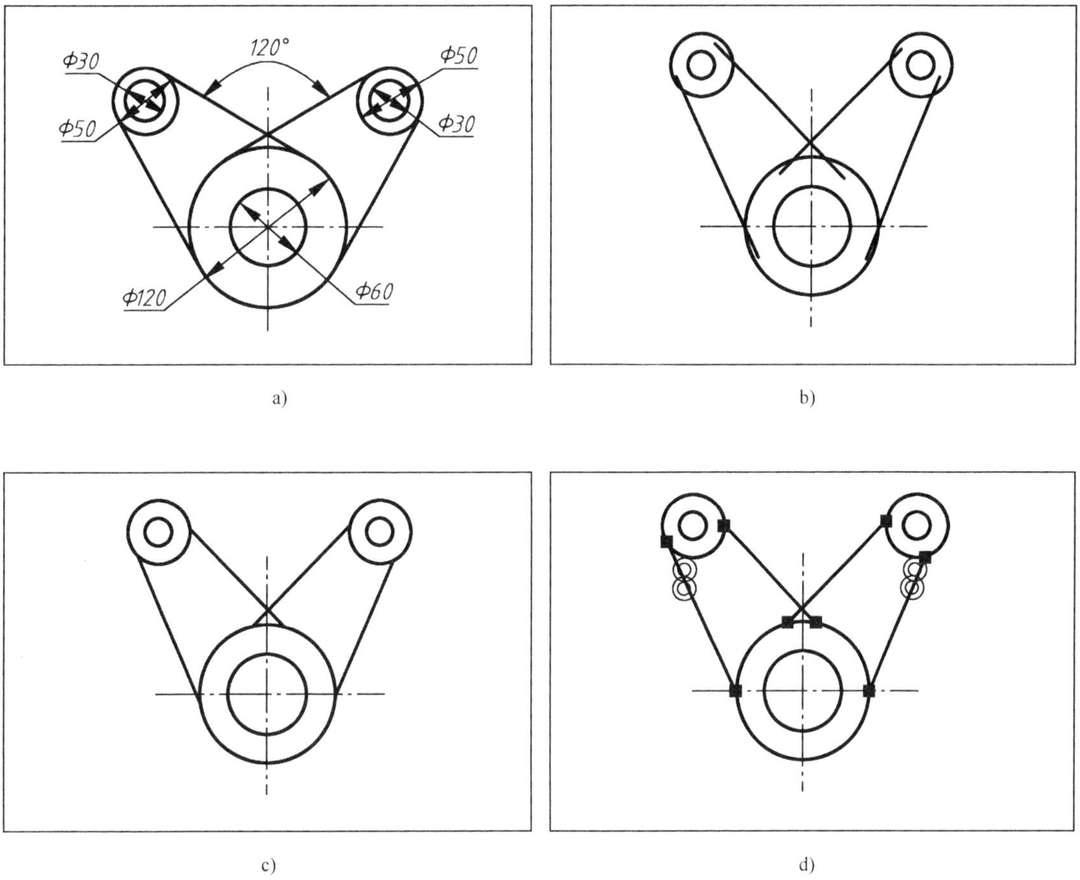

图 2-37　参数化绘制平面图形（一）

提示

绘制大致的草图轮廓时，圆的尺寸和直线的位置虽然不固定，但是要根据最终的图的形状来画，大小圆的比例以及直线的方向要类似，否则图在后面的约束过程中会严重变形。另外，有些图形草绘时可以直接实现约束的就直接画出，如图2-37所示的同心圆，可不必都通过几何约束就能实现。

一、创建几何约束

AutoCAD 2013 的几何约束包括重合、共线、同心、固定、平行、垂直、水平、竖直、相切、平滑、相等和对称共 12 种类型。通过对本图形的分析可知，需约束图中的 4 条直线与各圆之间的相切以及图形关于竖直方向中心线的对称。

（1）创建相切约束　单击【几何约束】工具栏上的按钮或单击菜单栏【参数】→【几何约束】→【相切】或键入“GCTANGENT”均可执行该命令，命令行操作如下：

命令：GCTANGENT ↙

选择第一个对象：（选择下面的大圆）

选择第二个对象：（再选择任意一条与之相切的直线）

按同样的操作完成所有的圆与直线的相切，结果如图 2-38 所示。

提示

在应用约束时，很多情况下选择两个对象的顺序很重要，通常所选的第二个对象会根据第一个对象进行调整。例如，应用相切约束时，用户选择的第二个对象将调整为相切于第一个对象。

（2）创建对称约束　单击【几何约束】工具栏上的按钮或单击菜单栏【参数】→【几何约束】→【对称】或键入“GCSYMMETRIC”均可执行该命令，命令行操作如下：

命令：GCTANGENT ↙

选择第一个对象或［两点（2P）］<两点>：（选择左上角的圆）

选择第二个对象：（选择右上角的圆）

选择对称直线：（选择竖直的点画线）

操作结果如图 2-39 所示。

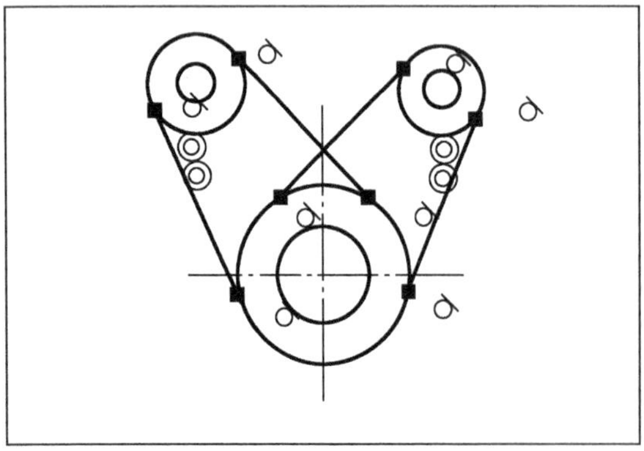

图 2-38　相切约束

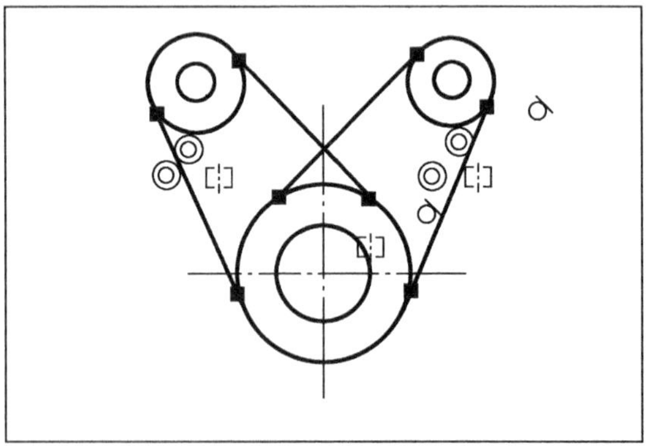

图 2-39　对称约束

二、创建标注约束

标注约束包括水平约束、竖直约束、对齐约束、半径约束、直径约束、角度约束共 6 种类型。通过对本图形的分析可知，需约束 6 个圆的直径以及两条直线的角度。

1）对圆的直径进行约束。单击【标注约束】工具栏上的按钮或单击菜单栏【参数】→

【标注约束】→【直径】或键入“DCDIAMETER”均可执行该命令，命令行操作如下：

命令：DCDIAMETER ↙

选择圆弧或圆：（选择最下面的大圆）

指定尺寸线位置：（在合适的位置单击）

指定尺寸线的位置：120 ↙

按同样的方法完成对剩余圆的标注约束。

2）对两条切线的角度进行约束。单击【标注约束】工具栏上的按钮或单击菜单栏【参数】→【标注约束】→【角度】或键入“DCANGULAR”均可执行该命令，命令行操作如下：

命令：DCANGULAR ↙

选择第一条直线或圆弧或［三点（3P）］<三点>：（选择左边一条直线）

选择第二条直线：（选择右边一条直线）

指定尺寸线位置：（在合适的位置单击）

标注文字 = 120 ↙

操作结果如图 2-40 所示。

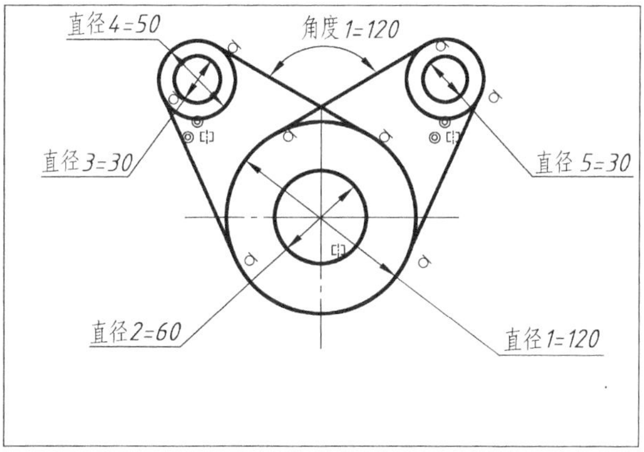

图 2-40　尺寸约束

三、整理图形

1）单击【参数化】工具条中的按钮或者单击菜单栏【参数】→【约束栏】→【全部隐藏】，隐藏图中所有的几何约束。

2）单击【参数化】工具条中的按钮或者单击菜单栏【参数】→【动态标注】→【全部隐藏】，隐藏图中所有的标注约束。

3）通过打断命令和移动命令分别调整中心线的长度以及整个图在图框中的位置。另外，还可以通过直线命令给另外两个圆添加上中心线，如图 2-41 所示。

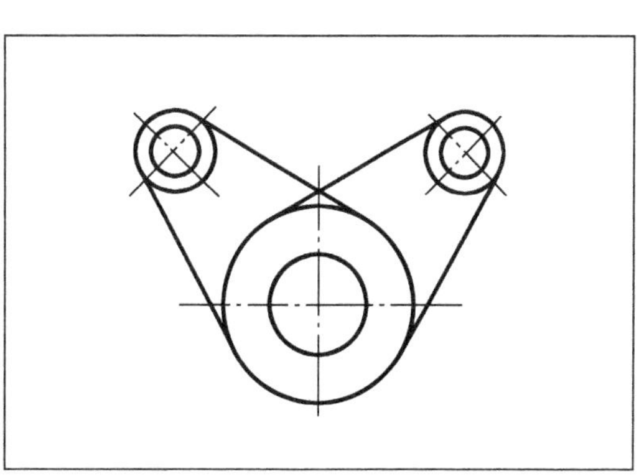

图 2-41　平面图形三

最后，存盘完成图 T2-3 的绘制。

练一练

1. 创建一张 A4 样板图，并以此为模板，绘制图 2-42 ～图 2-44 所示的平面图形。

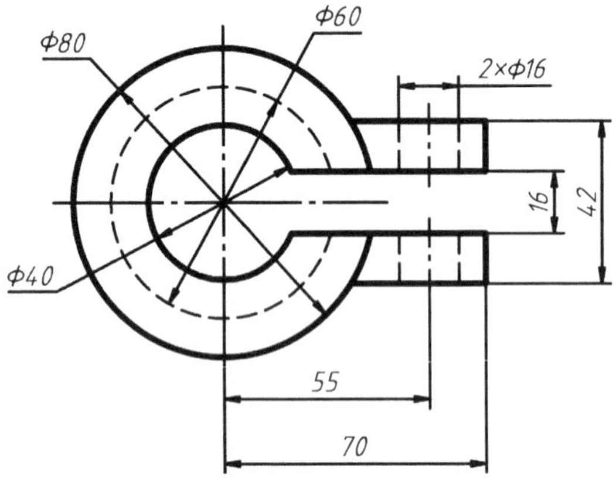

图 2-42　平面图形练习一

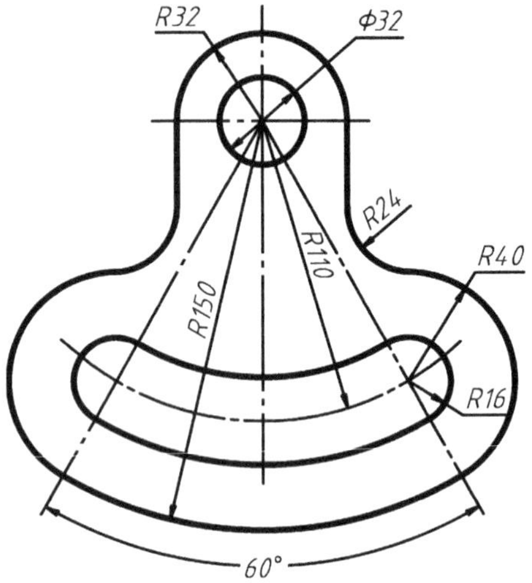

图 2-43　平面图形练习二

2. 以 A3 样板图为模板，绘制如图 2-45 所示的平面图形。

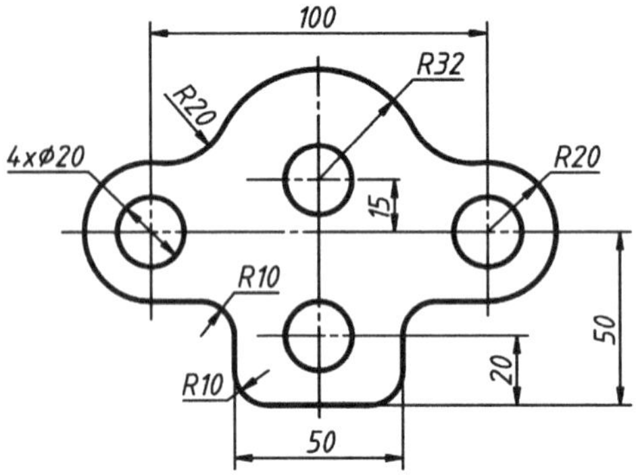

图 2-44　平面图形练习三

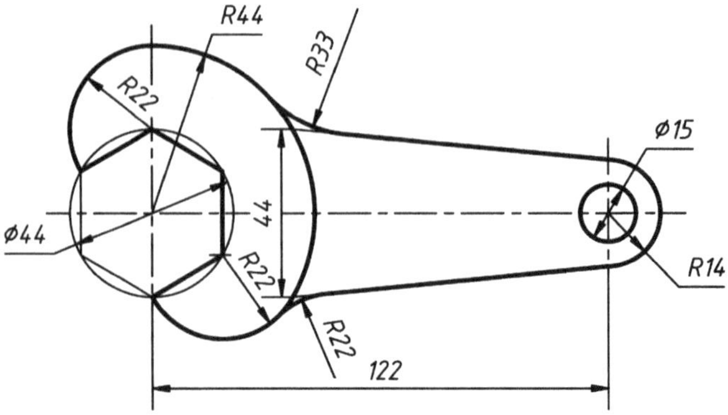

图 2-45　平面图形练习四

3. 创建一张 A2 样板图，并以此为模板，绘制如图 2-46 所示的平面图形。

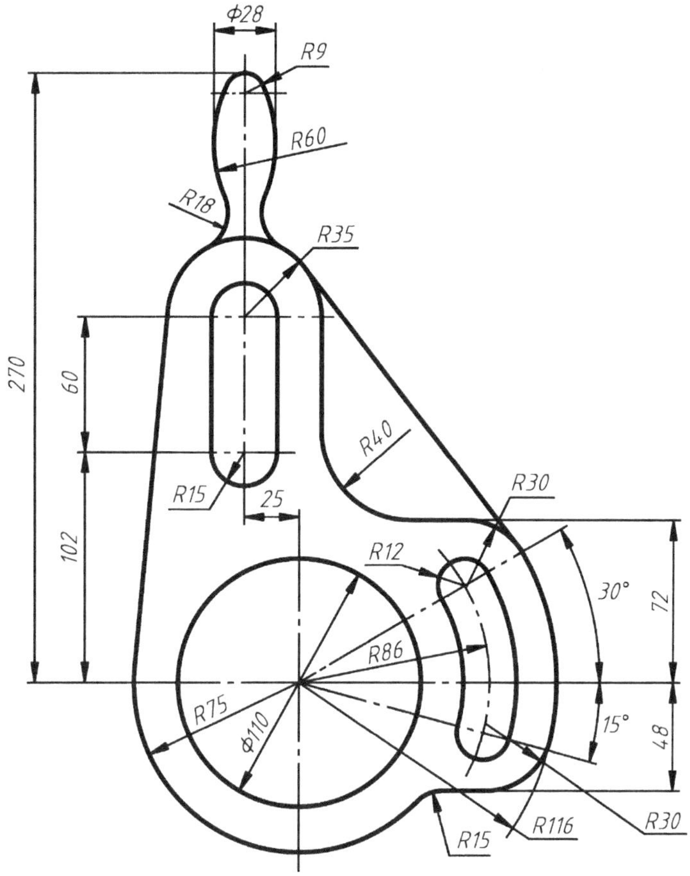

图 2-46　平面图形练习五

第三章　组合体的三视图和轴测图

学习导航

学习目标	掌握用 AutoCAD 2013 绘制组合体三视图和轴测图的方法，学会利用辅助绘图工具和捕捉等功能精确绘制组合体的视图，掌握绘图中常用的一些高级编辑技巧
学习重点	三视图及轴测图的绘制方法，利用捕捉、追踪功能进行图形的精确绘制和图形高级编辑技巧
相关命令	射线、椭圆、多段线、镜像、圆角、夹点、特性
建议课时	4 ~ 6 课时

第一节　形体三视图的绘制

绘制形体的三视图时，通常先打开一个绘图环境已设置好的样板图，使用绘图命令绘制底图或直接画出图形，并加以必要的修改与编辑，最终整理完成形体的三视图。本节主要介绍形体三视图的基本画法。

一、形体三视图绘制案例 1

例 3-1　完成如图 3-1 所示的切割体的三视图。

（1）打开一个合适的样板图并用保存命令存盘为 T3-1

（2）绘制基准线，布局

1）将 0 层作为当前层，按 F8 键，打开状态行中的极轴追踪开关，并在【草图设置】对话框的【极轴追踪】选项卡中将“增量角”设为 45°。

2）画出如图 3-2 所示的十字线作为绘图的基准线。

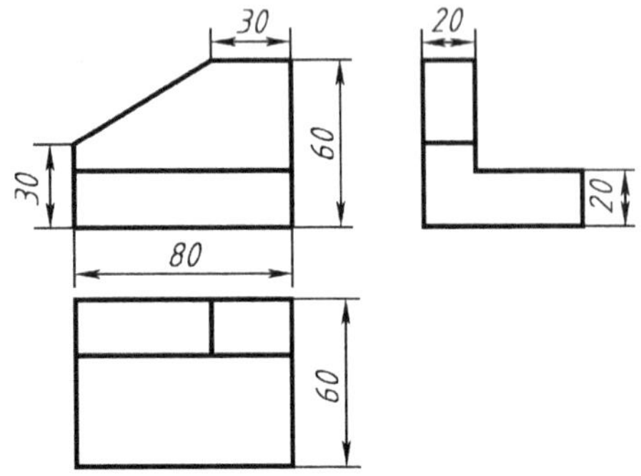

图 3-1　组合体的三视图

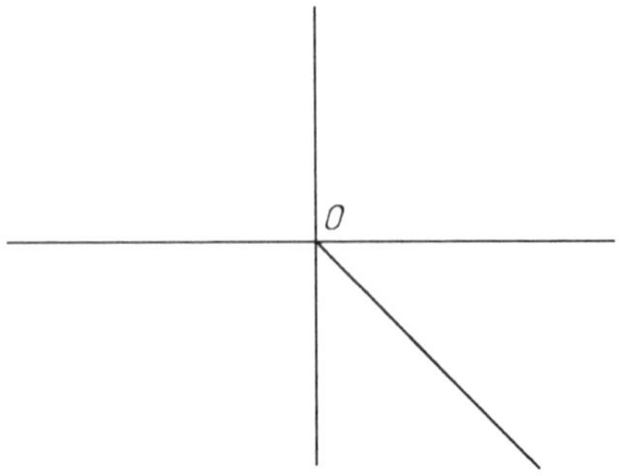

图 3-2　绘制基准线及 45°线

3）绘制 45°　辅助线。单击菜单栏【绘图】→【射线】或键入“RAY”命令。命令行操作如下：

命令：RAY ↙

指定起点：（选择 O 点作为起点）

指定通过点：（向右下方移动光标，当光标处显示极轴角为 315° 时单击鼠标左键）

指定通过点：↙

提示

射线命令用于绘制自起点向通过点方向无限延长的射线，利用该命令可以连续画射线。

（3）绘制主视图的外框线

1）单击状态栏中的□按钮（或按 F3 键）和□按钮（或按 F8 键），分别打开对象捕捉功能和正交功能。单击菜单栏【工具】→【草图设置】，在【对象捕捉】选项卡中将【端点】、【中点】、【交点】、【延伸】等复选框选中。

2）将粗实线层作为当前层。启用直线命令，首先在绘图窗口中的合适位置处拾取一点 *A* 作为直线的起点，如图 3-3 所示，然后竖直向下拖动鼠标并输入直线长度 30，完成直线 *AB* 段的绘制。沿 *B* 点水平向右拖动鼠标并输入直线长度 80，完成直线 *BC* 段的绘制。沿 *C* 点竖直向上拖动鼠标并输入直线长度 60，完成直线 *CD* 段的绘制。沿 *D* 点水平向左拖动鼠标并输入直线长度 30，完成直线 *DE* 段的绘制。最后在命令行输入“C”回车，或单击鼠标右键，在弹出的快捷菜单中选择【闭合】，完成线段 *EA* 的绘制。

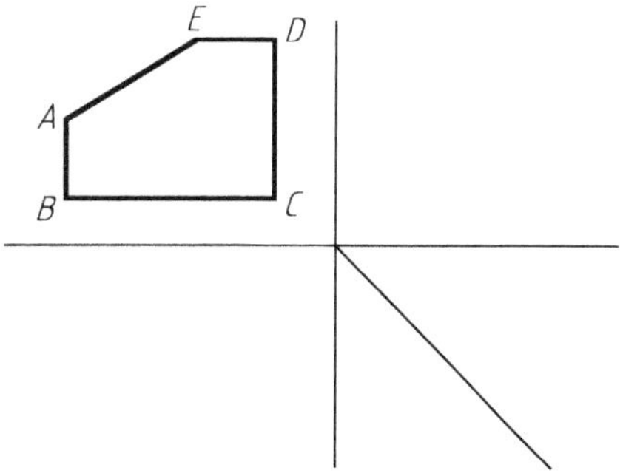

图 3-3　绘制主视图外框线

（4）绘制左视图的外框线

1）将对象捕捉功能（F3）、正交功能（F8）及对象捕捉追踪（F11）功能同时打开。启用直线命令，首先将鼠标悬停在主视图 *C* 点处，当十字光标中心出现一个小方框表明已捕获该端点，此时不要单击鼠标，应水平向右拖动鼠标，光标处将出现一条水平的追踪虚线，如图 3-4a 所示。在合适的位置单击鼠标获得直线的起点 *F*，如图 3-4b 所示。该操作的目的是确保主视图和左视图满足“高平齐”的投影关系。

2）由创建的 *F* 点开始绘制左视图的外框线，方法同上。其中，线段 *FG*、*GH*、*HI*、*IJ*、*JK* 长度分别为 60、20、40、40 和 20，结果如图 3-4b 所示。

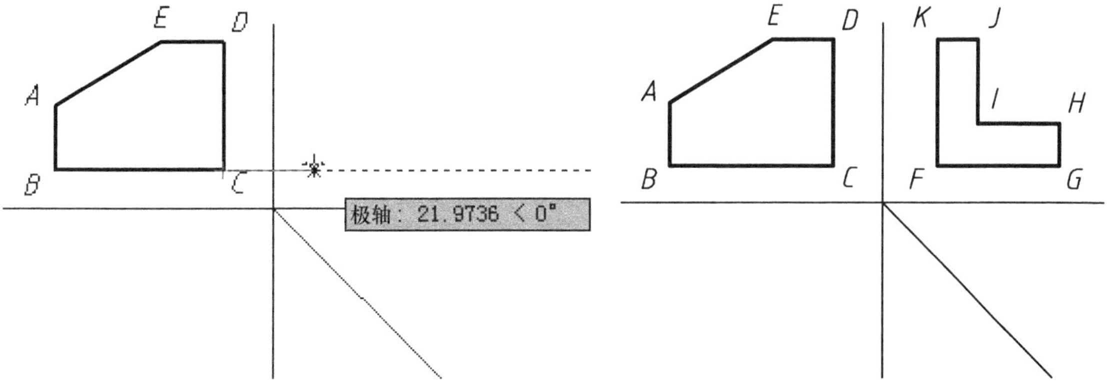

a)　　　　b)

图 3-4　绘制左视图外框线

a) 追踪操作实现高平齐　b) 绘制轮廓线

（5）完成主、左视图其他图线的绘制

1）确认对象捕捉功能（F3）、极轴追踪功能（F10）及对象捕捉追踪功能（F11）同时处于打开状态。启用直线命令，首先将鼠标悬停在左视图 *I* 点处，当十字光标中心出现一个小方框时表明已捕获该端点，此时不要单击鼠标，应水平向右拖动鼠标，光标处将出现一条水平的追踪虚线。当光标移到主视图轮廓线 *CD* 附近出现交点的捕捉符号时单击鼠标，获得直线的起点 *M*，如图 3-5 所示。

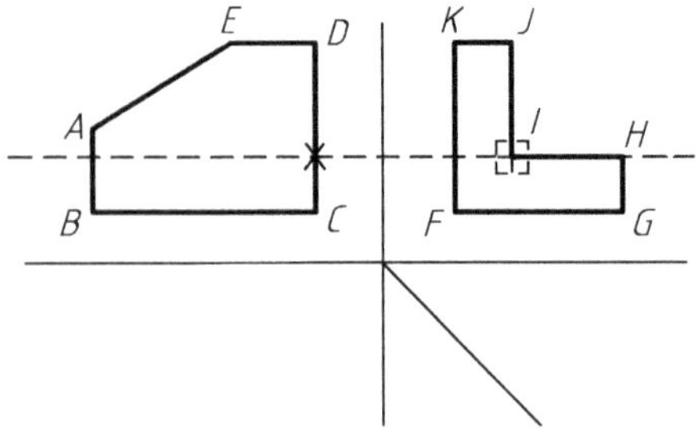

图 3-5　追踪操作确定直线的起点

技巧

追踪操作不要用正交功能来代替极轴追踪功能，因为采用正交功能时，捕捉直线下一个端点所处的特征点位置是无法实现的。另外，极轴追踪功能完全能够实现“正交”的所有功能，建议绘图时采用极轴追踪功能，以减少反复的切换操作，提高绘图速度。

2）水平移动鼠标至主视图轮廓线 *AB* 附近，当再次出现交点的捕捉符号时单击鼠标，完成主视图内部轮廓线 *MN* 的绘制，如图 3-6 所示。

3）用同样的方法完成左视图内部轮廓线 *PQ* 的绘制，结果如图 3-6 所示。

（6）绘制俯视图

1）将 0 层作为当前层。确认对象捕捉功能、极轴追踪功能及对象捕捉追踪功能处于打开状态。启用直线命令，单击左视图上的 *F* 点作为直线的起点，竖直向下拖动鼠标至 45° 斜线附近，当出现交点的捕捉符号时单击鼠标。然后水平向右再绘制一段水平线，这样就得到一组宽相等的辅助线。注意：水平线段不要超出竖直基准线。用同样的方法从 *I* 点及 *G* 点再绘制两组宽相等的辅助线，辅助线水平线左端点分别设为 1、2、3 点，结果如图 3-7 所示。

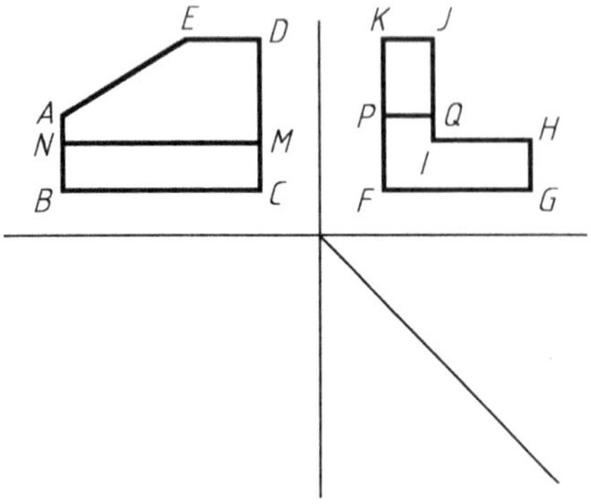

图 3-6　主、左视图内部轮廓线的绘制

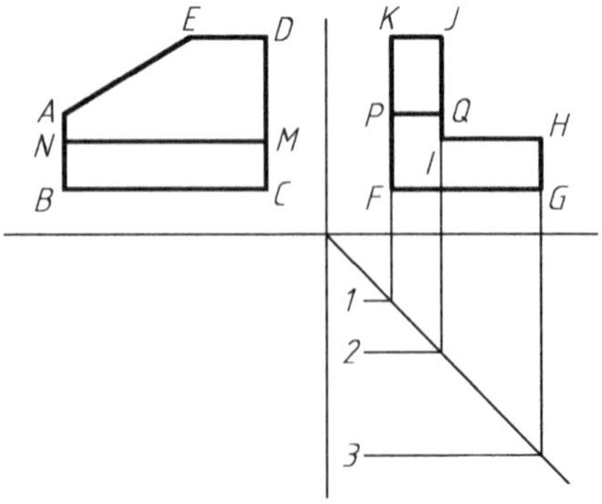

图 3-7　绘制宽相等辅助线

2）将粗实线层作为当前层。启用矩形命令，利用前述的追踪方法将鼠标悬停在 *B* 点，当出现端点捕捉符号时，竖直向下拖动出一条水平追踪虚线。然后将鼠标悬停在 3 点，当出现端点捕捉符号时，水平向右拖动出一条水平追踪虚线，此时端点 *B* 及端点 3 处均有一个十字符号。注意：前面操作均不要单击鼠标。将鼠标移至两条追踪线交汇处，会出现一个交点符号。如图 3-8 所示。

3）单击鼠标左键即得到矩形左下角点，然后拖动鼠标用同样的方法获得矩形右上角点，利用矩形命令完成俯视图外框矩形的绘制，结果如图 3-9 所示。

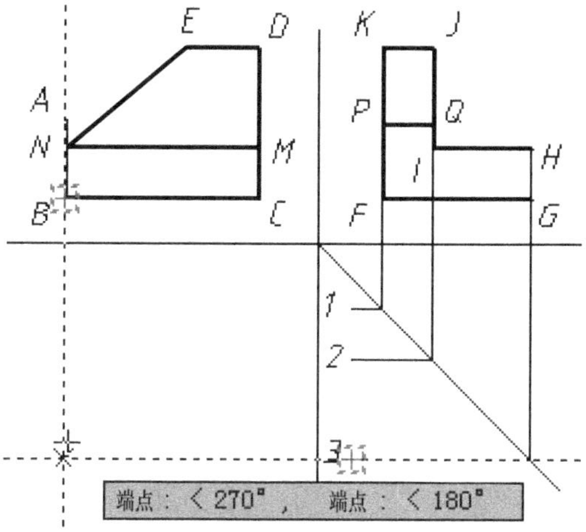

图 3-8　俯视图外框矩形左下角点的追踪图

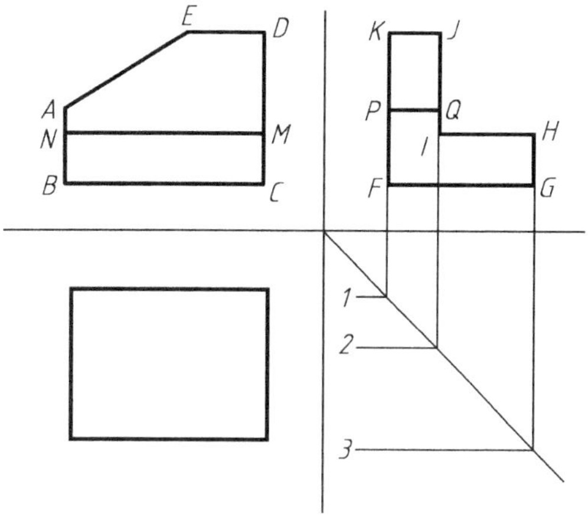

图 3-9　俯视图外框矩形绘制

4）启用直线命令，将鼠标悬停在 2 点，然后利用前述的追踪方法绘出俯视图内部水平线 *XY*。再将鼠标悬停在 *E* 点，利用前述的追踪方法绘出俯视图内部竖直线 *UV*，如图 3-10 所示。

5）利用删除命令删除基准线和辅助线，完成全图。

二、形体三视图绘制案例 2

例 3-2　完成如图 3-11 所示的切割圆柱体的三视图。

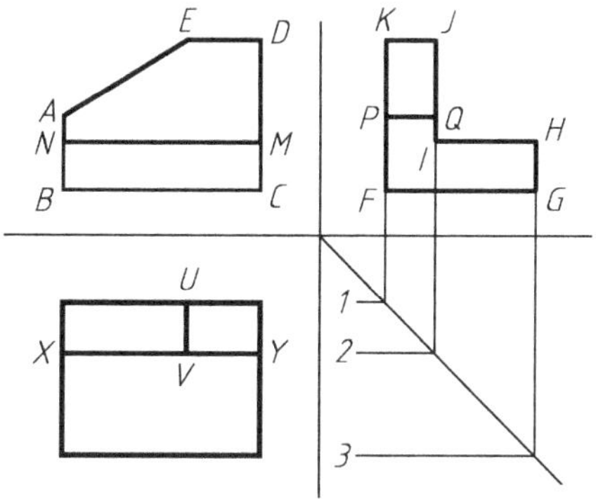

图 3-10　俯视图内部图形绘制

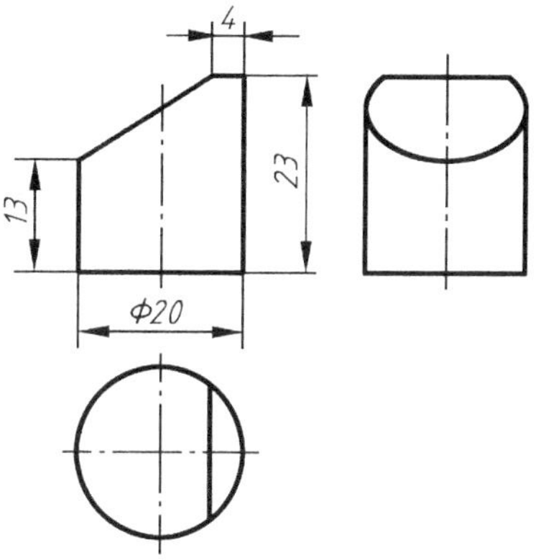

图 3-11　圆柱截断体的三视图

（1）调用 A4 样板图并用保存命令存盘为 T3-2

（2）绘制圆柱体的三视图

1）利用射线、圆、直线命令画出圆柱体的三视图基准线及圆，如图 3-12a 所示。

2）单击【绘图】工具栏上的按钮或键入“OFFSET”或单击菜单栏【修改】→【偏移】。命令行操作如下：

命令：OFFSET ↙

指定偏移距离或［通过（T）删除（E）图层（L）］<通过>：23 ↙（输入平行复制的距离）

选择要偏移的对象或 <退出（E）放弃（U）>：（选择主视图的底圆直线）

指定点以确定偏移所在一侧：（在要复制的方向指定一点）

选择要偏移的对象或 <退出（E）放弃（U）>:（选择左视图的底圆直线）

指定点以确定偏移所在一侧：（在要复制的方向指定一点）

选择要偏移的对象或 <退出（E）多个（M）放弃（U）>: ↙

操作结果如图 3-12b 所示。利用直线命令完成圆柱的三视图，如图 3-12c 所示。

提示

1）偏移命令经常用于对直线、圆、圆弧、椭圆、椭圆弧、样条曲线等对象的平行复制。

2）偏移命令可以连续作相同距离的平行复制。其中，【通过［T］】选项可以指定新复制的对象通过指定点。

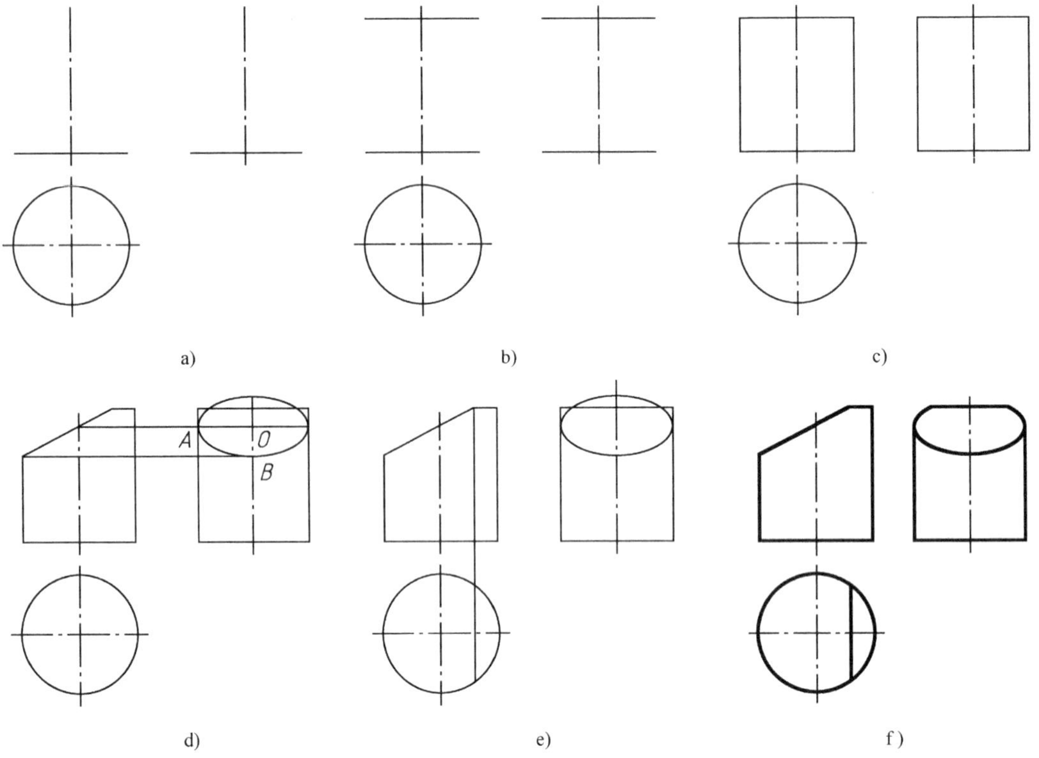

图 3-12　绘制切割圆柱体的截交线

（3）绘制切平面的三视图投影

1）在主视图上根据定位尺寸 23、4，利用偏移命令确定切平面的位置，用直线命令画出切平面投影。

2）用直线命令绘制特殊点的投影连线，通过找到的特征点 *A*、*B*、*O* 点绘制截交线在左视图上的椭圆投影。单击绘图工具栏上的按钮或键入“ELLIPSE”或单击菜单栏【绘图】→【椭圆】→【中心点】。命令行操作如下：

命令：ELLIPSE ↙

指定椭圆的轴端点或［圆弧 (A)/ 中心点 (C)］：C ↙

指定椭圆的中心点：（选择 O 点作为该椭圆的中心点）

指定轴的端点：（选择 A 点作为该椭圆的一半轴端点）

指定另一条半轴长度或［旋转(R)］：（选择 B 点作为该椭圆的另一半轴端点）

结果如图 3-12d 所示。

（4）整理图形　修剪多余的线条，存盘完成该切割圆柱体的三视图投影，如图 3-12e、f 所示。

提示

绘制椭圆和椭圆弧有下列几种方法：

1）【绘图】→【椭圆】→【中心点】：通过先指定椭圆中心点，再指定另两个半轴的方式画椭圆。命令行操作如下：

命令：ELLIPSE↙

指定椭圆的轴端点或［圆弧(A)/中心点(C)］：C↙（选择指定中心点的选项）

指定椭圆的中心点：（指定椭圆的中心p1点）

指定轴的端点：（指定椭圆任意一轴的端点p2，p1、p2点将确定椭圆的第一半轴的长度和倾斜的方向）

指定另一条半轴长度或［旋转(R)］：（指定p3点，确定椭圆的另一半轴的长度）

结果如图3-13所示。

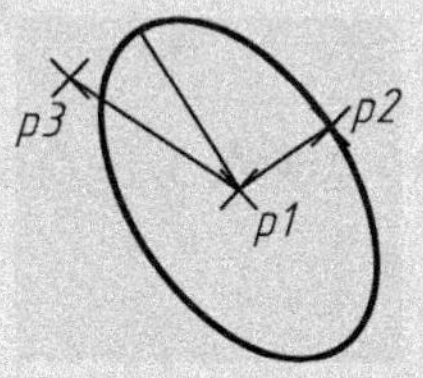

图 3-13　利用中心、半轴、半轴方式画椭圆

最后一行【旋转（R）】选项是要求输入一个旋转角度的数值。这个椭圆是以椭圆的第一半轴或第一轴为半径或直径生成一个圆，将该圆绕第一轴旋转指定的角度并投影到圆的初始平面上所得到的投影。因此，旋转角度的数值在0°～90°内，角度值越大，生成的椭圆长、短轴之比也越大。各旋转角度的椭圆如图3-14所示。

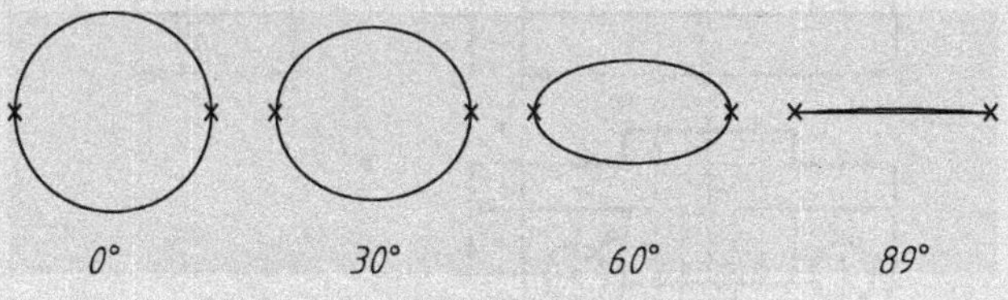

图 3-14　各旋转角度的椭圆

其后按命令提示进行如下操作：

指定另一条半轴长度或［旋转(R)］：　R↙

指定绕长轴旋转的角度：（在该提示下输入旋转角度值）

2）【绘图】→【椭圆】→【轴、端点】：通过先指定椭圆任意一轴，再指定另一个半轴的方式画椭圆。命令提示及操作如下：

指定椭圆的轴端点或［圆弧(A)/中心点(C)］：（指定第一轴的端点p1）

指定轴的另一个端点：（指定第一轴的另一端点p2）

指定另一条半轴长度或［旋转(R)］：（指定p3点，确定椭圆的另一半轴的长度）

结果如图3-15所示。

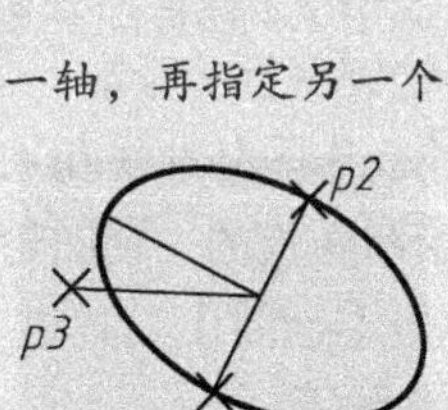

图 3-15　利用轴、半轴的方式绘制椭圆

3）【绘图】→【椭圆】→【圆弧】：通过以上两种方式中任意一种生成椭圆，然后再给出椭圆弧的角度参数绘制椭圆弧。命令提示及操作如下：

指定椭圆的轴端点或[圆弧(A)/中心点(C)]: A↙(选择绘制椭圆弧的选项)

指定椭圆弧的轴端点或[中心点(C)]:

指定轴的另一个端点:

指定另一条半轴长度或[旋转(R)]:

指定起始角度或[参数(P)]:(指定椭圆弧开始点的角度或选择“参数[P]”的选项)

指定起始角度或[参数(P)]:(指定椭圆弧结束点的角度或选择“参数[P]”的选项或“包含角度[I]”的选项)

【参数[P]】选项是通过参数矢量方程$p(\omega)=c+a\times\cos(\omega)+b\times\sin(\omega)$生成椭圆弧，其中：$a$为椭圆半长轴长度；$b$为椭圆半短轴长度；$c$为椭圆的中心点坐标；$\omega$为椭圆弧起始及终止角度。

【包含角度[I]】选项是给定椭圆弧的增量角度。

第二节　组合体三视图的绘制

例 3-3　绘制图 3-16 所示轴承座的三视图。

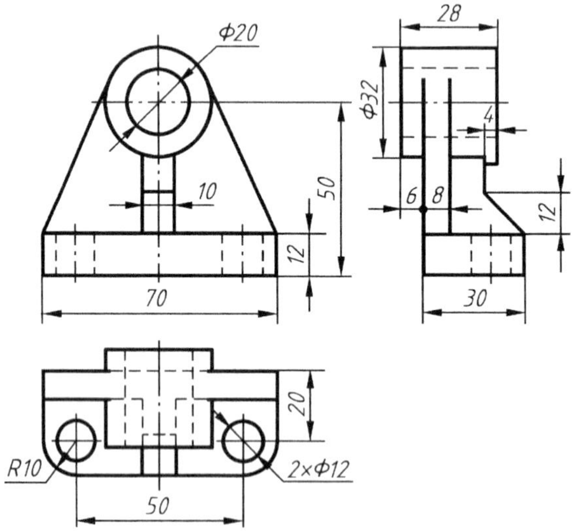

图 3-16　轴承座的三视图

（1）调用 A4 样板图并用保存命令存盘为 T3-3

（2）绘制底板的投影

1）绘制作图基准线和 45° 辅助线，如图 3-17a 所示。

2）绘制底板的三视图轮廓线，如图 3-17b 所示。绘制底板的三视图也可用【多段线】命令执行，单击【绘图】工具栏上的图标或键入“PLINE”或单击菜单栏【绘图】→【多段线】。命令行操作如下：

命令：PLINE ↙

指定起点：(指定多段线的起点)

当前线宽为 0.0000

指定下一个点或[圆弧(A)/半宽(H)/长度(L)/放弃(U)/宽度(W)]:(指定多段线的下一点)

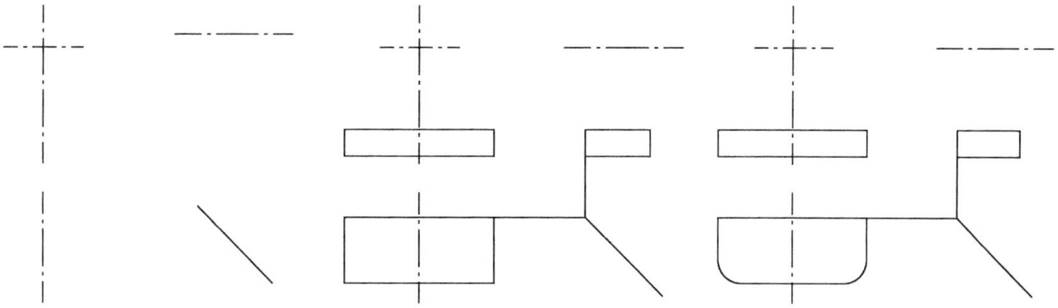

a)　　b)　　c)

图 3-17　绘制轴承座的底板投影

提示

多段线主要由连续的不同宽度的线段组成。绘制多段线注意以下事项：

1）如果在上述提示中选“圆弧”，则命令行提示为：

指定圆弧的端点或［角度 (A)/ 圆心 (CE)/ 方向 (D)/ 半宽 (H)/ 直线 (L)/ 半径 (R)/ 第二个点 (S)/ 放弃 (U)/ 宽度 (W)］:

此时，绘制圆弧的方法与圆弧命令相似。

2）可通过设置宽度绘制不同宽度的线段。

3）用同一多段线命令画出的连续图形是一个目标对象。

利用不同的选项可以绘制如图3-18所示的图形。

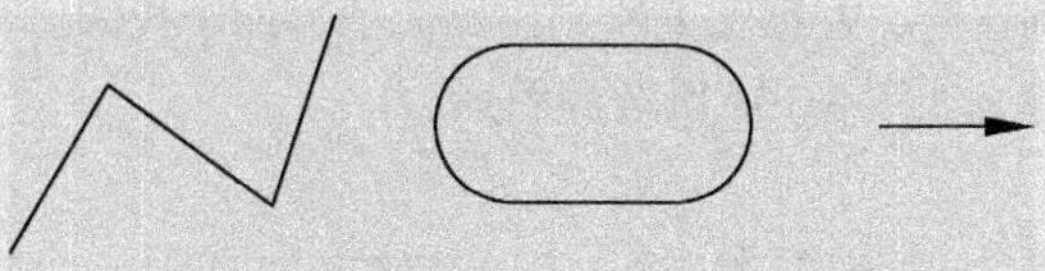

a)　　b)　　c)

图 3-18　利用多段线画线段、圆弧、不同线宽的线段

a) 线段　b) 圆弧　c) 不同的线宽

使用圆角命令可以绘制底板俯视图圆角，具体步骤如下：

① 单击【修改】工具栏上的□按钮或键入“FILLET”或单击菜单栏【修改】→【圆角】。命令行操作如下：

命令：FILLET ↙

当前设置：模式 = 修剪，半径 = 0.0000

选择第一个对象或［放弃 (U)/ 多段线 (P)/ 半径 (R)/ 修剪 (T)/ 多个 (M)］:　R ↙

指定圆角半径 <0.0000> : 10 ↙

选择第一个对象或［放弃 (U)/ 多段线 (P)/ 半径 (R)/ 修剪 (T)/ 多个 (M)］:（选择底板俯视图上圆角所在一条边的投影）

选择第二个对象，或按住 Shift 键选择对象以应用角点或［半径 (R)］:（选择底板俯视图上圆角所在另一条边的投影）

② 按回车键，重复使用圆角命令，按相同的操作完成俯视图右侧圆角的绘制，结果如图 3-17c 所示。

3）绘制底板上两处圆孔的三视图投影。主、俯视图上小孔的投影可只画轴承座上左半部分的投影，如图 3-19a 所示，然后用镜像命令来完成右半部分的投影，具体步骤如下：单击【修改】工具栏上按钮或键入“MIRROR”或单击菜单栏【修改】→【镜像】。命令行操作如下：

命令：MIRROR ↙

选择对象：（选择主、俯视图上左半边小孔的投影）

选择对象：↙

指定镜像线的第一点：（捕捉 *A* 点，选择对称线上的一个特征点）

指定镜像线的第二点：（捕捉 *B* 点，选择对称线上的另一个特征点）

是否删除源对象？[是 (Y)/ 否 (N)] <N>：↙（按回车键为否）

提示

在镜像命令中，输入“Y”，表示镜像图形后删除原始对象；输入“N”，表示镜像图形后保留原始对象。

操作结果如图 3-19b 所示，在主、俯视图的右半边出现投影。另外，主视图上孔的投影可通过复制命令复制到左视图上。

（3）绘制圆筒的投影

1）在主视图中绘制两个同心圆，半径分别为 *R*10 和 *R*16。

2）利用偏移命令分别在俯、左视图上绘制出圆筒的另两个投影。

3）通过修剪等命令完成如图 3-19c 所示的图形。

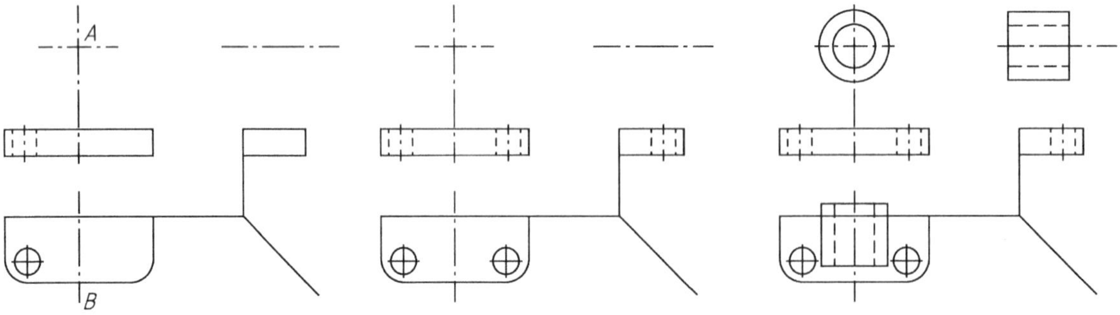

a) b) c)

图 3-19 绘制轴承座上小孔及圆筒的投影

（4）绘制肋板

1）利用特征点捕捉切点 *D*、*E*，在主视图上画出相切肋板，再由切点 *D*、*E* 正确画出相切肋板在俯、左两个视图的投影，如图 3-20a 所示。

2）根据投影关系绘制前肋板的三个投影。

3）修剪整理图形，并用打断命令将可见轮廓线与不可见轮廓线断开，改变相应线型，如图 3-20b 所示。

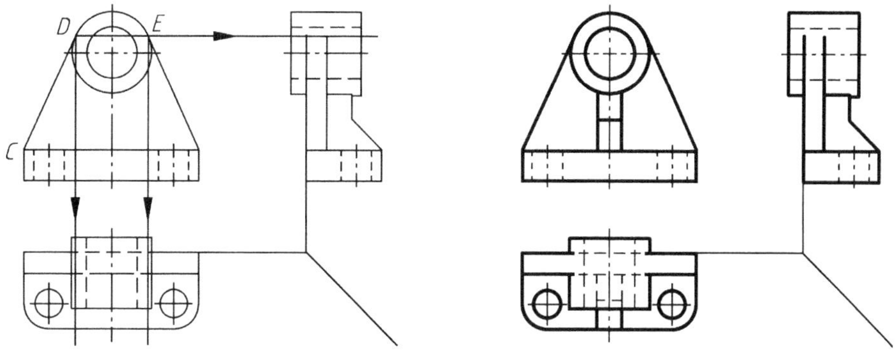

a)　　　　b)

图 3-20　绘制轴承座上肋板的投影

存盘完成轴承座三视图的绘制。

提示

修改图中相应线段的图层特性，使之体现各自的线型（如将不可见的线改到虚线层上，将各中心线改到中心线层上），可分别在上述绘图步骤中完成，也可在整张图完成之后统一修改。

在AutoCAD上绘制编辑图形常用如下两种方法：

1）直接在画好的草图上进行图形的编辑，如擦除多余的线条，修剪线段以及修改线段的图层特性等。本书主要采用该方法来编辑图形。

2）专门设置一底图层，所有草图均在该层中绘制，然后分别根据不同线段的图层特性采用不同的图层来描制所需线段，最后关闭底图层。

第三节　组合体轴测图的绘制

例 3-4　绘制如图 3-21 所示组合体的轴测图。

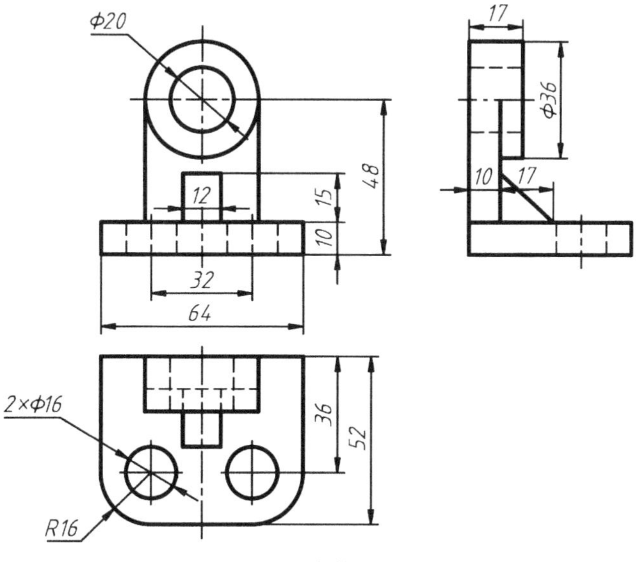

图 3-21　组合体的三视图

（1）选择图层 0 为当前层

（2）打开【草图设置】对话框的【捕捉和栅格】项，在【捕捉类型】中选择【等轴测捕捉】（图 3-22）

（3）将光标形式改为等轴测模式正面状态（图 3-23a）。使用 F5 键可将光标形式转化为等轴测模式的其他两个状态（图 3-23b、c）。

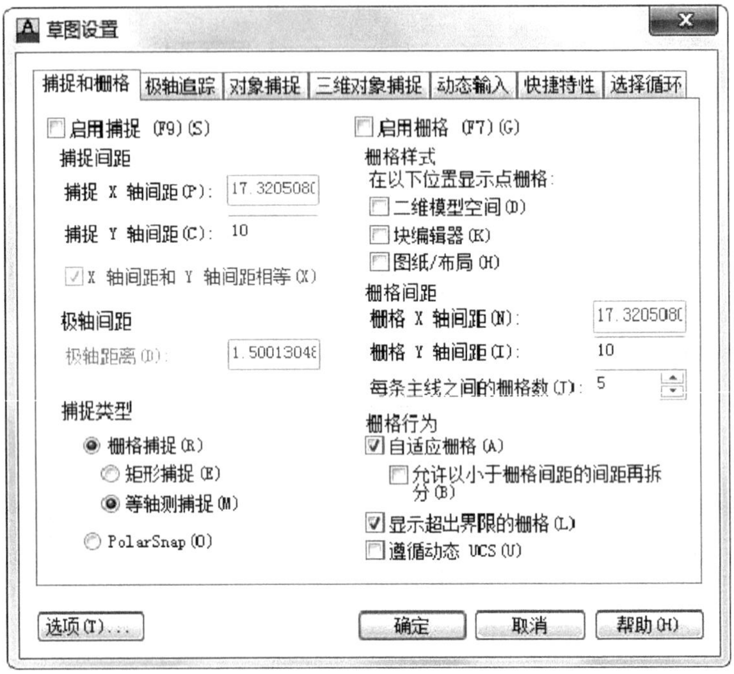

图 3-22 【捕捉和栅格】对话框

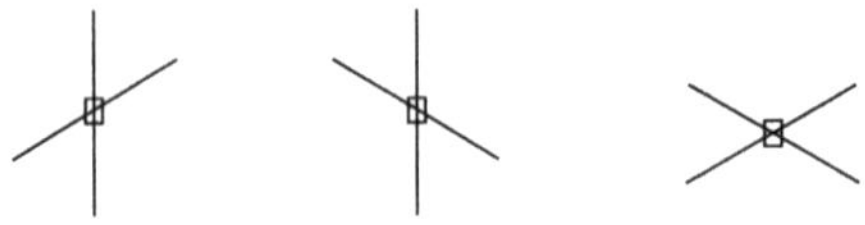

a) b) c)

图 3-23 等轴测模式光标

a）正面状态 b）侧面状态 c）水平面状态

（4）绘制底板 根据底板尺寸 64、52、10，在等轴测水平面模式及正交模式下，画出底板的上表面。用 F5 键将光标形式转换为另两个模式，画出底板轴测图外形，如图 3-24a 所示。

1）画底板圆角。先根据尺寸 *R*16 用直线命令定出两圆角的圆心位置，通过【绘图】工具栏中的椭圆命令或键入“ELLIPSE”或单击菜单栏【绘图】→【椭圆】，按命令提示进行如下操作：

指定椭圆轴的端点或［圆弧 (A)/ 中心点 (C)/ 等轴测圆 (I)］: I↙

指定等轴测圆的圆心：（捕捉端点确定）

指定等轴测圆的半径或［直径 (D)］: 16↙

完成图形，如图 3-24b 所示。选择修剪命令剪出圆角，如图 3-24c 所示。用修剪、复制等命令完成底板上所有圆角的绘制，如图 3-24d 所示。

提示
底板右侧圆角轮廓线用直线命令和捕捉切点功能绘制。

2）画两个椭圆。通过【绘图】工具栏中的椭圆命令或键入“ELLIPSE”或单击菜单栏【绘图】→【椭圆】，按命令提示进行如下操作：

指定椭圆轴的端点或［圆弧 (A)/ 中心点 (C)/ 等轴测圆 (I)］：I↙
指定等轴测圆的圆心：（捕捉端点确定）
指定等轴测圆的半径或［直径 (D)］：8↙（圆孔直径为 16）

完成底板轴测图的绘制，如图 3-24e 所示。

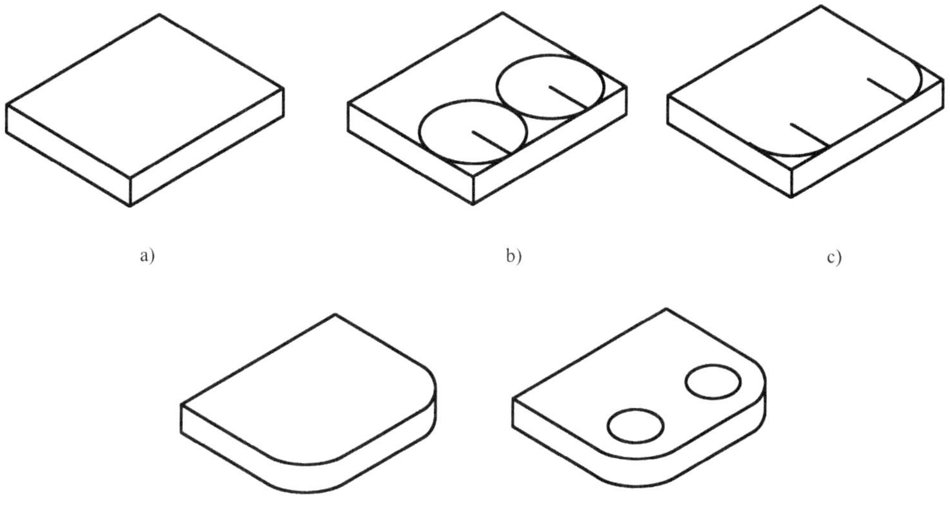

a)　b)　c)　d)　e)

图 3-24　底板轴测图

（5）绘制直四棱柱（即长方体的立板）　根据尺寸 48、10 和 ϕ36，利用直线命令和 F5 键转换等轴测模式画出，如图 3-25a 所示。

（6）绘制圆筒　先确定圆筒圆心位置，用椭圆命令在正面模式下，画出三个位置的椭圆，如图 3-25b 所示，画圆筒投影轮廓线，修剪图线，完成图形如图 3-25c 所示。

提示
结合直线命令和捕捉象限点功能完成圆筒轮廓线的绘制。

（7）绘制肋板　根据尺寸 17、12、15，通过直线命令和 F5 键转换等轴测模式画出，如图 3-26a 所示。

（8）整理图形　对所画的图形修剪整理，变换图层，最终完成该组合体轴测图的绘制，如图 3-26b 所示。

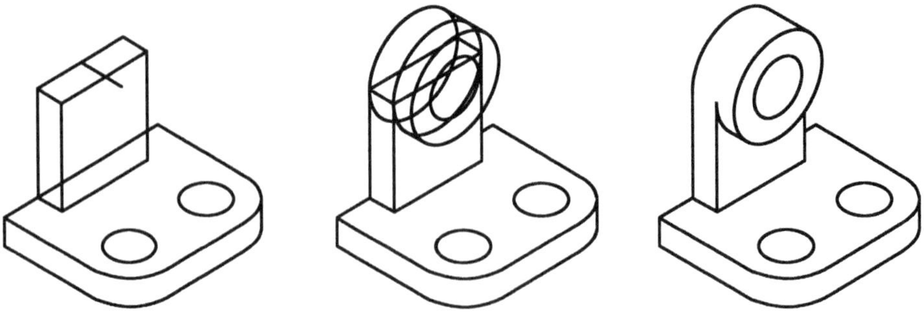

a) b) c)

图 3-25 四棱柱板与圆筒轴测图

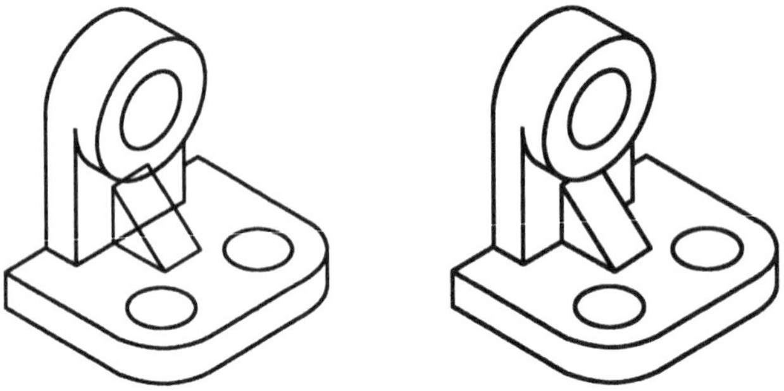

a) b)

图 3-26 组合体轴测图

第四节 常用的高级编辑技巧

一、夹点编辑功能

在 AutoCAD 2013 中，用户可使用夹点编辑完成前面某些编辑命令的功能。夹点并非只用于显示图形是否被选中，其更强大的功能在于可以基于夹点对图形进行拉伸、移动、旋转、复制以及放大及镜像处理等操作。

（1）关于夹点 夹点就是一些实心的小方框，当图形被选中时，图形关键点（如中点、端点和圆心等）上将出现夹点。图 3-27 所示为一些常见图形的夹点。

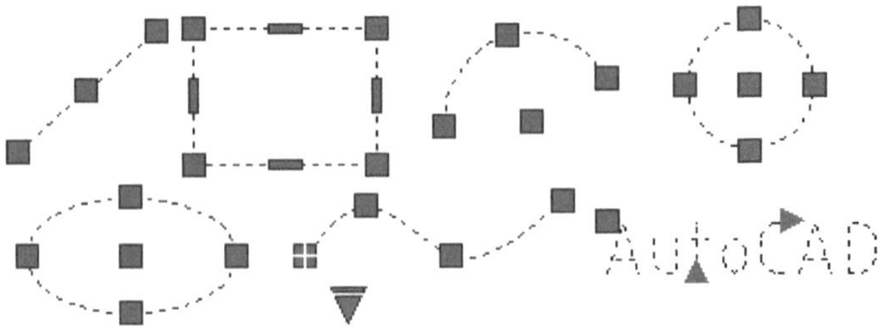

图 3-27 图形中的夹点

在辅助绘图选项卡中启用了动态输入功能后，利用夹点可以很方便地知道某个图形的一些基本信息，如图 3-28 所示。

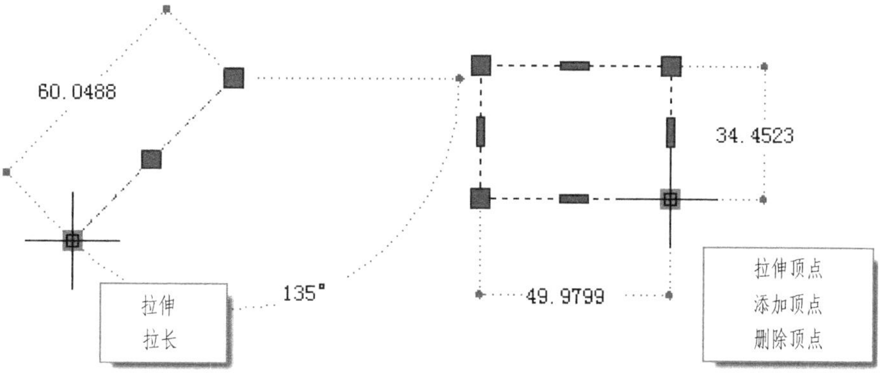

图 3-28 夹点中的图形信息

技巧

如果要通过夹点来编辑图形，那么首先就要选择夹点，被选中的夹点称为热夹点。将十字光标置于夹点上，单击鼠标左键可以将相应的夹点选中；如果要选用多个夹点，按住Shift键不放，同时用鼠标左键连续单击需要选择的夹点。

（2）通过夹点拉伸图形 当选定一个或多个夹点的时候，系统默认可以对其进行拉伸操作，如图 3-29 所示，此时在命令行出现如下提示：

** 拉伸 **

指定拉伸点或［基点 (B)/ 复制 (C)/ 放弃 (U)/ 退出 (X)］:

提示

夹点拉伸各选项的含义如下：

- 指定拉伸点：指定基点拉伸到的新位置。
- 基点(B)：指定任意点为基点，利用该点为参照点进行拉伸操作。
- 复制(C)：复制当前对象。
- 放弃(U)：取消上一次操作。
- 退出(X)：退出当前操作。

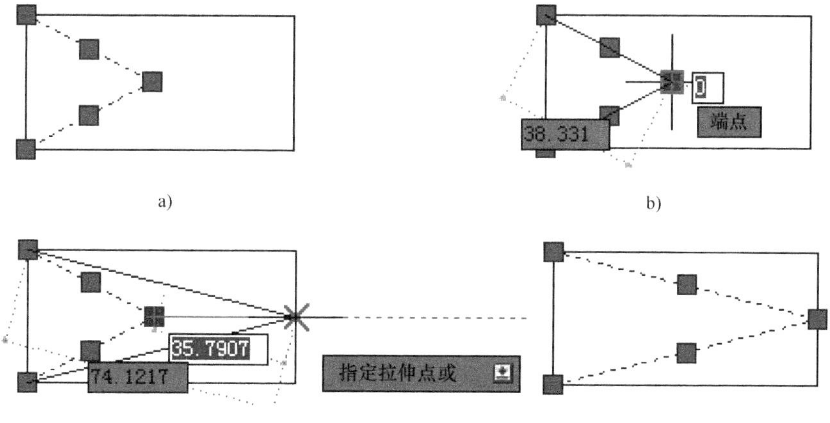

a) b) c) d)

图 3-29 通过夹点拉伸图形

a）选中需要拉伸的图线 b）单击选中拉伸基点 c）将基点向右拉伸至端点 d）完成拉伸后的效果

（3）通过夹点移动图形

1）选定夹点后，按一次空格键即可（选定夹点后，默认是“拉伸”模式，按一次空格键将切换到“移动”模式），如图 3-30 所示，此时在命令行出现如下提示：

** 拉伸 **

指定拉伸点或 [基点 (B)/ 复制 (C)/ 放弃 (U)/ 退出 (X)]:

** MOVE **

指定移动点 或 [基点 (B)/ 复制 (C)/ 放弃 (U)/ 退出 (X)]:

2）选定夹点后，单击鼠标右键可弹出快捷菜单，如图 3-31 所示。

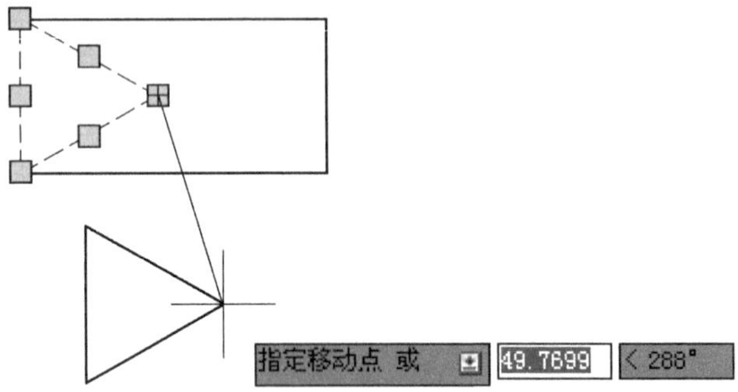

图 3-30　通过夹点移动图形

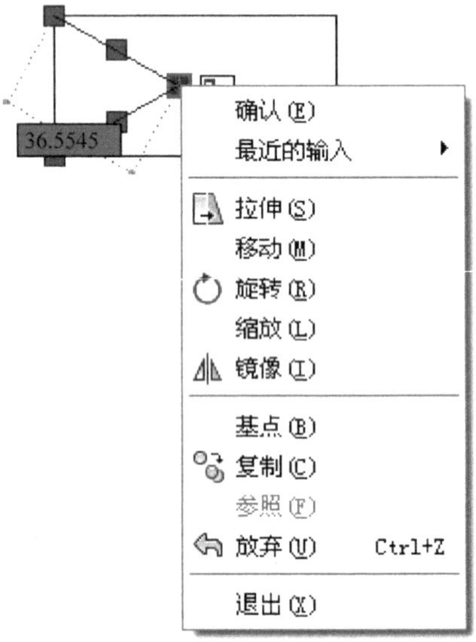

图 3-31　夹点操作的快捷菜单

（4）通过夹点旋转图形　选定夹点后连续按两次回车键或按两次空格键，即切换到旋转模式，如图 3-32 所示，此时在命令行出现如下提示：

** 拉伸 **

指定拉伸点或 [基点 (B)/ 复制 (C)/ 放弃 (U)/ 退出 (X)]:

** MOVE **

指定移动点 或 [基点 (B)/ 复制 (C)/ 放弃 (U)/ 退出 (X)]:

** 旋转 **

指定旋转角度或 [基点 (B)/ 复制 (C)/ 放弃 (U)/ 参照 (R)/ 退出 (X)]:

（5）通过夹点缩放图形　选定夹点后连续按三次回车键或按三次空格键，如图 3-33 所示，此时在命令行出现如下提示：

** 拉伸 **

指定拉伸点或 [基点 (B)/ 复制 (C)/ 放弃 (U)/ 退出 (X)]:

** MOVE **

指定移动点 或 [基点 (B)/ 复制 (C)/ 放弃 (U)/ 退出 (X)]:

** 旋转 **

指定旋转角度或[基点(B)/复制(C)/放弃(U)/参照(R)/退出(X)]:

** 比例缩放 **

指定比例因子或[基点(B)/复制(C)/放弃(U)/参照(R)/退出(X)]:

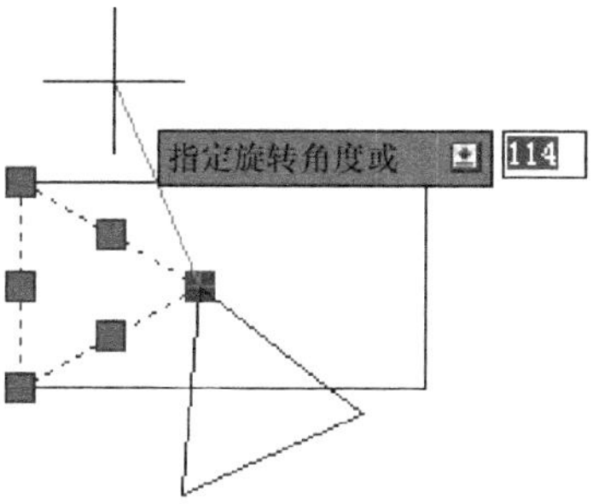

图 3-32　通过夹点旋转图形

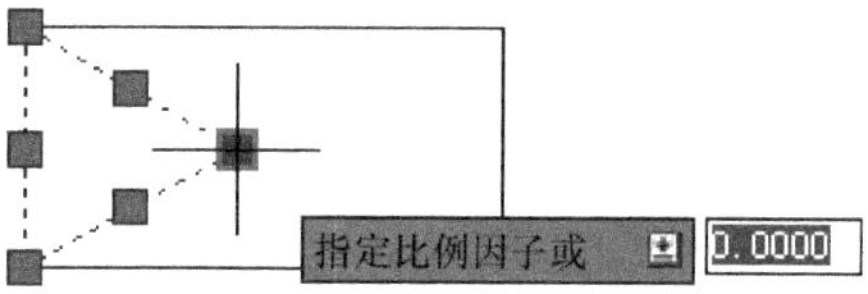

图 3-33　通过夹点缩放图形

（6）通过夹点镜像图形　选定夹点后连续按四次回车键或按四次空格键，如图 3-34 所示，此时在命令行出现如下提示：

** 拉伸 **

指定拉伸点或[基点(B)/复制(C)/放弃(U)/退出(X)]:

** MOVE **

指定移动点 或[基点(B)/复制(C)/放弃(U)/退出(X)]:

** 旋转 **

指定旋转角度或[基点(B)/复制(C)/放弃(U)/参照(R)/退出(X)]:

** 比例缩放 **

指定比例因子或[基点(B)/复制(C)/放弃(U)/参照(R)/退出(X)]:

** 镜像 **

指定第二点或[基点(B)/复制(C)/放弃(U)/退出(X)]:

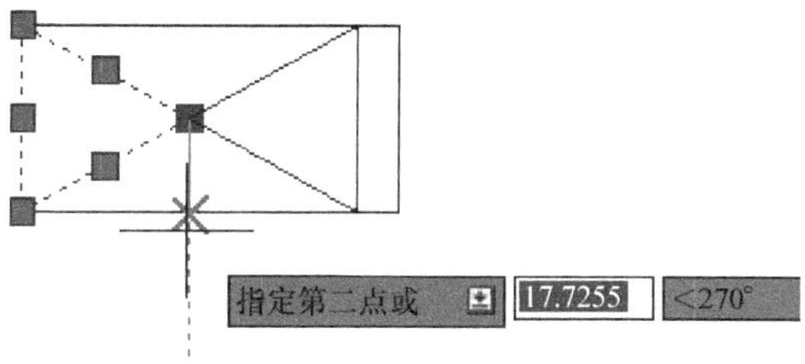

图 3-34　通过夹点镜像图形

例 3-5　图 3-35 所示的正四棱柱切口体在主视图中的投影可利用夹点编辑方法完成。

二、【特性】选项卡

【特性】选项卡是用来显示和修改选定对象特性的工具。可利用该选项卡更改对象的线型、颜色、线宽、透明度、几何坐标等特性。

单击【标准】工具栏上的按钮或键入“PROPERTIES”或单击菜单栏【修改】→【对象特性管理器】，出现图 3-36 所示的【特性】选项卡。

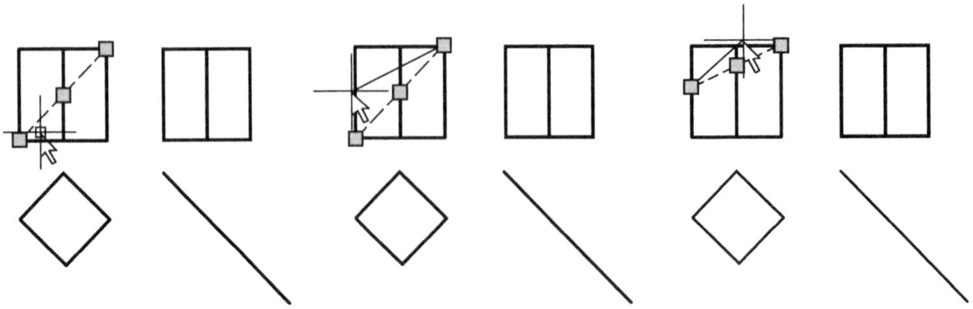

a)　　　　b)　　　　c)

图 3-35　正四棱柱主视图中的夹点编辑

a）选择对象　b) 选择左下点进行拉伸　c) 选择右上点进行拉伸

1. 管理【特性】选项卡

【特性】选项卡具有自动隐藏的功能，因此可以始终将其打开。要隐藏【特性】选项卡，只需在选项卡的标题栏上单击鼠标右键，然后在弹出的菜单中选择【自动隐藏】即可，如图 3-37 所示。

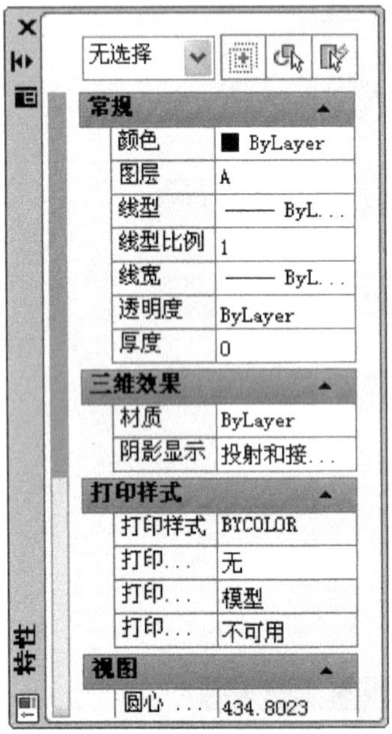

图 3-36 【特性】选项卡

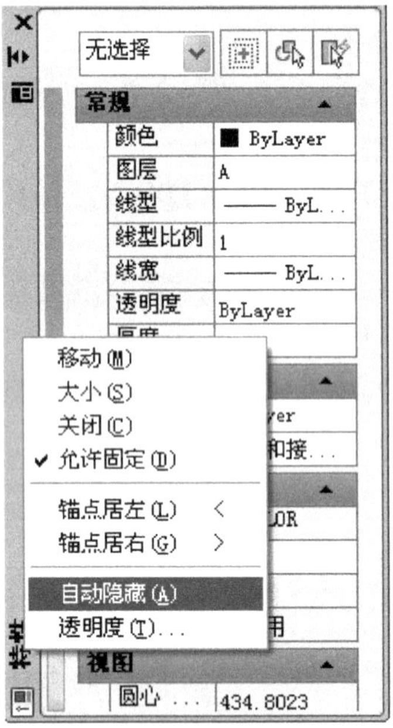

图 3-37　自动隐藏【特性】选项卡

技巧

如要调整【特性】选项卡的大小，可将光标指向选项板边界，直到看到双箭头时再单击并拖拽即可。按类似方法也可对两列的大小重新设置。

2. 使用【特性】选项卡

【特性】选项卡可以直接用来编辑对象，也可用来编辑其他对象特性，可编辑的内容包括：更改对象的图层、颜色、线型、线型比例和线宽，编辑文字和文字特性，编辑打印样式，编辑块以及编辑超链接等。

（1）更改【特性】选项卡中的数值　在下列 3 中方法中选择一种即可。

1）单击一个数值，然后再输入新值，并按回车键确认，如图 3-38a 所示。

2）单击一个数值，再单击右侧的下拉箭头，在下拉列表中选择，如图 3-38b 所示。

3）单击一个数值，再单击【拾取点】按钮，重新在屏幕上指定一点，如图 3-38c 所示。

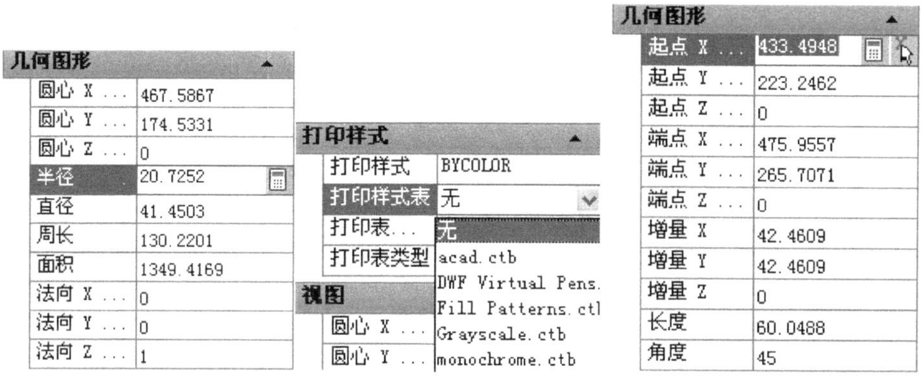

a)　　b)　　c)

图 3-38　更改【特性】选项卡中的数值

例 3-6　将图 3-39a 所示的图形利用【特性】选项卡修改为图 3-39b 所示的图形。

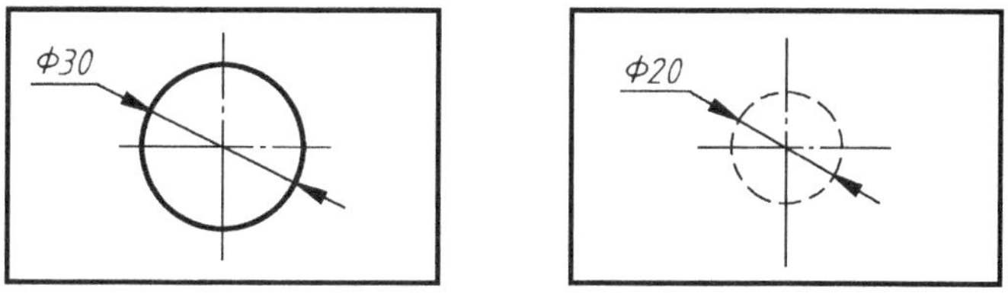

a)　　b)

图 3-39　利用【特性】选项卡修改图形大小和图层

1）画出如图 3-39a 所示的图形。

2）单击【标准】工具栏上的按钮，打开【特性】对话框。

3）用光标选中要修改的对象（本例中为圆），使对象呈夹点状态显示。在【特性】对话框中【图层】下将该圆的图层由 0 层修改至虚线层，如图 3-40a 所示。同时，在【特性】对话框中将半径由 15 改为 10 或将直径由 30 改为 20 即可，如图 3-40b 所示。

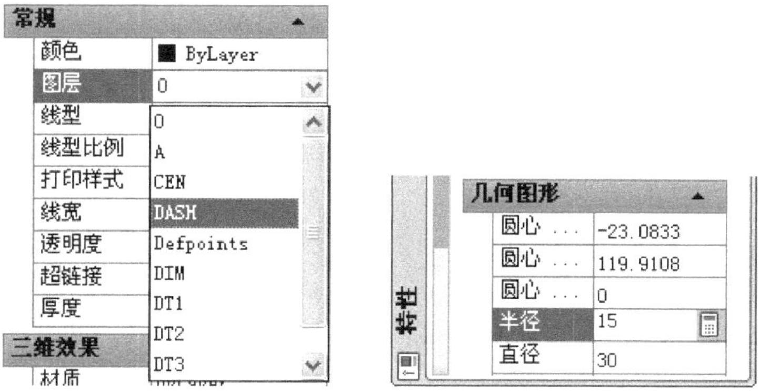

a)　　b)

图 3-40　【特性】选项卡的操作

（2）【特性】选项卡选取对象

1）如果没有选取对象，只能看到整个图形的全局比例，如 UCS、当前图层和视口数据等。

2）如果选取了一个或一类对象，例如全部是直线，则可以看到通用信息和该对象的几何信息，如图 3-41a 所示。

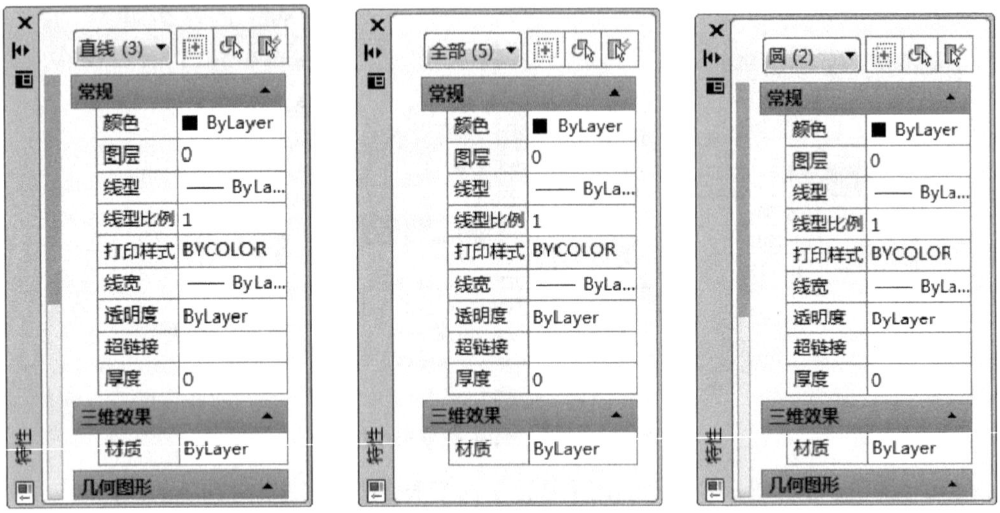

a)　　　　　　b)　　　　　　c)

图 3-41 【特性】选项卡中不同对象的选取

3）如果选取了多个不同类型的对象，则可以看到例如图层、颜色和线型等通用信息，但没有对象的几何数据，如图 3-41b 所示。

4）如果选取了多个对象，然后在选项卡顶部的下拉列表中选择其中一种对象，则只能看到适用于该类对象的信息，如图 3-41c 所示。

三、快速选择功能

在编辑图形时，可能需要更改图形中所有直线的颜色、查看圆角的圆弧半径、寻找应删除的短线段等，这时就需要用更高级的方法来选择对象，可使用快速选择功能来选取对象。

提示

快速选择功能是一种快速、灵活、简单地创建对象选择过滤器的方法。

（1）启用快速选择功能的方法

1）单击菜单【工具】→【快速选择】命令。

2）当前未使用任何命令，在绘图区域内单击鼠标右键，在弹出的菜单中选择【快速选择】选项。

3）单击【特性】选项卡上的【快速选择】按钮。

4）在命令窗口中输入“QSELECT”。

系统将弹出如图 3-42 所示的对话框，用户可通过该对话框快速创建供编辑用的选择集。

（2）注意事项

1）需要在【应用到】下拉列表中选择目标图形，通常会设置为【整个图形】。也可使用选择对象按钮返回绘图区域自定义选取目标图形。

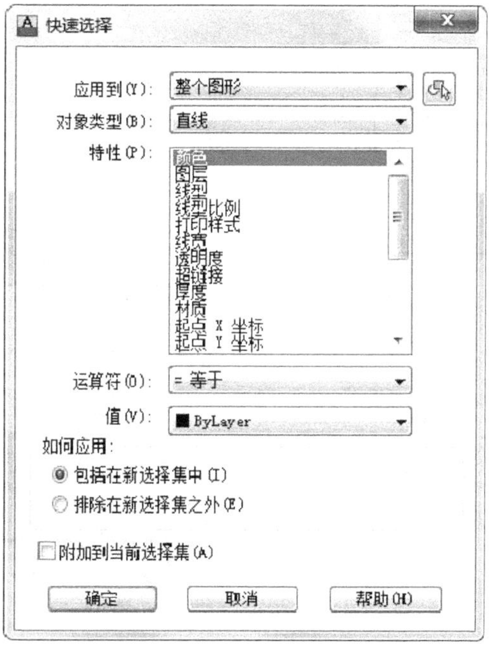

图 3-42 【快速选择】对话框

技巧

如果对话框底部的【附加到当前选择集之外】选项被选中，那么选择对象按钮失效。

2）在【对象类型】下拉列表中选择特定的对象类型，如直线、圆、椭圆及多段线等，只可以选择一种对象类型。

3）在【特性】列表框内选择要过滤的特性。在【运算符】中设置一种选项；在【值】中选择特性的值，例如设置颜色等于（或不等于）红色，线型为虚线等。

设置好前面的过滤条件之后，单击【确定】按钮，即可选取符合条件的对象。

练一练

绘制图 3-43 ~ 图 3-46 所示的组合体的三视图和正等测轴测图。

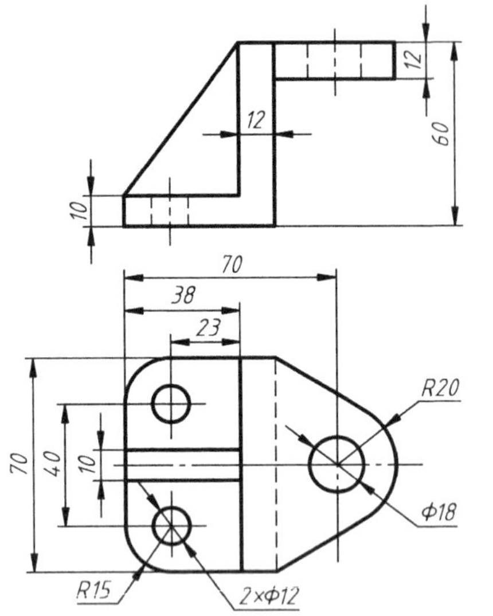

图 3-43 组合体练习一

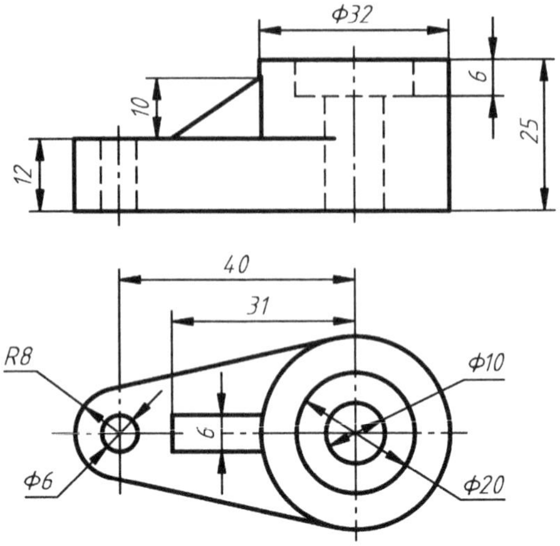

图 3-44 组合体练习二

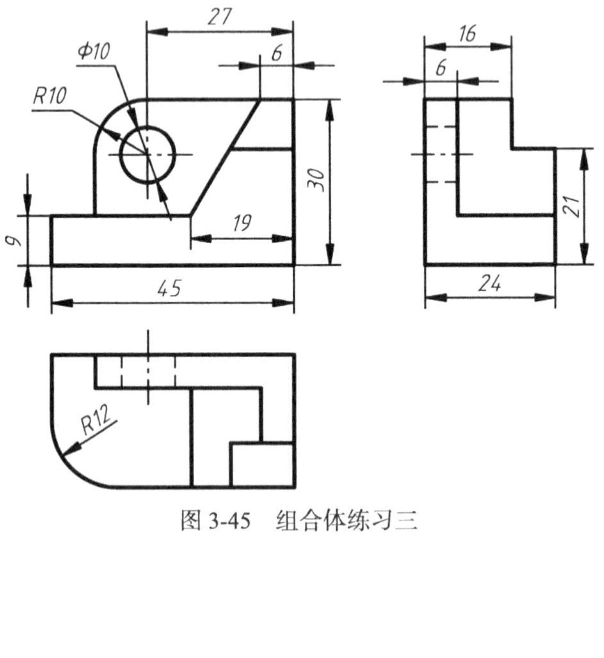

图 3-45 组合体练习三

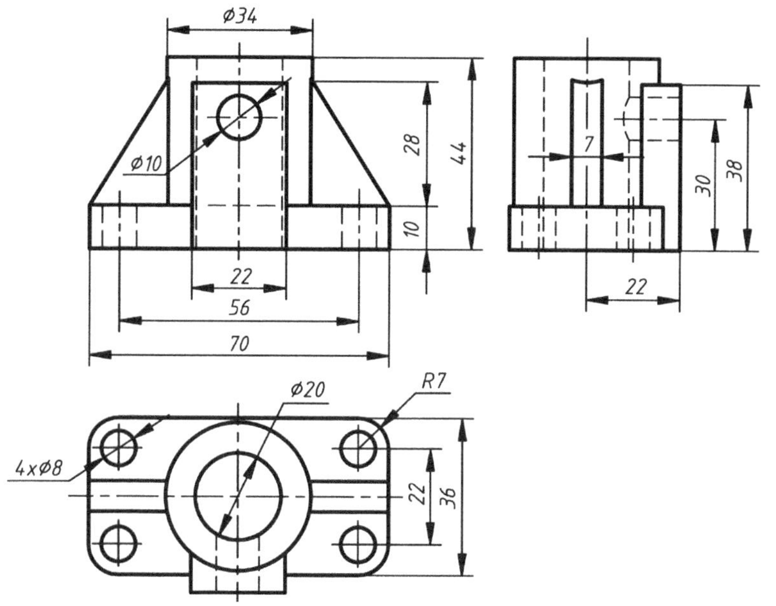

图 3-46　组合体练习四

第四章　三维实体造型

学习导航

学习目标	了解 AutoCAD 2013 三维绘图环境，掌握三维建模的基本操作，学会利用布尔运算及用户坐标系等命令进行组合体三维造型的方法和技巧
学习重点	三维实体建模的相关命令、三维绘图环境、建模基础操作、组合体建模的方法和技巧
相关命令	视点、视觉样式、动态观察、基本实体建模命令、拉伸建模、旋转建模、扫掠建模、放样建模、用户坐标系、三维旋转、三维移动及布尔运算
建议课时	8 ~ 12 课时

第一节　三维建模概述

AutoCAD 最初是针对二维绘图设计的，但随着计算机技术的不断进步以及用户对三维功能的迫切需要，AutoCAD 通过版本的升级不断对三维功能进行了改进。在最新版本的 AutoCAD 2013 中，三维造型功能得到了更进一步完善。与二维图形相比，三维图形更能清楚地表达设计者的意图，它可以让观察者从不同角度来观察和操作对象，并可以通过赋予材质和渲染功能来生成逼真的三维效果图，也可以直接从三维模型得到物体的多个二维投影图。

利用 AutoCAD2013 创建的三维模型，按照其创建的方式和在计算机中的存储方式，可以将三维模型分为 3 种类型：线框模型、表面模型和实体模型。

（1）线框模型　线框模型是对三维对象的轮廓描述。线框模型没有表面，由描述轮廓的点、线、面组成。线框模型结构简单，但绘制费时。此外，由于线框模型没有面和体的特征，因而不能进行消隐和渲染等处理。

（2）表面模型　表面模型用来描述三维对象。表面模型不仅具有边界，还具有表面。由于表面模型具有面的特征，因此可以对它进行物理计算，渲染和着色的操作。

（3）实体模型　实体模型不仅具有面和线的特征，而且还具有实体的特征，如体积块、重心和惯性矩等。它是一种最先进的也是应用最广的描述三维形体的方法，有许多优点，能完成许多在二维平面中无法做到的工作。具体表现如下：

1) 从物体形状上看：建立三维模型后，可以方便地产生任意方向的平面投影和透视投影图，通过剖切形体自动获得剖视、断面图。

2) 从物体观察上看：可从任意方向和角度观察物体的各个局部。

3) 从渲染效果表达上看：能上色，可通过材料赋值、设置灯光和场景得到十分逼真的渲染效果图。

4) 从物理分析上看：三维实体具有质量、重心等物理特性，可用专门软件进行受力、运动及热效应等分析。

在 AutoCAD 2013 中，不仅可以建立基本的三维实体，并对其进行剖切、装配干涉检查等操作，还可以对实体进行布尔运算，以构造复杂的三维实体。此外，消隐和渲染技术的运用可以使实体具有很好的可视性，因而实体模型广泛应用于机械、广告设计和三维动画等领域。本章以介绍三维实体建模为主。

第二节 三维实体建模基础

在制作三维模型前，用户首先必须了解三维建模工作空间界面、三维实体的观察与渲染、三维建模中广泛使用的用户坐标系以及建模方法等，这些都是三维建模的基础。

一、三维建模界面

AutoCAD 2013 专门设置了三维建模工作空间，使用时只需从工作空间的下拉列表中选择【三维建模】选项即可，如图 4-1 所示。

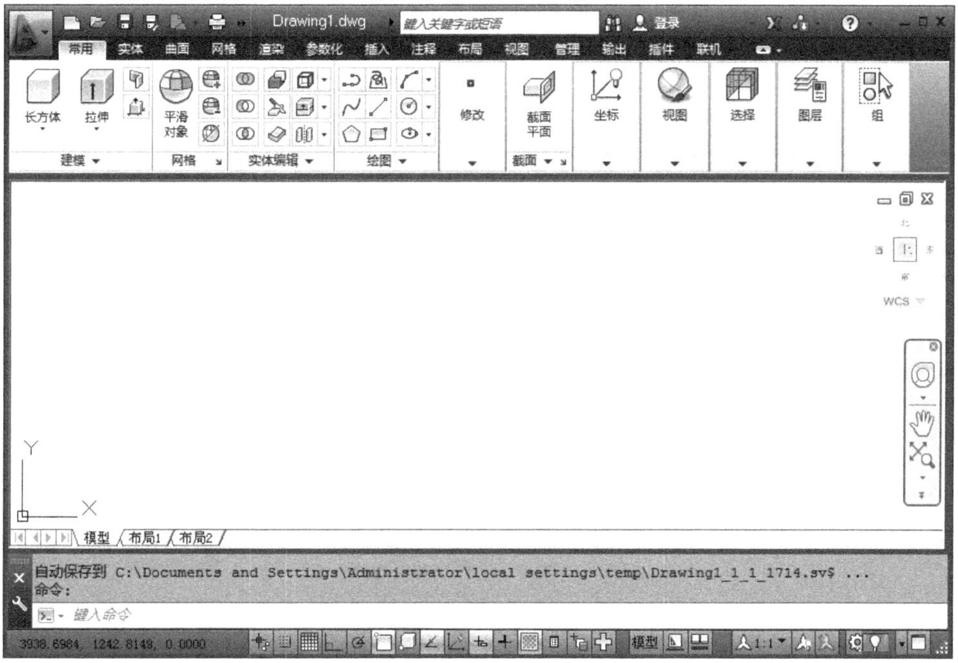

图 4-1 三维建模工作空间

由于 AutoCAD 老用户习惯于传统界面，可根据第一章第三节的相关操作调出菜单栏和相关工具栏。图 4-2 所示的【建模】、【视图】、【视觉样式】、【动态观察】等工具栏为三维建模常用的工具栏。

二、三维模型的观察方法

在三维建模环境中，为了创建和编辑三维图形各部分的结构特征，需要不断地调整显示方式和视图设置，以便更好地观察三维模型。

为了讲解三维模型的观察方法，首先创建一个直径为 $\phi50$、高度为 80 的圆柱体。单击功能区【实体】选项卡中【图元】面板上的【圆柱体】按钮，或单击【建模】工具栏上的【圆柱体】按钮，或键入"CYLINDER"，或单击菜单栏【绘图】→【实体】→【圆柱体】选项，启动绘制圆柱体命令。命令行操作如下：

命令：CYLINDER ↙

指定底面的中心点或 [三点 (3P)/ 两点 (2P)/ 切点、切点、半径 (T)/ 椭圆 (E)]:（在绘图窗口中合适的位置拾取一点作为圆柱底面的中心）

指定底面半径或 [直径 (D)] <36.9609>: 25 ↙（输入圆柱底面半径）

指定高度或 [两点 (2P)/ 轴端点 (A)] <40.0000>: 80 ↙ (输入圆柱的高度)

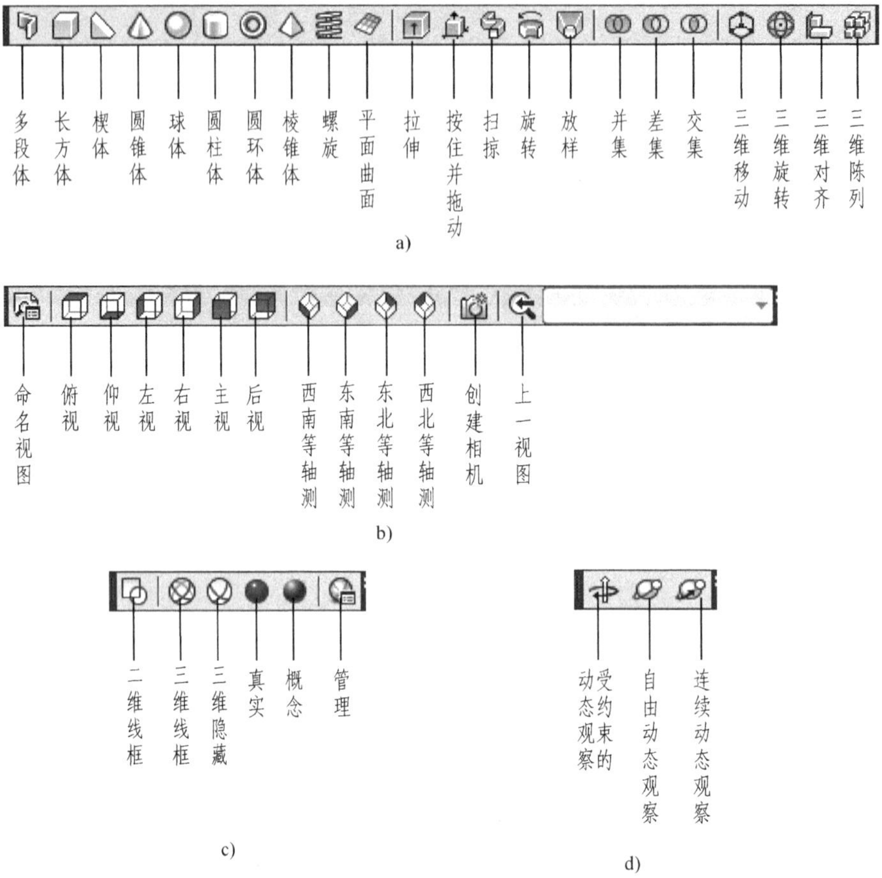

图 4-2 三维建模常用工具栏

a)【建模】工具栏 b)【视图】工具栏 c)【视觉样式】工具栏 d)【动态观察】工具栏

操作结果如图 4-3 所示。

提示

通过中心点、三点(3P)、两点(2P)等方式确定底面形状（与画圆的操作方法类似），再通过输入数值或指定两点确定圆柱体的高度即可。

从图 4-3 可知，用户不作任何观察处理时，操作结果并没有显示出圆柱的立体效果，必须采取相关操作才能达到所需的观察效果。AutoCAD 2013 提供了多种观察三维视图的方法。

1. 通过视点命令观看三维模型

视点可以看做观察三维模型时观察方向的起点，从视点到观察对象之间的连线表示观察方向。单击菜单栏【视图】→【三维视图】→【视点】命令或命令行输入“VPOINT”命令。命令行操作过程如下：

命令 : VPOINT ↙

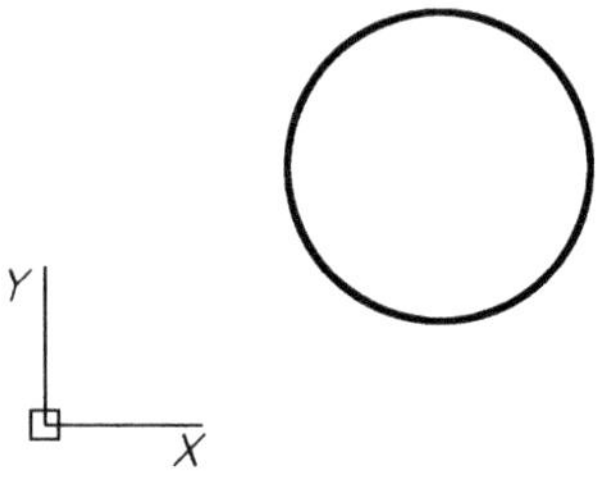

图 4-3 制作成的圆柱体 (从 Z 轴方向看)

当前视图方向：VIEWDIR=0.0000,0.0000,1.0000

指定视点或 [旋转 (R)] < 显示坐标球和三轴架 >: -1,-1,1 ↙（输入视点坐标）

正在重生成模型。

操作结果如图 4-4 所示。

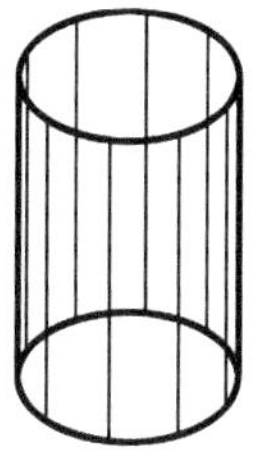

图 4-4　改变视点看圆柱体

视点操作命令行出现了【旋转（R）】和【显示坐标球和三轴架】选项。下面就这些选项的操作分别进行讲解。

1）采用【旋转（R）】选项，操作过程如下：

指定视点或 [旋转 (R)] < 显示指南针和三轴架 >: R ↙

输入 XY 平面中与 X 轴的夹角 <270>: 135 ↙（输入观察方向线在 XY 平面的投影与 X 轴的夹角）

输入与 XY 平面的夹角 <90>: 75 ↙（输入观察方向线与 XY 平面的夹角）

正在重生成模型

模型的视角将发生变化。

2）采用【显示坐标球和三轴架】选项，即当命令行要求用户指定视点时，不输入坐标值而直接回车，屏幕上将显示如图 4-5 所示的坐标球和三轴架。拖动光标在圆环（坐标球的二维体现）内移动，三轴架将会随之转动，单击鼠标后模型的视角也将发生变化。

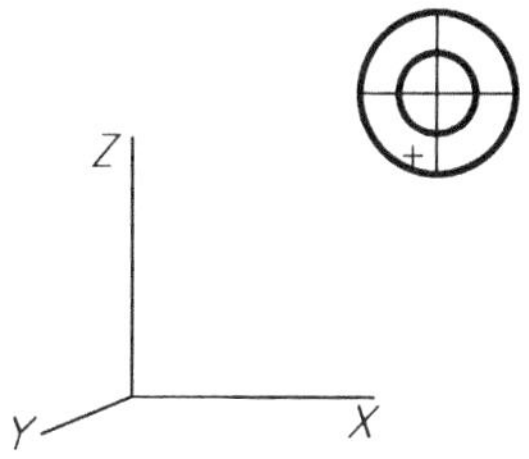

图 4-5　显示坐标球和三轴架

2. 通过视图方式观察

AutoCAD 2013 提供了 10 种预定义的标准视点，这 10 种视点形成 10 种视图观察样式，用户无需设置就可以快速切换到某一视图样式。在 10 种视图样式中，俯视、仰视、前视、左视、右视、后视为六个平面基本视图，而西南等轴测、东南等轴测、东北等轴测、西北等轴测为四个方位的等轴测立体效果图。图 4-6 所示分别为上述圆柱体采用前视和西南等轴测视点的观察效果图。

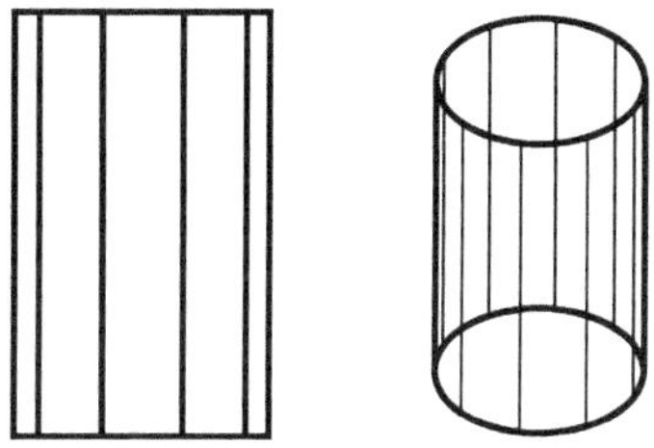

a)　　b)

图 4-6　标准视点视图

a）前视　b）西南等轴测

启用标准视点操作通常有以下几种方式：

1）单击菜单栏【视图】→【三维视图】→【视点】命令。

2）单击【视图】工具栏中的标准视点按钮。

3）功能区【常用】或【视图】选项卡→【视图】面板→【视图管理器】选项命令。

3. 通过 View Cube 工具观察

利用 View Cube 工具可以根据需要快速调整模型的视点，用户可以用它在模型的平面视图和多种轴测视图之间进行切换。该工具有一个非常直观的 3D 导航立方体，如图 4-7 所示。单击该立方体的角点、边线和表面可以得到不同观察效果。单击操控器上方的⌂按钮，可以将视图恢复到西南等轴测状态。

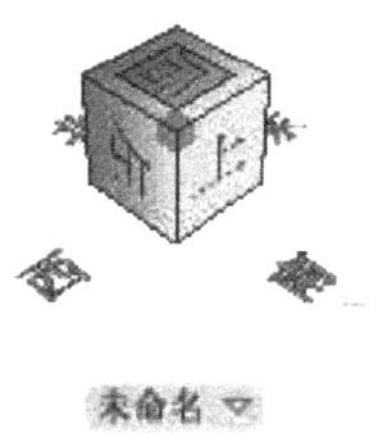

图 4-7　View Cube 工具

4. 通过三维动态观察器观察

AutoCAD 2013 提供了一个交互的三维动态观察器，用户可以使用鼠标来实时地控制这个视图以得到不同的观察效果。三维动态观察器有受约束的动态观察、自由动态观察以及连续动态观察 3 种类型。

（1）受约束的动态观察　受约束的动态观察可以对视图中的图形进行具有一定约束的动态观察，即只能采用水平、垂直或对角拖动对象进行动态观察，其操作方法为：单击菜单栏【视图】→【动态观察】→【受约束的动态观察】命令，或单击【动态观察】工具栏中的按钮，或单击【导航栏】中的按钮，此时绘图区光标呈形状，按住鼠标左键并拖动光标即可对视图进行观察。

（2）自由动态观察　自由动态观察可以对视图中的图形进行任意角度的动态观察。单击【动态观察】工具栏上的按钮，或单击【导航栏】中的按钮，或选择菜单【视图】→【动态观察】→【自由动态观察器】命令均可执行该命令。此时，在当前视口出现一个绿色的大圈，在大圈上有四个绿色的小圈，如图 4-8 所示。

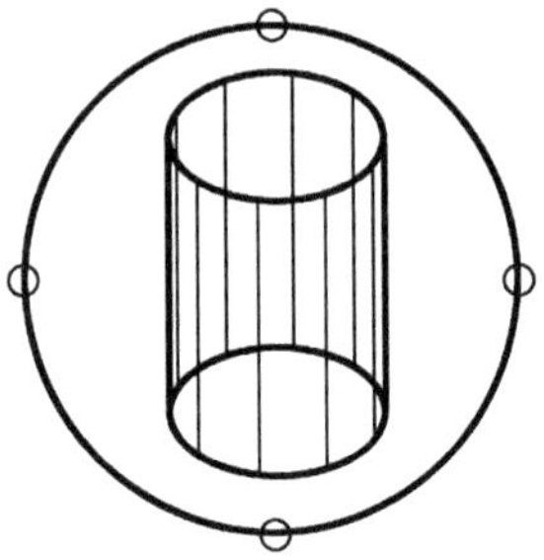

图 4-8　自由动态观察

光标在绿色大圆不同位置时形状是不同的，对模型进行观察的效果也不同。光标在绿色大圆内部时呈形，通过水平、垂直和对角拖动鼠标可以对模型进行全方位的动态观察；光标在绿色大圆的外部时呈形，拖动鼠标可以使视图绕绿色大圆中心与屏幕垂直轴旋转；光标在绿色大圆左右两边小圆内时呈形，拖动鼠标可以使视图绕绿色大圆中心的铅垂轴线旋转；光标在绿色大圆上下两个小圆内时呈形，拖动鼠标可以使视图绕绿色大圆中心与屏幕水平轴旋转。

（3）连续动态观察　连续动态观察可以使观察对象绕旋转轴做连续旋转运动，从而对其进行连续动态的观察。单击【动态观察】工具栏中的按钮，或单击【导航栏】中的按钮或选择菜单【视图】→【动态观察】→【连续动态观察器】命令均可执行该命令，此时光标呈形状，在绘图区域中单击鼠标左键并拖动光标，使对象沿拖动方向开始移动，释放鼠标后，对象将在指定的方向上继续运动。注意光标移动的速度决定了对象的旋转速度。

三、三维模型的外观显示

AutoCAD 通常通过视觉样式来控制三维图形的显示，以满足用户对三维模型的外观显示的不同要求。启用视觉样式命令操作通常有以下几种方式：

1）单击【视觉样式】工具栏中的命令按钮。

2）单击菜单栏【视图】→【视觉样式】下的子菜单选项。

3）单击功能区【常用】选项卡→【视图】面板→【视觉样式】按钮。

4）单击功能区【视图】选项卡→【视觉样式】面板→【视觉样式】按钮。

AutoCAD 2013 提供很多种视觉样式，图 4-2c 所示的【视觉样式】工具栏上显示的二维线框、三维线框、三维隐藏、真实及概念这 5 种视觉样式最为常见。

1）二维线框：以线框的形式显示对象，光栅图像、线型及线框均可见，如图 4-9 所示。

2）三维线框：以线框的形式显示对象，光栅图像、线型及线框均可见。它与二维线框最明显的不同之处在于其显示着色的 UCS 坐标系图标和能够通过设置查看坐标球。

3）三维隐藏：显示用三维线框表示的对象，隐藏不可见线条，如图 4-10 所示。

4）真实：着色多边形平面间的对象，使对象的边平滑化，并显示已附着到对象的材质，如图 4-11 所示。

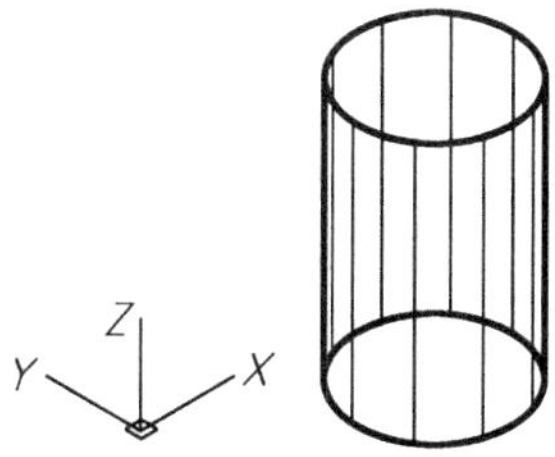

图 4-9　二维线框视觉样式

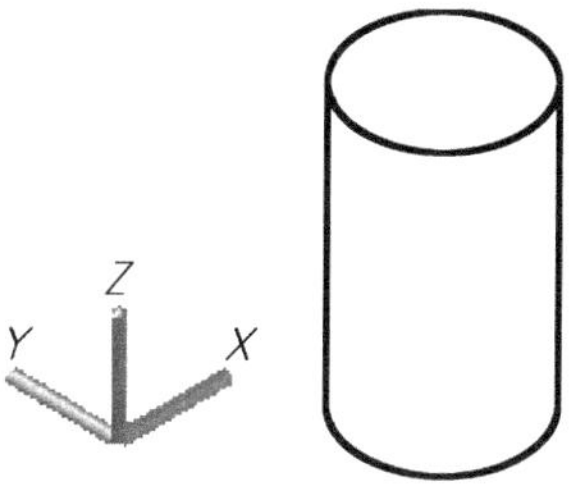

图 4-10　三维隐藏视觉样式

5）概念：着色多边形平面间的对象，使对象的边平滑化。着色使用古氏面样式，一种冷色和暖色之间的过渡，而不是从深色到浅色的过渡，其效果缺乏真实感，但是可以更方便地查看模型的细节，如图 4-12 所示。

图 4-11　真实视觉样式

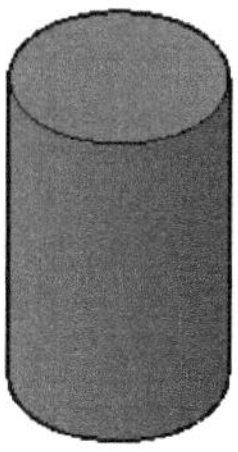

图 4-12　概念视觉样式

四、用户坐标系

AutoCAD 通常是基于当前坐标系的 XOY 平面或与 XOY 平行的平面进行绘图的，这个 XOY 平面称为构造平面。在三维环境下，用户往往需要通过在不同的平面内绘制出平面图形方能创建出三维图形，因此要把当前坐标系的 XOY 平面变换到需要的绘图的平面上，也就是需要创建新的坐标系，即 UCS 用户坐标系。

在三维直角坐标系中，如果已知 X 轴、Y 轴的正方向，通过右手法则可以确定直角坐标系 Z 轴的正方向。用户可以根据需要，定义、保存和恢复一个或多个坐标系。创建用户坐标系的方式通常有以下几种：

1）功能区【常用】选项卡→【坐标】面板→坐标命令按钮，图 4-13 所示为功能区【坐标】面板。

2）单击菜单栏【工具】→【新建 UCS】下的子菜单选项。

3）单击功能区【UCS】工具栏中的坐标命令图标，图 4-14 所示为【UCS】工具栏。

4）在命令行输入“UCS”命令。

图 4-13　功能区【坐标】面板

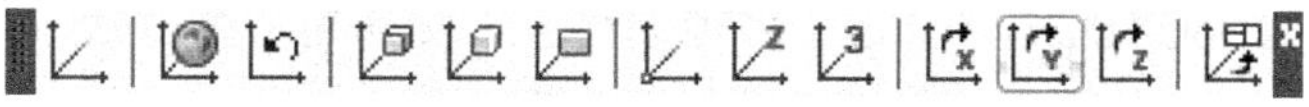

图 4-14　【UCS】工具栏

功能区【坐标】面板和【UCS】工具栏上均有一个按钮，单击该按钮的操作效果与命令行输入“UCS”相同，其他按钮则相当于“UCS”命令操作过程中的一个选项操作。单击按钮或键入“UCS”。命令行操作如下：

命令：UCS ↙

当前 UCS 名称：* 世界 *

指定 UCS 的原点或 [面 (F)/ 命名 (NA)/ 对象 (OB)/ 上一个 (P)/ 视图 (V)/ 世界 (W)/X/Y/Z/Z 轴 (ZA)] < 世界 >:（直接输入或拾取一点作为新的 UCS 原点，也可根据提示输入方括号中的一个选项）

UCS 命令按钮和选项命令的对应关系及含义见表 4-1。

表 4-1　UCS 命令按钮和选项命令的对应关系及含义

图 标	名称	具 体 含 义
	UCS	与键入“UCS”命令相同，可完成多种 UCS 命令创建
	世界（W）	将当前坐标系设置成世界坐标系
	上一个（P）	返回上一个用户坐标系
	面（F）	将用户坐标系与实体上的面对齐
	对象 (OB)	根据选定的三维对象创建坐标系。坐标轴的原点取决于所选对象的类型
	视图（V）	使新的用户坐标系的 XY 面与当前屏幕平行，原点不变
	原点	通过移动当前 UCS 的原点，保持其 X、Y 和 Z 轴的方向不变，从而定义新的 UCS
	Z 轴（ZA）	通过指定坐标原点和 Z 轴正半轴上的一点，建立新的用户坐标系
	三点	通过指定三个点建立用户坐标系。指定的第一点是坐标原点，第二、第三点分别为 X、Y 轴正方向上的点
	X	将当前用户坐标系绕指定轴旋转生成新的坐标系，指定轴必须与 X 轴平行或为 X 轴
	Y	将当前用户坐标系绕指定轴旋转生成新的坐标系，指定轴必须与 Y 轴平行或为 Y 轴
	Z	将当前用户坐标系绕指定轴旋转生成新的坐标系，指定轴必须与 Z 轴平行或为 Z 轴
	应用 UCS	当窗口中包含多个视口时，可将当前坐标系应用于其他视口

技巧

1）【视图】工具栏中的俯视、仰视、主视、左视、右视和后视六个平面视图提供了多个不同的XY平面，而且此时用户坐标系中的XY平面与绘图屏幕平行，非常方便平面图形的绘制，所以在三维绘图中经常通过切换平面视图来绘制不同的平面图形，并由此来创建三维实体。

2）使用动态UCS功能，可以在创建对象时使UCS自动与实体模型中的平面临时对齐，无需使用创建用户坐标系命令。按F6键或单击状态栏中【允许/禁止动态UCS】按钮即可执行动态UCS命令。

五、三维实体的创建方法

AutoCAD 2013 提供了多种创建三维实体模型的方法，用户既可以用基本实体命令创建，也可以由二维平面图形生成复杂的三维实体。

1. 基本实体命令创建实体

AutoCAD 2013 实体建模中涉及的基本实体包括圆柱体、圆锥体、球体、长方体、棱锥体、楔体、圆环体和多段体。其操作方法是单击菜单栏【绘图】→【建模】菜单下的基本实体选项，或单击【建模】工具栏中的基本实体命令按钮，或单击功能区【常用】选项卡的【建模】面板上的基本实体命令按钮，或单击功能区【实体】选项卡的【图元】面板上的基本实体命令图标。

前面已介绍了用基本实体命令创建圆柱体的造型方法，从中可以看出：用户只要了解基本实体几何特点，然后按命令行提示进行操作即可，操作几乎没有难度，因此其余基本实体的命令操作不再赘述。

2. 拉伸创建实体

利用拉伸方法创建三维实体就是将二维截面沿指定的高度或路径拉伸为三维实体，其二维截面必须是平面封闭多段线或者面域。如果该二维截面是由多个单一线段构成的对象，则需要用编辑多段线命令“PEDIT”将其转换为封闭的多段线，或用面域命令“REGION”将其变成一个面域，然后才能拉伸。拉伸命令的启用方式主要有以下几种：

1）单击菜单栏【绘图】→【建模】→【拉伸】命令。

2）单击【建模】工具栏上的工具按钮。

3）单击功能区【实体】选项卡的【实体】面板上的按钮。

4）在命令行输入“EXTRUDE”。

下面以如图 4-15 所示的三维实体为案例，具体介绍拉伸命令的运用。

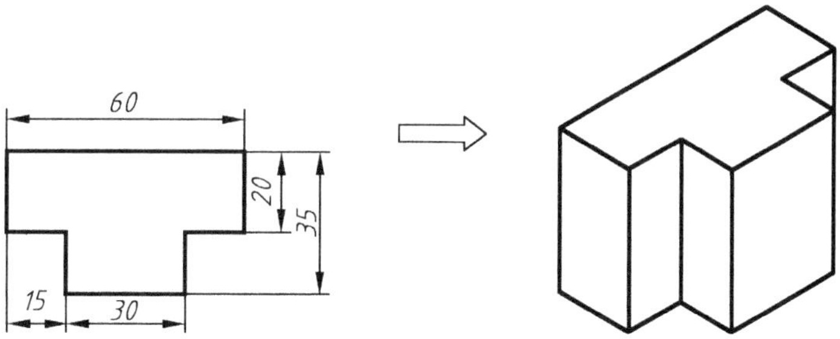

图 4-15　拉伸案例

本例实体建模操作步骤如下：

1）单击【视图】工具栏中的【俯视】按钮，切换到俯视状态，并在【视图样式】工具栏中选择【二维线框】模式，然后根据图 4-15 给出的尺寸绘出平面图。

技巧

本步骤的目的是将用户坐标系的XOY平面设为与水平面对齐（即与世界坐标系的XOY平面对齐），同时把绘图状态切换到二维平面绘制状态，以方便二维图形的绘制。用户也可在三维空间状态下绘制平面图，但绘制的便利性不如二维平面状态。

2）单击【绘图】工具栏中的【面域】按钮，或键入“REG”(Region 缩写) 命令，或单击菜单栏【绘图】→【面域】。命令行操作如下：

命令：REGION ↙

选择对象：（选中全部线框）

选择对象：↙（回车结束选择）

已提取 1 个环。

已创建 1 个面域。

其结果是将绘制好的线框转换成一个面域。

提示

面域是具有边界的平面区域，所以面域在【真实视觉样式】或【概念视觉样式】模式下观察不是线框而是一个面。面域要创建成功必须满足两个条件：一是创建面域的线框必须封闭，二是构成该线框的线段要首尾相连，不能出现交叉。

3）调用拉伸命令，创建拉伸三维实体。命令行操作如下：

命令：EXTRUDE ↙

当前线框密度 :ISOLINES=4，闭合轮廓创建模式 = 实体

选择要拉伸的对象或 [模式 (MO)]: _MO 闭合轮廓创建模式 [实体 (SO)/ 曲面 (SU)] < 实体 >: _SO

选择要拉伸的对象或 [模式 (MO)]:（选择刚创建好的面域）

选择要拉伸的对象或 [模式 (MO)]: ↙（回车结束选择）

指定拉伸的高度或 [方向 (D)/ 路径 (P)/ 倾斜角 (T)/ 表达式 (E)] <114.5154>: 40 ↙（输入拉伸高度，按回车键，完成拉伸操作）

提示

拉伸命令行中其他选项的含义如下：

1）方向（D）：默认情况下，截面对象可以沿Z轴方向拉伸，拉伸高度可以为正值或负值，它表示了拉伸方向，输入正值表示拉伸方向与Z轴正方向一致。

2）路径（P）：通过指定拉伸路径将截面对象拉伸为实体，拉伸路径必须是连续的线段（或弧线），可以是开放的，也可以是封闭的。

3）倾斜角（T）：相当于为创建的实体沿拉伸方向指定一个拔模角度;倾斜角可以为正值或负值，但其绝对值不大于90°。若倾斜角为正，则相当于向内侧拔模；若倾斜角为负，则相当于向外侧拔模。

4）单击【视图】工具栏中的【西南等轴测】按钮选择观察视角，然后单击【视图样式】工具栏中【三维隐藏视觉样式】按钮，最终效果如图 4-15 所示。

3. 旋转创建实体

用旋转方法创建三维实体就是将二维截面对象绕指定的旋转轴旋转生成三维实体。该二维截面对象与拉伸截面对象一样必须是平面封闭多段线或面域，同时还必须位于旋转轴的一侧，才能建立旋转实体。旋转命令的启用方式主要有以下几种：

1）单击菜单栏【绘图】→【建模】→【旋转】命令。

2）单击【建模】工具栏上的工具按钮。

3）单击功能区【实体】选项卡的【实体】面板上的按钮。

4）在命令行输入“REVOLVE”。

下面以图 4-16 所示的三维实体为例，具体介绍旋转命令的运用。

本例实体建模操作步骤如下：

1）单击【视图】工具栏中的按钮，切换到俯视状态，并在【视图样式】工具栏中选择【二维线框】模式，然后根据图 4-16 给出的尺寸绘出平面图。

2）单击【修改Ⅱ】工具栏中的编辑多段线按钮，或键入“PEDIT”命令，或单击菜单栏【修改】→【对象】→【编辑多段线】。命令行操作如下：

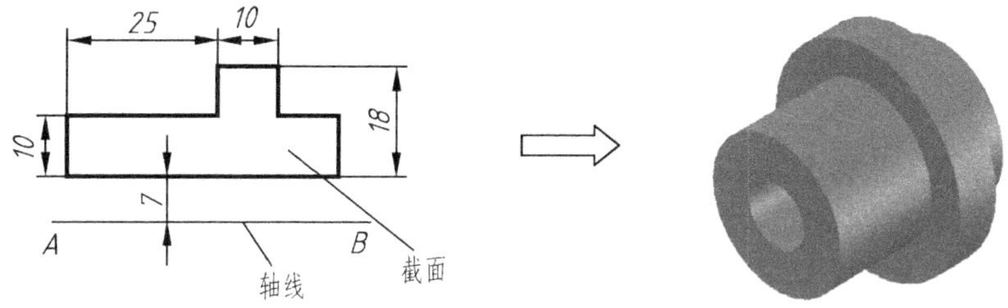

图 4-16　旋转案例

命令：PEDIT ↙

选择多段线或 [多条 (M)]：(选取截面图形中的任意一条线段)

选定的对象不是多段线

是否将其转换为多段线？<Y>　↙(回车表示确认将其转换成多段线)

输入选项 [闭合 (C)/ 合并 (J)/ 宽度 (W)/ 编辑顶点 (E)/ 拟合 (F)/ 样条曲线 (S)/ 非曲线化 (D)/ 线型生成 (L)/ 反转 (R)/ 放弃 (U)]：　J (输入 J 表示将其他线段与前面选择的线段合并成一条多段线)

选择对象：(选取截面的所有对象)

选择对象：↙(回车结束选择)

多段线已增加 7 条线段

输入选项 [打开 (O)/ 合并 (J)/ 宽度 (W)/ 编辑顶点 (E)/ 拟合 (F)/ 样条曲线 (S)/ 非曲线化 (D)/ 线型生成 (L)/ 反转 (R)/ 放弃 (U)]：(回车完成多段线的创建)

其结果是将绘制好的截面线框转换成一个封闭多段线。

提示

将截面线框转换成一个封闭多段线必须满足两个条件：一是要转换的线框必须封闭，二是构成该线框的线段要首尾相连，不能出现交叉。

3）调用旋转命令，创建旋转三维实体。按命令提示进行如下操作：

命令：REVOLVE ↙

当前线框密度：　ISOLINES=4，闭合轮廓创建模式 = 实体

选择要旋转 t 的对象或 [模式 (MO)]：_MO 闭合轮廓创建模式 [实体 (SO)/ 曲面 (SU)] < 实体 >：_SO

选择要旋转的对象或 [模式 (MO)]：(选取创建好的多段线线框)

选择要旋转的对象或 [模式 (MO)]：↙(回车结束选择)

指定轴起点或根据以下选项之一定义轴 [对象 (O)/X/Y/Z] < 对象 >：(选取轴线的左端点 *A*)

指定轴端点：(选取轴线的右端点 *B*)

指定旋转角度或 [起点角度 (ST)/ 反转 (R)/ 表达式 (EX)] <360>：↙（输入旋转的角度，默认为 360°，这里直接回车即可)

4）单击【视图】工具栏中的西南等轴测按钮，单击【视图样式】工具栏中的真实视觉

样式按钮●，则最终效果如图 4-16 所示。

4. 扫掠创建实体

用扫掠方法创建三维实体就是将二维截面对象沿开放或闭合的二维或三维路径生成实体。该二维截面对象与拉伸截面对象一样必须是平面封闭多段线或面域。扫掠命令的启用方式主要有以下几种：

1）单击菜单栏【绘图】→【建模】→【扫掠】命令。

2）单击【建模】工具栏上的工具按钮。

3）单击功能区【实体】选项卡的【实体】面板上的按钮。

4）在命令行输入“SWEEP”。

下面以如图 4-17 所示的弹簧实体为例，具体介绍扫掠命令的应用。该例中，弹簧中径为 $\phi 40$，圈数为 5，簧丝直径为 $\phi 6$，弹簧高度为 60。

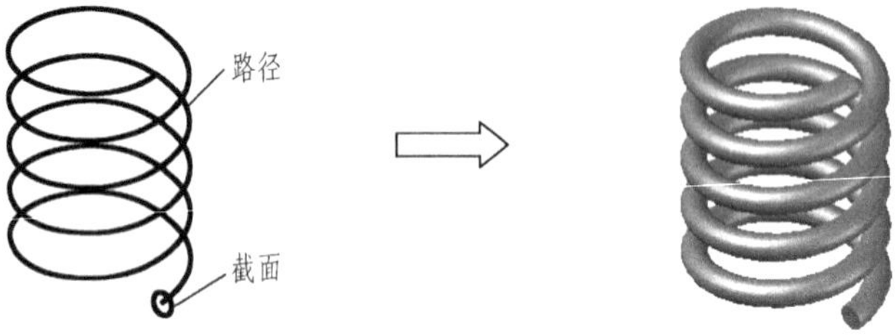

图 4-17　扫掠案例

本例实体建模操作步骤如下：

1）单击【视图】工具栏中的俯视按钮，切换到俯视状态。在【视图样式】工具栏中选择【二维线框】模式。

2）单击【建模】工具栏中的螺旋按钮，或键入“HELIX”命令，或单击菜单栏【绘图】→【螺旋】命令。命令行操作如下：

命令：HELIX ↙

圈数 = 10.0000　　扭曲 =CCW

指定底面的中心点：（在 XOY 平面上拾取一点）

指定底面半径或 [直径 (D)] <50.0000>:20 ↙（指定螺旋线底圈半径）

指定顶面半径或 [直径 (D)] <20.0000>:20 ↙（指定螺旋线顶圈半径）

指定螺旋高度或 [轴端点 (A)/ 圈数 (T)/ 圈高 (H)/ 扭曲 (W)] <80.0000>: T（指定参数选项）

输入圈数 <10.0000>:　5 ↙（输入圈数值）

指定螺旋高度或 [轴端点 (A)/ 圈数 (T)/ 圈高 (H)/ 扭曲 (W)] <80.0000>: 60 ↙（输入螺旋线高度）

单击【视图】工具栏中的东南等轴测按钮，生成螺旋线的效果如图 4-17 所示。

3）单击【视图】工具栏中的前视按钮，切换到前视状态。执行绘圆命令，拾取螺旋线下部端点作为圆心，绘制一个直径为 6 的圆。

4）调用扫掠命令，创建扫掠三维实体。命令行操作如下：

命令：SWEEP ↙

当前线框密度：　ISOLINES=4，闭合轮廓创建模式 = 实体选择要扫掠的对象或 [模式 (MO)]: _MO 闭合轮廓创建模式 [实体 (SO)/ 曲面 (SU)] < 实体 >: _SO
选择要扫掠的对象或 [模式 (MO)]:（选取圆截面）
选择要扫掠的对象或 [模式 (MO)]: ↙（回车结束截面选择）
选择扫掠路径或 [对齐 (A)/ 基点 (B)/ 比例 (S)/ 扭曲 (T)]:（选取螺旋线作为扫掠路径）

5）单击【视图】工具栏中的东南等轴测按钮，再单击【视图样式】工具栏中的真实视觉样式按钮，最终效果如图 4-17 所示。

5. 放样创建实体

用放样方法创建三维实体就是在数个截面之间的空间中创建三维实体。该二维截面对象与拉伸截面对象一样必须是平面封闭多段线或面域，且截面数必须为两个或两个以上。放样命令的启用方式主要有以下几种：

1）单击菜单栏【绘图】→【建模】→【放样】命令。

2）单击【建模】工具栏上的工具按钮。

3）单击功能区【实体】选项卡【实体】面板上的按钮。

4）在命令行输入“LOFT”。

下面以图 4-18 所示的瓶状实体为例，具体介绍放样命令的运用。该例中，截面 1、2、3、4 均为圆形，直径分别为 $\phi20$、$\phi18$、$\phi8$ 和 $\phi6$，截面间的距离分别为 30、15 和 15。

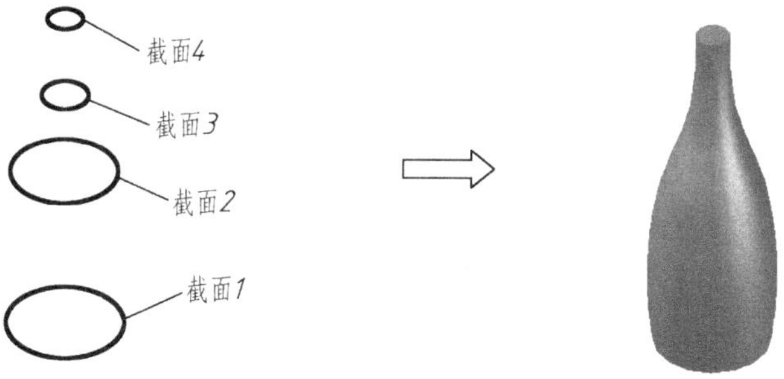

图 4-18 放样案例

本例实体建模操作步骤如下：

1）单击【视图】工具栏中的俯视按钮，再单击【视图】工具栏中的西南等轴测按钮，则用户坐标系的 XOY 平面将设为与水平面对齐，同时绘图环境设为三维状态。

2）执行绘圆命令，在 XOY 平面内拾取一点作为圆心，绘制一个直径为 $\phi20$ 的圆，该圆即为截面 1。

3）打开状态栏中的【对象捕捉】和【对象捕捉追踪】。再次执行绘圆命令，当命令行提示要指定圆心时，将鼠标移至截面 1 的圆心处将出现捕捉圆心的标记，此时不要单击鼠标，再将鼠标向上移动出现一条竖直的追踪线，如图 4-19 所示，输入数值“30”，回车即指定了截面 2 的圆心，再输入圆的半径为 *R*9，完成截面 2 的创建。用同样的方法完成截面 3、4 的创建。

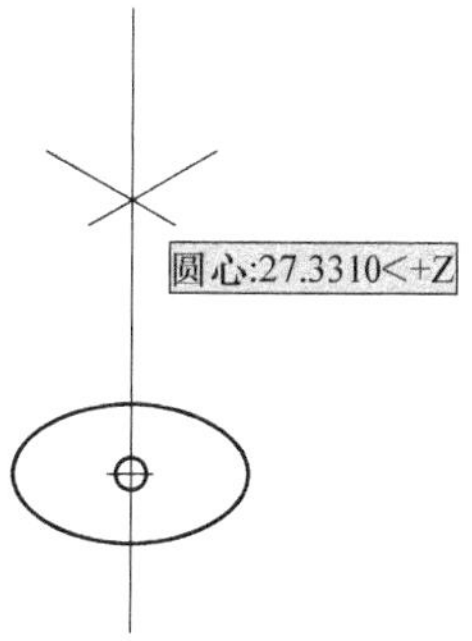

图 4-19 追踪法确定截面 2 的圆心

4）调用放样命令，创建扫掠三维实体。命令行操作如下：

命令：LOFT ↙
当前线框密度： ISOLINES=4，闭合轮廓创建模式＝实体按放样次序选择横截面或 [点 (PO)/ 合并多条边 (J)/ 模式 (MO)]: _MO 闭合轮廓创建模式 [实体 (SO)/ 曲面 (SU)] < 实体 >: _SO

按放样次序选择横截面或 [点 (PO)/ 合并多条边 (J)/ 模式 (MO)]:(选取截面 1)

按放样次序选择横截面或 [点 (PO)/ 合并多条边 (J)/ 模式 (MO)]:(选取截面 2)

按放样次序选择横截面或 [点 (PO)/ 合并多条边 (J)/ 模式 (MO)]:(选取截面 3)

按放样次序选择横截面或 [点 (PO)/ 合并多条边 (J)/ 模式 (MO)]:(选取截面 4)

按放样次序选择横截面或 [点 (PO)/ 合并多条边 (J)/ 模式 (MO)]: ↙ (回车结束截面选择)

选中了 4 个横截面

输入选项 [导向 (G)/ 路径 (P)/ 仅横截面 (C)/ 设置 (S)] < 仅横截面 >: ↙ (回车接受默认选项"仅横截面" 选择)

5）单击【视图样式】工具栏中的真实视觉样式按钮，最终效果如图 4-18 所示。

第三节　组合体的三维实体造型

在创建实体模型之前，用户首先要利用形体分析法对该模型进行形体分析，分析的主要内容包括：模型可划分为哪几个组成部分、如何创建各组成部分，搞清楚这些问题后，实体建模就变得相对比较容易了。

一、组合体三维造型案例 1

本案例要求绘制如图 4-20a 所示的组合体三维实体。造型思路：该立体可分成底板Ⅰ、立板Ⅱ、圆柱筒Ⅲ及肋板Ⅳ四部分，可采用基本实体命令中的长方体命令、圆柱体命令及楔体命令画出，再通过布尔运算的差集及并集完成该组合体的三维实体造型。

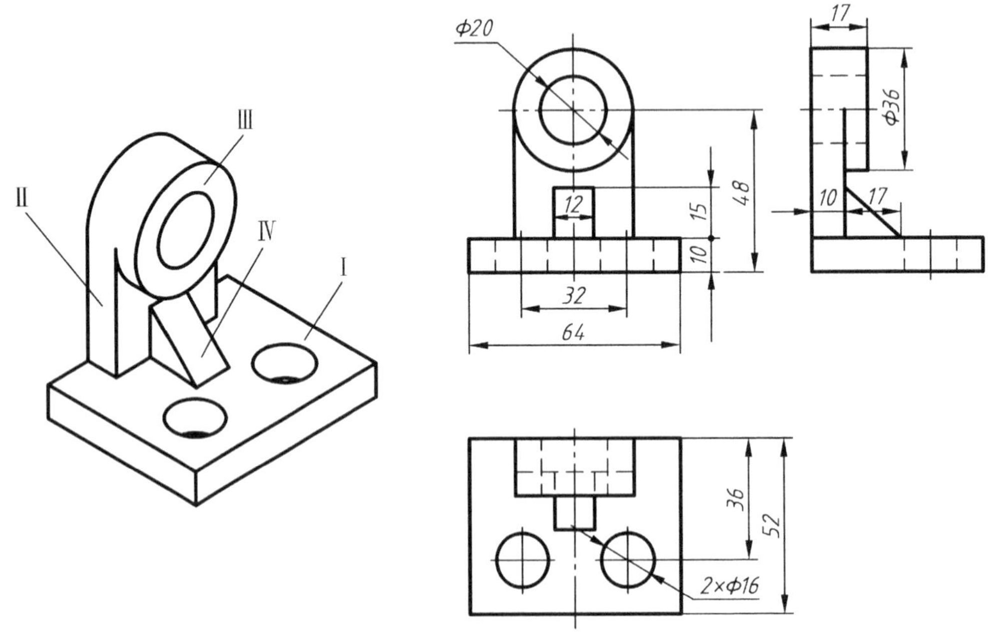

图 4-20　组合体造型案例 1

具体操作步骤如下：

1. 绘制底板

1）单击【视图】工具栏中的俯视按钮，将用户坐标系的 XOY 平面设为与世界坐标系的 XOY 平面对齐。

2）单击【建模】工具栏或功能区【实体】选项卡的【图元】面板上的按钮，执行长方体命令命令行操作如下：

命令：BOX ↙

指定第一个角点或 [中心 (C)]:（任选一点作为该长方体的角点）

指定其他角点或 [立方体 (C)/ 长度 (L)]: L ↙（表示将根据长、宽、高来绘制长方体）

指定长度：64 ↙（输入长度）

指定宽度：52 ↙（输入宽度）

指定高度或 [两点 (2P)]: 10 ↙（输入高度）

操作结果如图 4-21a 所示。

3）单击【视图】工具栏或功能区【常用】选项卡的【视图】面板上的按钮，或单击菜单栏【视图】→【三维视图】→【西南等轴测】命令，这时绘制的长方体观察效果如图 4-21b 所示。

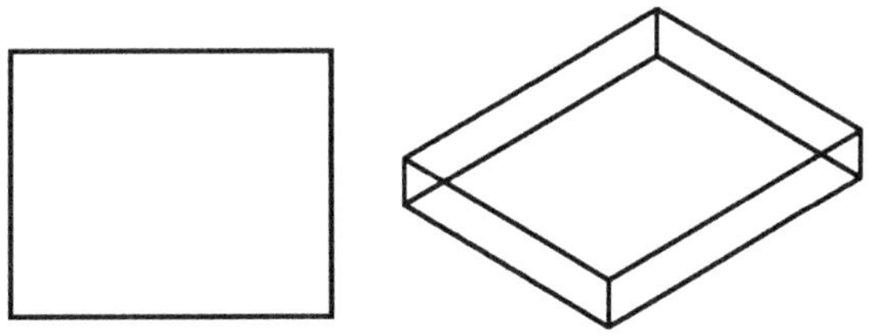

a)　　　　b)

图 4-21　底板的绘制

2. 绘制底板上的两个小孔

1）设置新的 UCS 坐标原点。单击【UCS】工具栏或功能区【常用】选项卡的【坐标】上的按钮，按命令提示进行如下操作：

命令：UCS ↙

当前 UCS 名称：* 没有名称 *

指定 UCS 的原点或 [面 (F)/ 命名 (NA)/ 对象 (OB)/ 上一个 (P)/ 视图 (V)/ 世界 (W)/X/Y/Z/Z 轴 (ZA)] < 世界 >: _o

指定新原点 <0,0,0>:（选择长方体上表面左前方的顶点作为坐标原点，如图 4-22 所示，注意坐标轴的方向）

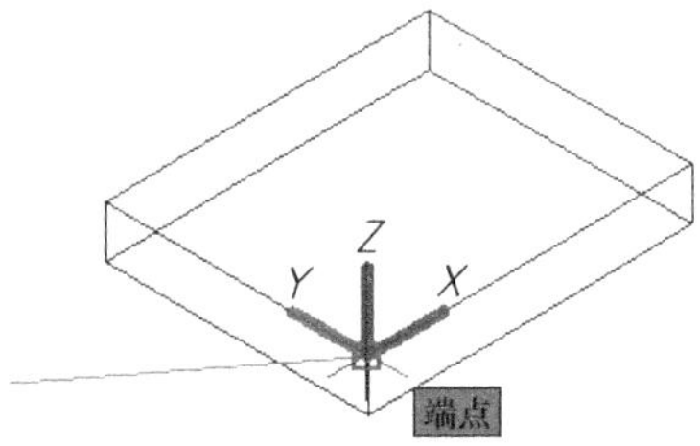

图 4-22　设置新的 UCS 坐标原点

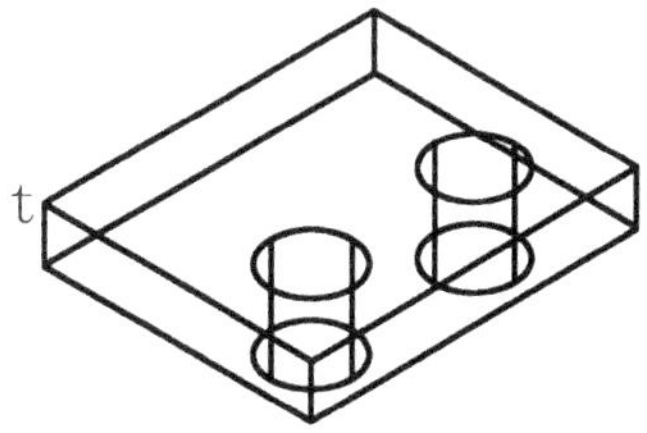

图 4-23　创建两个圆柱体

2）单击【实体】工具栏或功能区【实体】选项卡的【图元】面板上的按钮，或键入“CYLINDER”，或单击菜单栏【绘图】→【实体】→【圆柱体】命令。命令行操作如下：

命令：CYLINDER ↙

指定底面的中心点或 [三点 (3P)/ 两点 (2P)/ 切点、切点、半径 (T)/ 椭圆 (E)]: 16,16 ↙（输入圆柱体底面的中心点）

指定底面半径或 [直径 (D)]: 8 ↙ (输入圆柱体半径)

指定高度或 [两点 (2P)/ 轴端点 (A)]: -10-10 ↙ (输入圆柱高度，Z 轴向上为正，向下为负)

命令： ↙ (重复执行圆柱体命令)

命令 : _cylinder

指定底面的中心点或 [三点 (3P)/ 两点 (2P)/ 切点、切点、半径 (T)/ 椭圆 (E)]: 48,16 ↙ (输入圆柱体底面的中心点)

指定底面半径或 [直径 (D)]: 8 ↙ (输入圆柱体半径)

指定高度或 [两点 (2P)/ 轴端点 (A)]: -10-10 ↙ (输入圆柱高度，Z 轴向上为正，向下为负)

操作结果如图 4-23 所示。

3）单击【建模】工具栏或功能区【实体】选项卡的【布尔值】面板上的 按钮，或键入“SUBTRACT”，或单击菜单栏【修改】→【实体编辑】→【差集】。命令行操作如下：

命令 : SUBTRACT ↙

选择要从中减去的实体、曲面和面域 ...

选择对象 : (选择长方体作为被减实体)

选择对象 : ↙ (回车结束被减实体选择)

选择对象 :(选择左边的圆柱体作为要减去的实体)

选择对象 :(选择右边的圆柱体作为要减去的实体)

选择对象 : ↙ (回车结束选择)

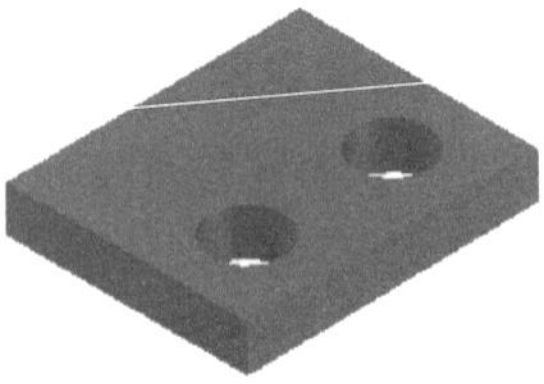

图 4-24　底板进行差运算后的效果图

其结果为从长方体中减去了两个圆柱体，单击【视图样式】工具栏中的真实视觉样式按钮 ，效果如图 4-24 所示。

提示

差集运算是布尔运算中的一种，在三维建模中使用非常广泛，其作用是从一些实体中去掉另一些实体，从而得到一个新的实体。注意：选择对象时有先后顺序，先选择要保留的实体，按回车键后再选择要去除的实体，如图4-23所示。可选择两个或多个对象作为要减去的一组对象，如果选择了不止一个对象，在进行差运算之前，AutoCAD 2013将自动对它们进行合并。

3. 创建立板

1）将视觉样式设为线框模式，然后执行长方体命令，绘制一个长、宽、高尺寸分别为 36、10、38 的长方体，如图 4-25a 所示。

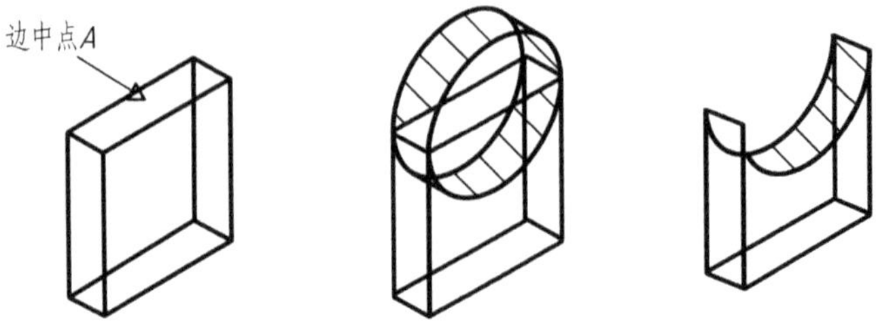

a)　　b)　　c)

图 4-25　立板的造型

2）单击【视图】工具栏上的按钮，将用户坐标系的 XOY 平面设为与世界坐标系的 XOZ 平面对齐，再单击【视图】工具栏上的西南等轴测按钮，进入三维空间状态。

3）利用基本实体命令中的圆柱体命令，捕捉图 4-25a 所示长方体后表面上边的中点 A 作为圆柱底面的中心点，绘制一个半径为 R18、高度为 10 的圆柱体，如图 4-25b 所示。

4）单击【建模】工具栏上的差集按钮，选取图 4-25b 中的长方体作为被减实体，选取圆柱作为要减去的实体。操作后效果如图 4-25c 所示。

4. 绘制圆柱筒

1）在上述用户坐标系的 XOY 平面设为与世界坐标系的 XOZ 平面对齐的情况下，利用圆柱体命令先绘制一个半径为 R18、高度为 17 的圆柱体。再利用圆柱体命令先绘制一个半径为 R10、高度为 17 的圆柱体。绘制第二个圆柱体时要捕捉第一个圆柱体的中心作为底面的中心点。结果如图 4-26a 所示。

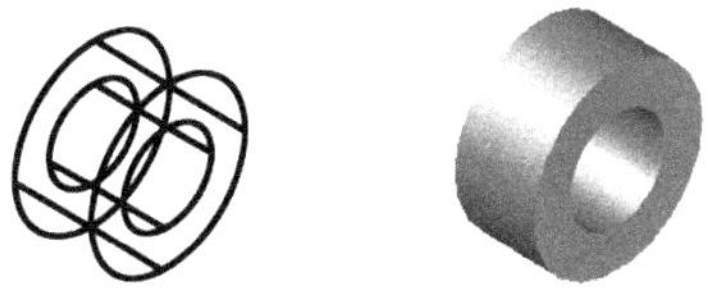

a)　　b)

图 4-26　圆柱筒的造型

2）单击【建模】工具栏上的差集按钮，选取大圆柱作为被减实体，选取小圆柱作为要减去的实体，其结果为从大圆柱体中减去了小圆柱体。再单击【视图样式】工具栏中的真实视觉样式按钮，效果如图 4-26b 所示。

5. 绘制肋板

1）单击【视图】工具栏中的俯视按钮，切换到俯视状态。再单击【视图】工具栏上西南等轴测按钮，则用户坐标系的 XOY 平面将设为与水平面对齐，同时绘图环境设为三维状态。

2）单击【建模】工具栏或功能区【实体】选项卡【图元】面板上的按钮，或键入“WEDGE”，或单击菜单栏【绘图】→【实体】→【楔体】。命令行操作如下：

命令：WEDGE ↙

指定第一个角点或［中心 (C)]:（任选一点作为角点）

指定其他角点或［立方体 (C)/ 长度 (L)]: L ↙

指定长度：12 ↙

指定宽度：17 ↙

指定高度或［两点 (2P)] <17.0000>: 15 ↙

结果如图 4-27a 所示。

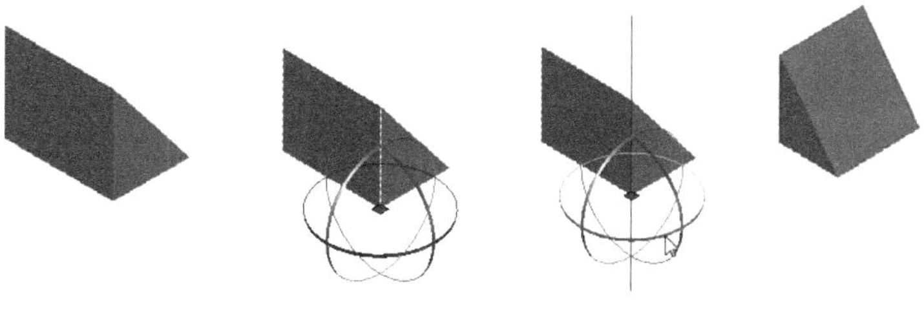

a)　　b)　　c)　　d)

图 4-27　楔体的造型

3）旋转楔体。单击【建模】工具栏或功能区【常用】选项卡的【修改】面板上中的【三维旋转】按钮或单击菜单栏【修改】→【三维操作】→【三维旋转】或键入“3DROTATE”。命令行操作如下：

命令：3DROTATE ↙

UCS 当前的正角方向： ANGDIR= 逆时针 ANGBASE=0

选择对象：（选择楔体作为旋转对象）

选择对象：↙（回车结束选择，此时出现一个红、绿、蓝三圆环。）

指定基点：（选择楔体左下角点，此时红、绿、蓝三圆环中心移到该点，如图 4-27b 所示。）

拾取旋转轴：（选取三圆环中的某一圆环以确定旋转轴，这里选取蓝色圆环，则选中的圆环变成黄色，并出现一条垂直于圆环的轴线，如图 4-27c 所示）

指定角的起点或键入角度：-90 ↙（输入旋转角度）

三维旋转操作后的效果如图 4-27d 所示。

提示

三维旋转命令可以使对象绕3D空间三根轴旋转。三根轴通过基点并与用户坐标系的X、Y或Z轴平行。指定旋转角度时，应根据旋转方向来确定输入角度的正负，旋转方向为正，则输入正值；反之，则输入负值。旋转正方向是根据右手定则来确定的，即右手大拇指指向与旋转轴平行的坐标轴的正方向，四指的环绕方向就是旋转正方向。

6. 各形体的叠加组合与合并操作

1）利用三维移动命令将创建好的各组成部分按一定位置进行叠加。单击【建模】工具栏上或功能区【常用】选项卡的【修改】面板上的【三维移动】按钮或单击菜单栏【修改】→【三维操作】→【三维移动】或键入“3DMOVE”。命令行操作如下：

命令：3DMOVE ↙

选择对象：（选择立板作为移动对象）

选择对象：（回车结束选择，选择的对象上将出现一个彩色的坐标轴按钮）

指定基点或 [位移 (D)] <位移>：（拾取图 4-28a 所示立板后表面底边上的中点 *A*）

指定第二个点或 <使用第一个点作为位移>：（拾取图 4-28a 所示底板后表面顶边上的中点 *B*）

操作后结果如图 4-28b 所示。

提示

三维移动命令除可按上述拾取基点和第二点以确定移动的距离和方向进行操作外，还可以单击所选择对象上的彩色坐标轴中的某一轴，将出现一条沿该轴两端无限延伸的直线，然后拖动鼠标，则选定的实体对象将沿该轴方向，在合适的位置单击或输入移动距离，即可实现对象的三维移动。将光标停留在两轴之间时，会出现一个黄色平面框，然后选择该平面框，则选择的对象将只能在该平面上移动。

2) 再次执行三维移动命令，用同样的方法将楔体移动到图 4-28c 所示的形体中的合适位置。

移动基点为图 4-28a 所示楔体后表面底边上的中点 *C*，第二点为图 4-28a 所示立板前表面底边的中点 *D*。操作后结果如图 4-28c 所示。

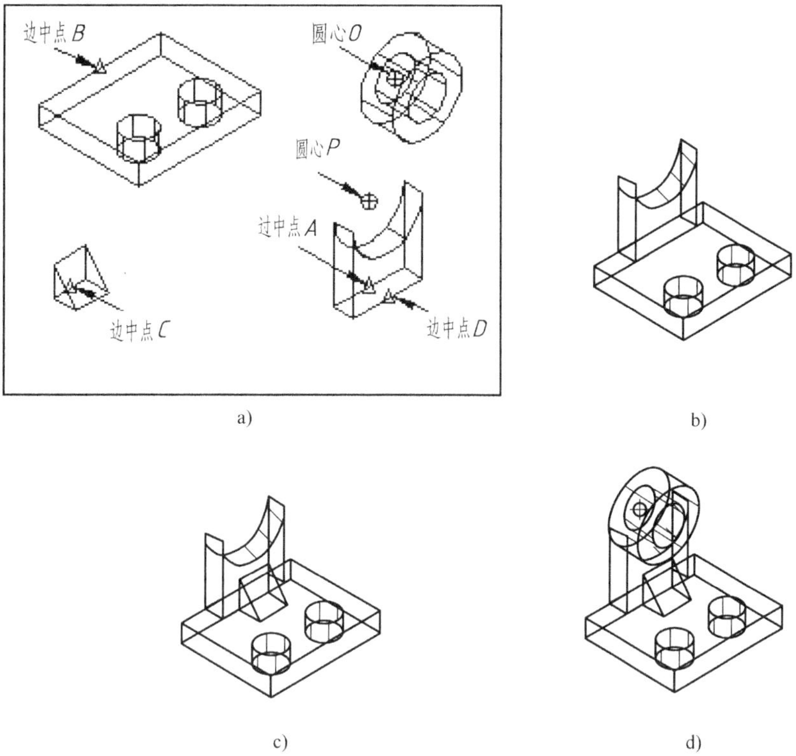

图 4-28　叠加组合

3) 继续执行三维移动命令，将圆柱筒移动到图 4-28d 所示的形体中的合适位置。移动基点为图 4-28a 所示圆柱筒后表面上圆心 *O*，第二点为图 4-28a 所示立板后表面上圆弧中心 *P*。操作后结果如图 4-28d 所示。

4）对实体进行并集运算。单击【建模】工具栏或功能区【实体】选项卡的【布尔值】面板上的按钮，或键入“UNION”，或单击菜单栏【修改】→【实体编辑】→【并集】。命令行操作如下：

命令：UNION↙

选择对象：（选择底板）

选择对象：（选择立板）

选择对象：（选择圆柱筒）

选择对象：（选择楔体）

选择对象：↙（回车结束选择）

单击【视图样式】工具栏中的【真实视觉样式】按钮，结果如图 4-29 所示。存盘完成该组合体三维实体的创建。

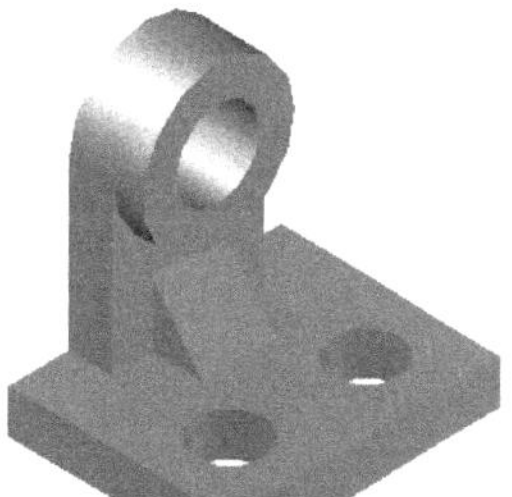

图 4-29　组合体案例 1 造型

提示

并集运算是布尔运算中的一种，它可以将两个或两个以上的面域或实体对象合并成一个整体，其相交部分自动合并。该命令的使用比较简单，只要选择所有需要相加的对象，回车即可，选择的时候没有先后顺序。

二、组合体三维造型案例 2

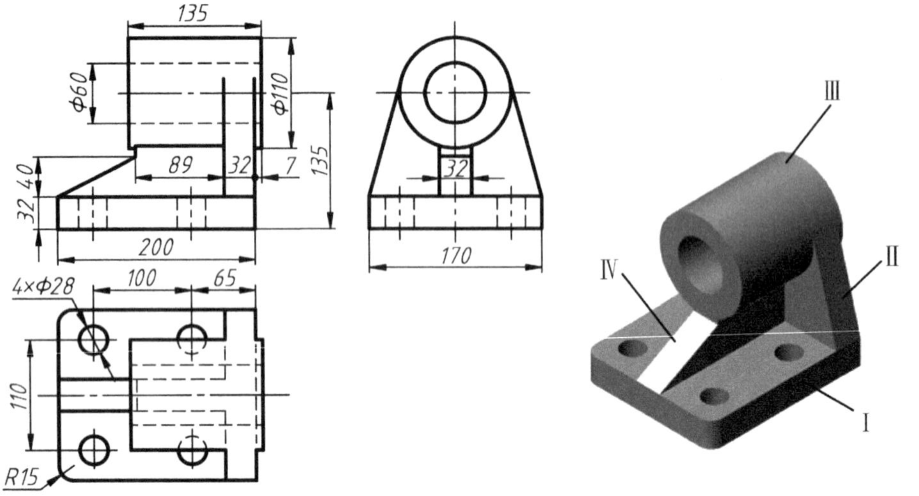

图 4-30　组合体造型案例 2

本案例要求创建如图 4-30 所示的组合体三维实体。造型思路：该立体可分成底板Ⅰ、支撑板Ⅱ、圆柱筒Ⅲ及肋板Ⅳ四部分，可分别先画出这四个形体的特征平面图，再把它们转换为面域，然后利用拉伸命令建成三维实体，最后通过布尔运算完成该组合体的三维实体建模。

具体操作步骤如下：

1. 画出各部分的形体特征平面图

单击【视图】工具栏中的俯视按钮，切换到俯视状态，并在【视图样式】工具栏中选择【二维线框】模式，然后根据图 4-30 给出的尺寸绘出图 4-31 所示的形体特征平面图。

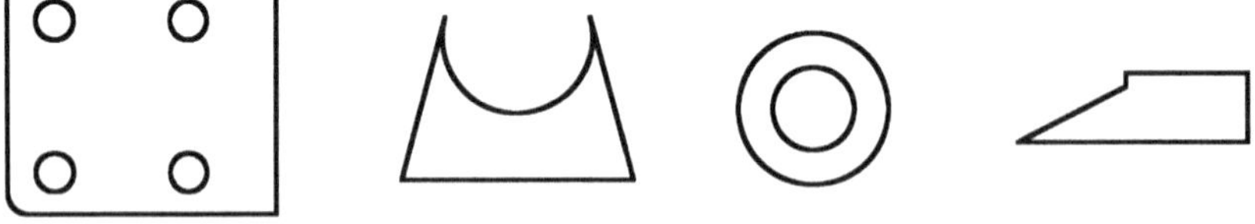

a)　b)　c)　d)

图 4-31　各部分的形体特征平面图

a) 底板　b) 支撑板　c) 圆柱筒　d) 肋板

2. 把各组成部分转换为面域

1）将底板特征平面图转换成面域。单击【绘图】工具栏上的按钮或键入“REG”或单击菜单栏【绘图】→【面域】，然后选中图 4-31a 底板上的全部线框，其结果是将图中四个圆和一个带圆角的矩形外框转换成 5 个面域。

2）按照相同的方法分别将支撑板及肋板特征平面图中的线框转换为面域。

技巧

由圆、椭圆、多边形等命令生成的封闭图形可直接作为截面进行拉伸、旋转等操作，可以不进行面域操作。故本案例中图4-31c圆柱筒线框未采用面域操作。

3. 创建底板实体

1）单击功能区【实体】选项卡的【实体】面板上或【建模】工具栏上的按钮，或键入“EXT”(Extrude 缩写)，或单击菜单栏【绘图】→【建模】→【拉伸】，启动拉伸命令，将底板平面图中创建的 5 个面域全部选中，输入拉伸高度“32”，操作结果创建了 5 个拉伸实体。

2）对实体进行差集操作。单击【建模】工具栏或功能区【实体】选项卡的【布尔值】面板上的按钮，选择带圆角的长方体作为被减实体，选取创建的 4 个圆柱作为要减去的实体，完成差集操作。单击【视图】工具栏上按钮，然后单击【视图样式】工具栏中的真实视觉样式按钮，底板三维效果如图 4-32a 所示。

4. 创建支撑板及肋板实体

执行拉伸命令，依次选中创建的支撑板及肋板面域，输入拉伸高度“32”，完成拉伸操作，结果如图 4-32b、d 所示。

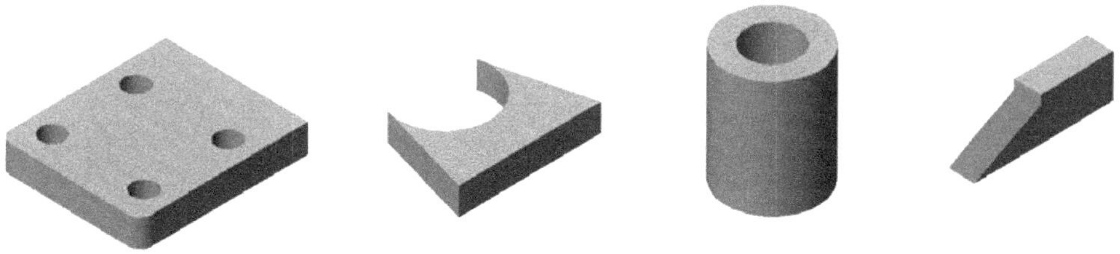

a)　b)　c)　d)

图 4-32　各组成部分的三维实体建模

a) 底板　b) 支撑板　c) 圆柱筒　d) 肋板

5. 创建圆柱筒实体

执行拉伸命令，选中圆柱筒特征平面图上的两个圆，输入拉伸高度“135”，完成拉伸操作。选中刚创建的大圆柱作为被减实体，小圆柱作为要减去的实体，完成差集操作，结果如图 4-32c 所示。

6. 支撑板、圆柱筒实体的三维旋转操作

1）单击【建模】工具栏上或功能区【常用】选项卡的【修改】面板上的【三维旋转】按钮，启动三维旋转命令，依次选取支撑板、圆柱筒实体，选取实体上任一点作为基点，旋转轴方向选取与世界坐标系中的 X 轴平行，然后输入旋转的角度值“90”，完成旋转操作，结果如图 4-33a 所示。

a)　b)

图 4-33　支撑板、圆柱筒及肋板的旋转操作

2）再次执行三维旋转 命令，依次选取支撑板和圆筒实体，选取实体上任一点作为基点，旋转轴方向与世界坐标系中的 Z 轴平行，然后输入旋转的角度值“90”，完成旋转操作，支撑板和圆柱筒将旋转至正确的方位，结果如图 4-33b 所示。

技巧

本案例中支撑板、圆柱筒的特征平面图形属于三视图的左视图部分，但由于图形是在与世界坐标系XOY平面对齐的平面上绘制的，故拉伸操作后获得的支撑板和圆柱筒的摆放方位是不符合要求的，因此需要进行三维旋转操作方能获得正确的方位。采用UCS命令或单击【视图】工具栏中的左视按钮，将绘图平面切换到与世界坐标系YOZ平面对齐，然后在该平面上绘制支撑板、圆柱筒的特征平面图形，最后再进行拉伸获得的实体方位符合要求，无需采用三维旋转操作，该方法较为方便。

7. 各部分实体的移动组合操作

1）单击【建模】工具栏上或功能区【常用】选项卡的【修改】面板上的三维移动按钮，启动三维移动命令。选择圆柱筒实体作为移动对象，然后拾取圆柱筒的右端面圆心 *P*（图 4-34）作为基点，选取支撑板上的右表面圆心 *Q*（图 4-34）作为第二点，完成移动操作，此时圆柱筒的右端面与支撑板上的右表面平齐，如图 4-35a 所示。

2）再次执行三维移动命令，选择圆柱筒实体作为移动对象，然后单击与世界坐标系 X 轴相平行的圆柱筒上的彩色坐标轴，向右移动鼠标，输入距离“7”，完成圆柱筒与支撑板的相对位置操作，结果如图 4-35b 所示。

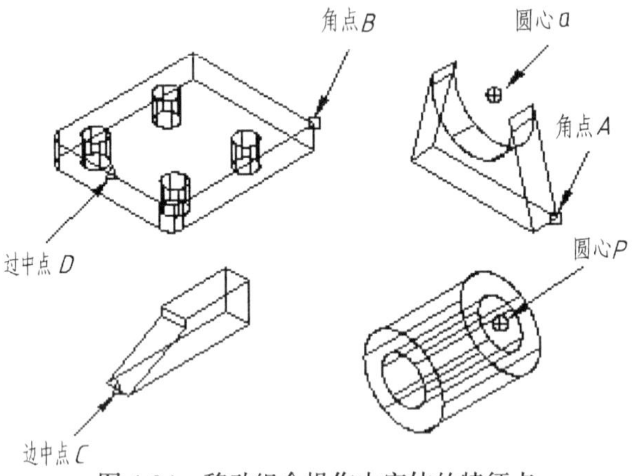

图 4-34　移动组合操作中实体的特征点

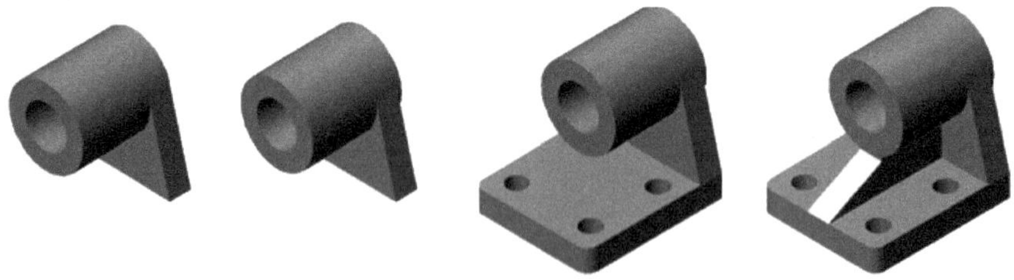

a)　b)　c)　d)

图 4-35　移动组合操作

3）继续执行三维移动命令，选择圆柱筒和支撑板实体作为移动对象，然后拾取支撑板上的角点 *A*（图 4-34）作为基点，选取底板上的角点 *B*（图 4-34）作为第二点，结果如图 4-35c 所示。

4）重复执行三维移动命令，选择肋板实体作为移动对象，然后拾取肋板底面左侧边线的中点 *C*（图 4-34）作为基点，选取底板上表面的左侧边线的中点 *D*（图 4-34）作为第二点，结果如图 4-35d 所示。

8. 并集操作合成为整体

单击【建模】工具栏上或功能区【实体】选项卡的【布尔值】面板上的◎按钮，选中创建的所有实体，完成并集操作。存盘完成该组合体三维实体的创建。

三、组合体三维造型案例 3

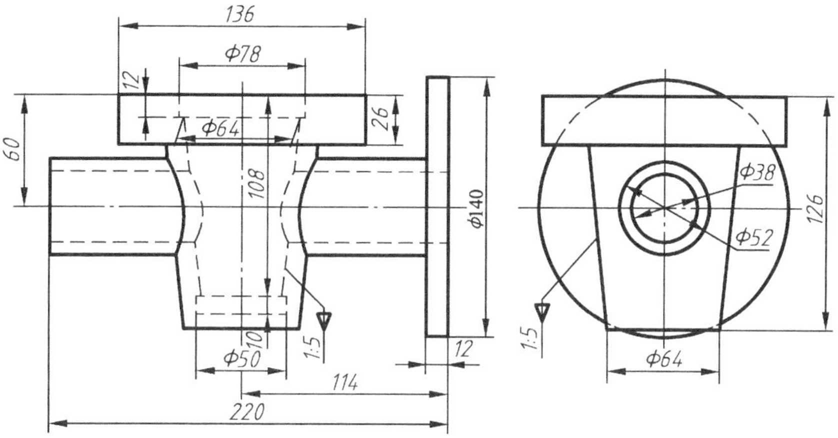

图 4-36　组合体造型案例 3

本案例要求绘制如图 4-36 所示的组合体三维实体。造型思路：该立体外形可以看做是由图 4-37 所示的特征截面Ⅰ和Ⅱ经旋转后组合而成，内部腔体形状可以看做是由图 4-37 所示的特征截面Ⅲ和Ⅳ经旋转后组合而成的。因此，可先画出这四个特征截面图，再把它们转换为面域，然后利用旋转命令创建出四个子实体，最后通过对四个子实体进行移动及布尔运算完成该组合体的三维建模。

具体操作步骤如下：

1. 画出四个特征平面图

1）单击【视图】工具栏中的前视按钮，切换到主视状态。在【视图样式】工具栏中选择【二维线框】模式。

2）根据图 4-37 所示的尺寸，绘出四个截面轮廓。绘制锥度 1 ∶ 5 的斜线，可先绘出一个直角三角形，水平直角边长为 10，竖直直角边长 100，然后将该直角三角形的斜边用【移动】命令移动到截面中的正确位置。

2. 创建面域

单击【绘图】工具栏上或功能区【常用】选项卡的【绘图】面板上的按钮，然后选中图 4-37 中的所有截面线框，其结果是将图中的四个截面线框转换成 4 个面域。

3. 旋转命令创建子实体

1) 单击【建模】工具栏上或功能区【实体】选项卡的【实体】面板上的按钮，启动旋转命令，选取由截面Ⅰ生成的面域作为旋转的对象，选取线段 *AB* 作为旋转轴，完成旋转操作生成旋转实体，单击【视图样式】工具栏中的真实视觉样式按钮，结果如图 4-38a 所示。

2）用同样方法，分别以截面Ⅱ、截面Ⅲ和截面Ⅳ作为旋转对象，相应的旋转轴分别为线段 *CD*、*EF* 和 *GH*，生成 3 个旋转实体，如图 4-38b ~ d 所示。

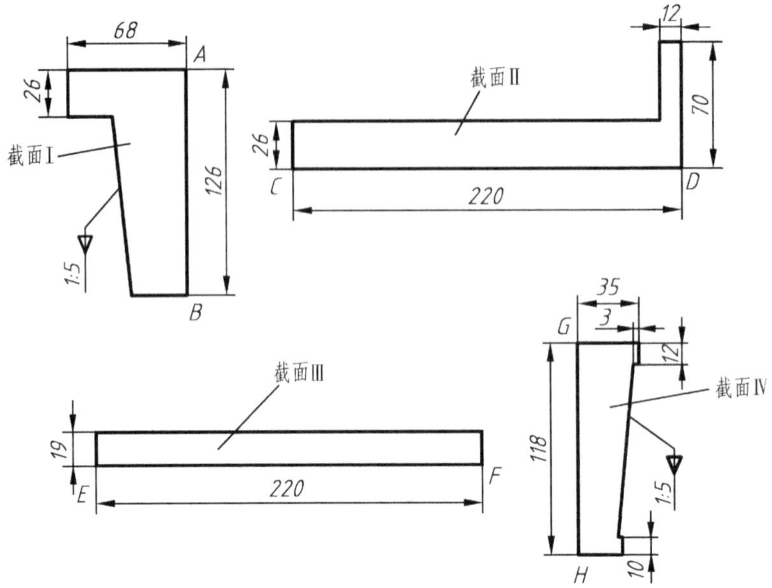

图 4-37　特征截面

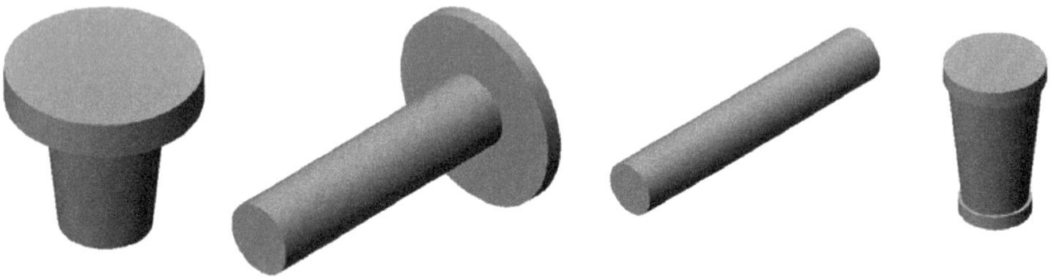

a)　b)　c)　d)

图 4-38　旋转命令创建子实体

提示

图4-38c所示的实体也可通过圆柱体命令直接创建，此时不需要绘制截面Ⅲ。

4. 创建组合体外形结构

1）单击【建模】工具栏上或功能区【常用】选项卡的【修改】面板上的三维移动按钮，启动三维移动命令。选取图 4-38b 所示子实体作为移动对象，选取该实体右端圆心作为基点，选取图 4-38a 所示子实体上表面圆心作为第二点，结果如图 4-39a 所示。

2）继续上述三维移动命令的操作，单击图 4-38b 所示子实体上的彩色坐标轴中的竖直轴，然后向下移动鼠标，输入距离值“60”，结果如图 4-39b 所示；再单击该彩色坐标轴中的水平向右的轴线，向右移动鼠标，输入距离值“114”，完成三维移动操作，结果如图 4-39c 所示。

3）单击【建模】工具栏上或功能区【实体】选项卡的【布尔值】面板上的按钮，选中图 4-39c 所示的所有实体，完成并集操作。

5. 创建组合体内腔结构

1）单击【建模】工具栏上或功能区【常用】选项卡的【修改】面板上的三维移动按钮，启动三维移动命令。选取图 4-38c 所示子实体作为移动对象，选取该实体右端圆心作为基点，选取图 4-38d 所示子实体上表面圆心作为第二点，结果如图 4-40a 所示。

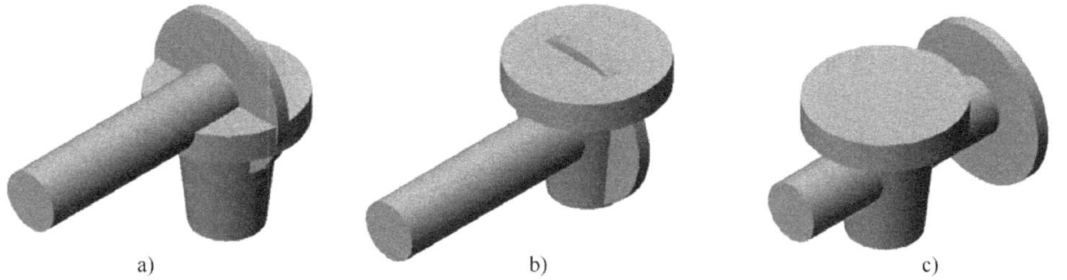

a)　　b)　　c)

图 4-39　组合体外形结构的创建

2）继续上述三维移动命令的操作，单击图 4-38c 所示子实体上的彩色坐标轴中的竖直轴，然后向下移动鼠标，输入距离值“60”，结果如图 4-40b 所示；再单击该彩色坐标轴中的水平向右的轴线，向右移动鼠标，输入距离值“114”，完成三维移动操作，结果如图 4-40c 所示。

3）单击【建模】工具栏上或功能区【实体】选项卡的【布尔值】面板上的按钮，选中图 4-40c 所示的所有实体，完成并集操作。

a)　　b)　　c)

图 4-40　组合体内腔结构形实体的创建

6. 完成组合体实体的创建

1）单击【建模】工具栏上或功能区【常用】选项卡的【修改】面板上的三维移动按钮，启动三维移动命令。选取第 4 步创建的外形结构实体作为移动对象，选取该实体上表面圆心作为基点，选取第 5 步骤创建的内腔结构实体的上表面圆心作为第二点，完成移动操作。

2）单击【建模】工具栏上或功能区【实体】选项卡的【布尔值】面板上的按钮，选中外形结构实体作为被减实体，选取内腔结构实体作为要减去的实体，完成差集操作，结果如图 4-41 所示。存盘完成该组合体三维实体的绘制。

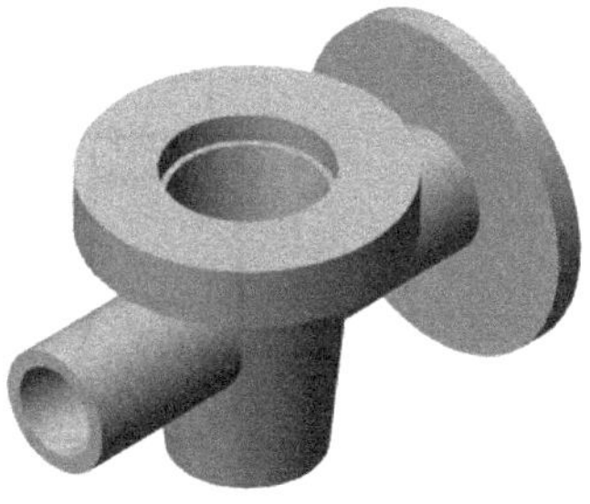

图 4-41　组合体案例 3 造型

技巧

对于具有复杂型腔的实体，最好将外形结构实体和内腔结构实体分别创建，然后分别对两实体中的所有子实体进行并集操作，最后再对这两部分实体进行差集操作，进而完成整个实体的创建。这样做的好处在于防止用户由于操作顺序不当导致型腔结构不符合预期要求，避免采取进一步处理操作而增加的三维造型工作量。

练一练

1. 根据图 4-42、图 4-43 所示的图形及尺寸，进行组合体的三维实体造型。

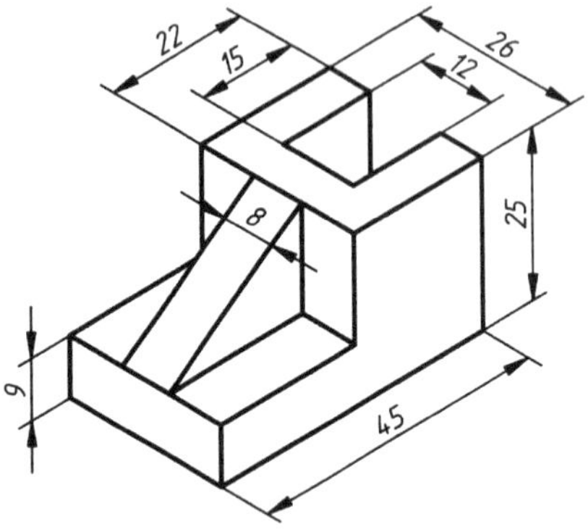

图 4-42　组合体三维造型练习一

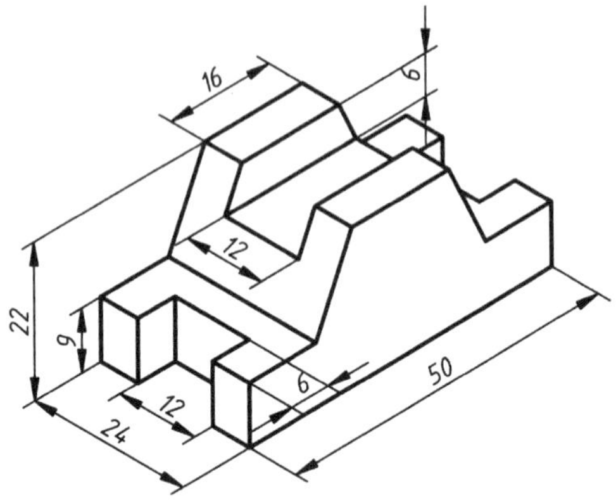

图 4-43　组合体三维造型练习二

2. 根据图 4-44 ～图 4-46 所示的组合体视图，进行组合体的三维实体造型。

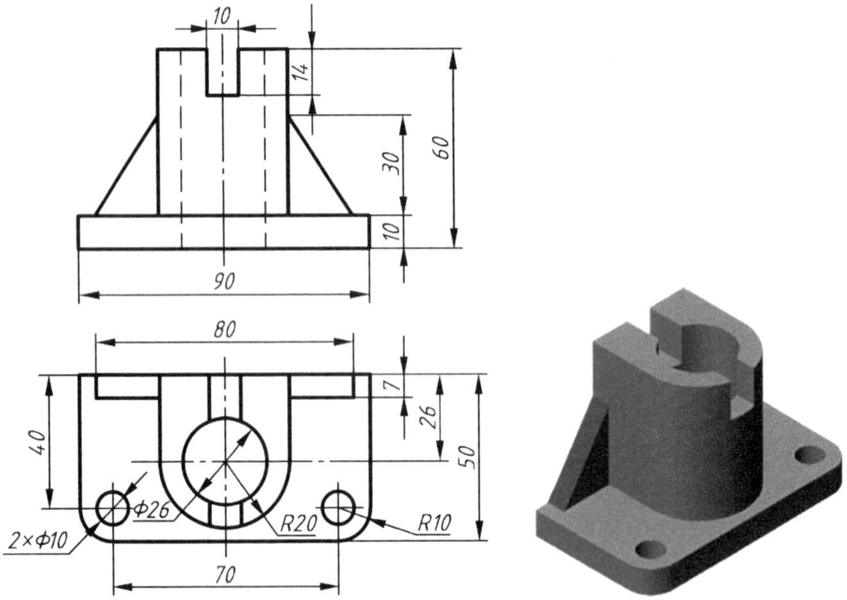

图 4-44　组合体三维造型练习三

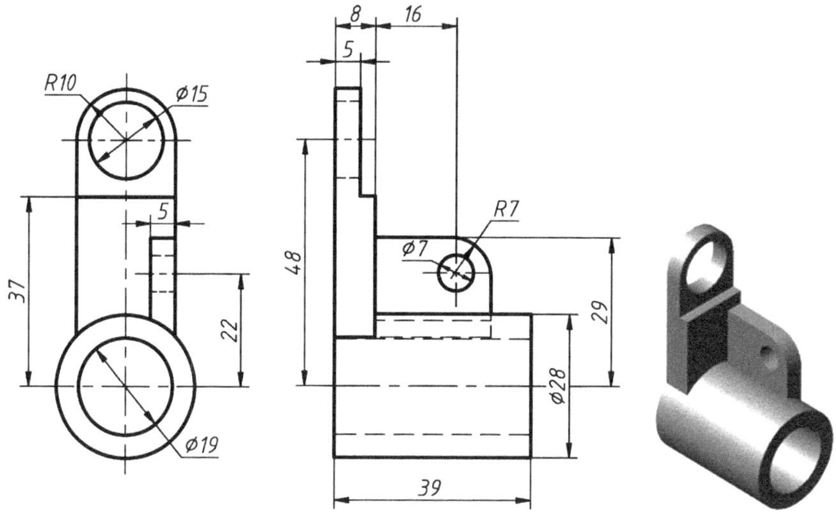

图 4-45　组合体三维造型练习四

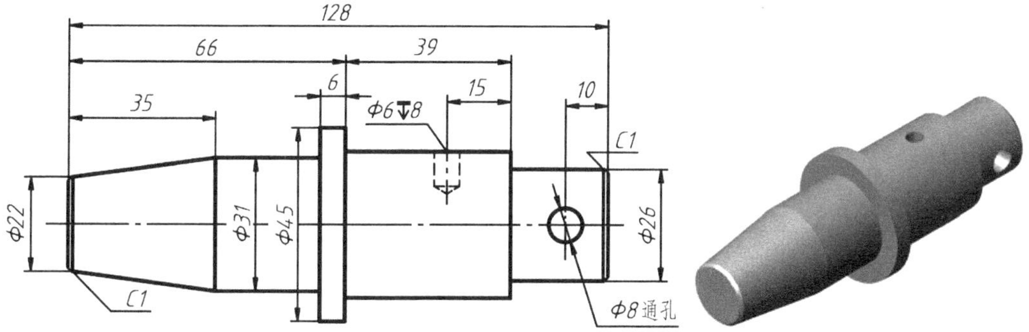

图 4-46　组合体三维造型练习五

第五章　机件的表达方法

学习导航

学习目标	掌握 AutoCAD 2013 绘制视图、剖视图、断面图及局部放大图的方法，学会机件的三维建模、编辑及渲染
学习重点	本章绘图的相关命令，各种视图的绘制方法，机件三维建模及实体编辑
相关命令	样条曲线、旋转、图案填充、比例缩放、截面、剖切、实体编辑
建议课时	6~10 课时

当机件结构形状比较复杂时，用三视图难于将它们的内外形状准确、完整、清晰地表达出来，需用国家标准规定的表达方法表示出来。本章重点介绍各种视图、剖视图、断面图和局部放大图的绘制方法。

第一节　视　　图

在机件表达中，除了基本视图，还有其他辅助视图，如局部视图和向视图。其中，在 AutoCAD 2013 中绘制向视图最重要的是要知道视图投影面与水平零度角的夹角，再设置十字光标沿着夹角方向绘制线段，利用目标捕捉方式和点的追踪功能来绘制图形。

例 5-1　绘制机件的一组视图（图 5-1）。

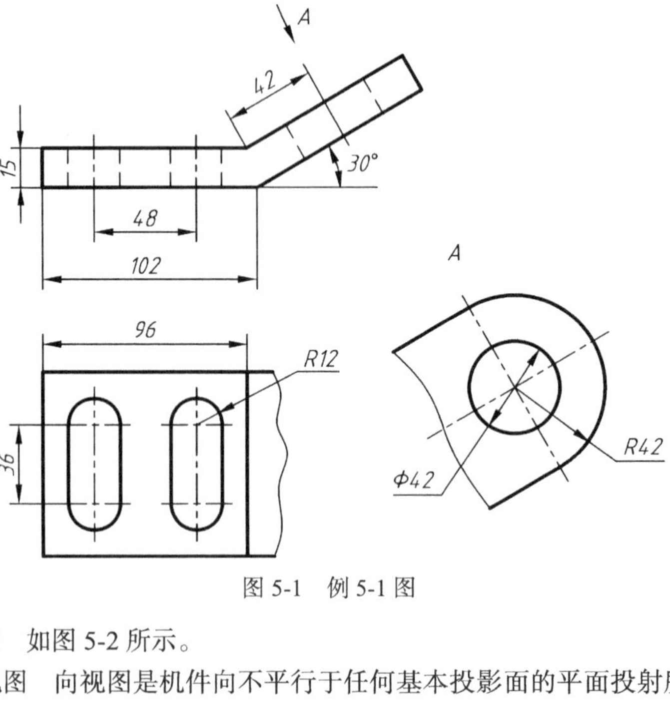

图 5-1　例 5-1 图

（1）绘制轮廓　如图 5-2 所示。

（2）绘制向视图　向视图是机件向不平行于任何基本投影面的平面投射所得的视图。为了方便作图，需采用极轴追踪功能。在状态栏极轴追踪按钮上单击右键，选择【设置】选项，或单击菜单栏【工具】→【草图设置】，出现如图 5-3 所示的对话框。

在该对话框【极轴追踪】选项卡中勾选【启用极轴追踪】项，并在【角增量】文本框中输入“30”（向视图投影面与水平零度角的夹角），单击确定完成设置。则绘制图形时光标会显示30° 或其倍角方向的追踪线，利用此追踪功能，绘出如图5-4所示的向视图。

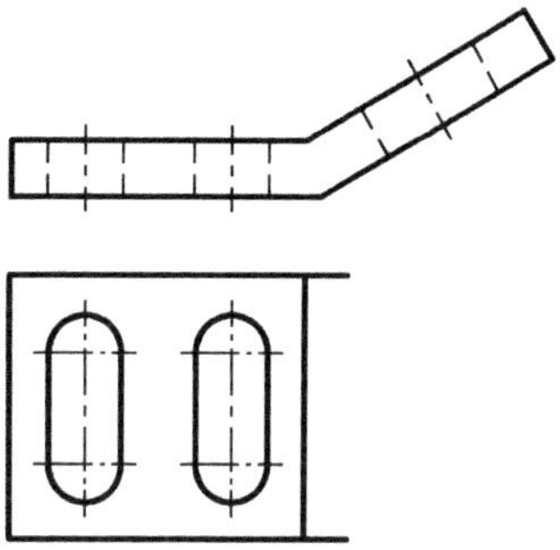

图 5-2　绘制轮廓图

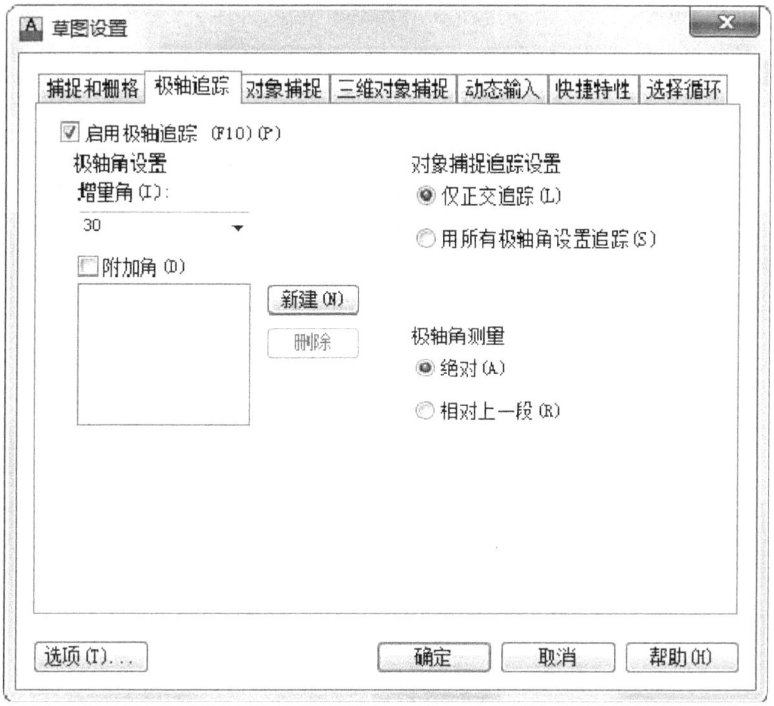

图 5-3 【草图设置】对话框

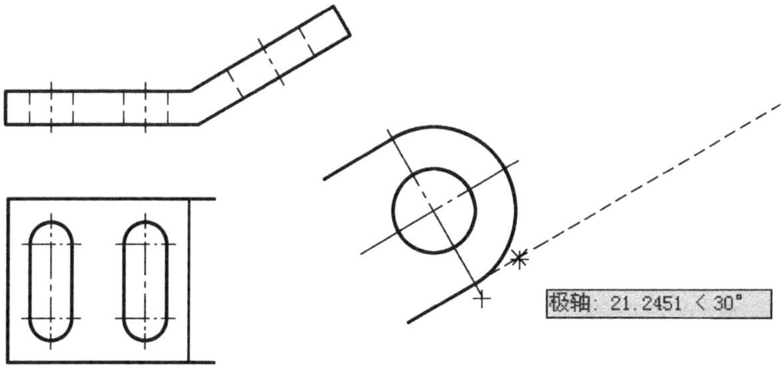

图 5-4　绘制向视图

（3）绘制样条曲线（波浪线） 在工程图中，用波浪线表示断裂边界。单击【绘图】工具栏上的 按钮或键入“SPLINE”或单击菜单栏【绘图】→【样条曲线】。命令行操作如下：

命令：SPLINE ↙

当前设置：方式＝拟合　节点＝弦

指定第一个点或 [方式(M)/节点(K)/对象(O)]:（样条曲线第一点，用最近点捕捉图 5-5 中的点 1）

输入下一个点或 [起点切向(T)/公差(L)]:（样条曲线下一点）

输入下一个点或 [端点相切(T)/公差(L)/放弃(U)]:（样条曲线下一点）

输入下一个点或 [端点相切(T)/公差(L)/放弃(U)/闭合(C)]:（样条曲线下一点）

输入下一个点或 [端点相切(T)/公差(L)/放弃(U)/闭合(C)]:（样条曲线下一点，用最近点捕捉图 5-5 中的点 5）

输入下一个点或 [端点相切(T)/公差(L)/放弃(U)/闭合(C)]: ↙（结束样条曲线下一点的输入）

提示

当命令提示行出现“起点切向:”提示时，要求确定样条曲线起始点处的切线方向，并且在光标点与起始点之间出现一根橡皮筋表示该切线方向。当前光标点位于不同位置时，即样条曲线起始点的切线方向不同时，样条曲线的形状会发生相应的变化。同理，也可以用同样的方法确定样条曲线终止点处的切线方向。

重复上述方法绘出另外一根样条曲线，得到如图 5-5 所示的图形。

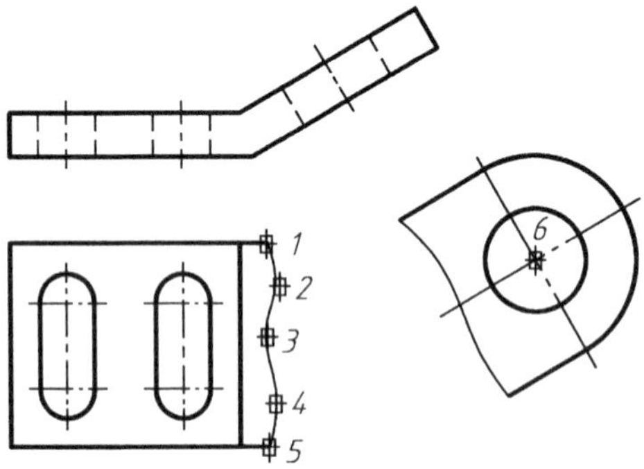

图 5-5　波浪线的绘制

（4）将视图旋转 绘制向视图过程中，有时需对向视图进行翻转，如图 5-6 所示。单击【修改】工具栏上的 按钮或键入“ROTATE”或单击菜单栏【修改】→【旋转】。命令行操作如下：

命令：ROTATE ↙

UCS 当前的正角方向：ANGDIR=逆时针 ANGBASE=0

选择对象：（用窗口选择向视图）找到 8 个

选择对象：↙（回车结束选择）

指定基点：（选取旋转基点，捕捉交点 6，见图 5-5）

指定旋转角度，或 [复制(C)/参照(R)] <0>: 30 ↙（输入旋转角度）

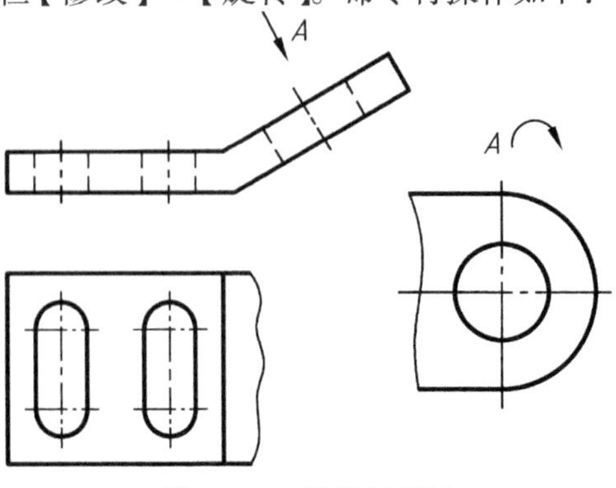

图 5-6　向视图的翻转

旋转向视图后，再将向视图移动到适当的位置，得到如图 5-6 所示的图形。

第二节 剖视图和断面图

绘制剖视图和断面图，需要在剖切面与机件的接触部分（即剖面区域）画出与材料相应的剖面符号，以便区别机件的实体与空腔部分。在 AutoCAD 2013 中，要填充剖面符号的区域应是封闭的图形，这就要求在绘制图形时应保证图形精确，尽量采用目标捕捉方式来绘制图形。

例 5-2 绘制如图 5-7 所示机件的一组图形。

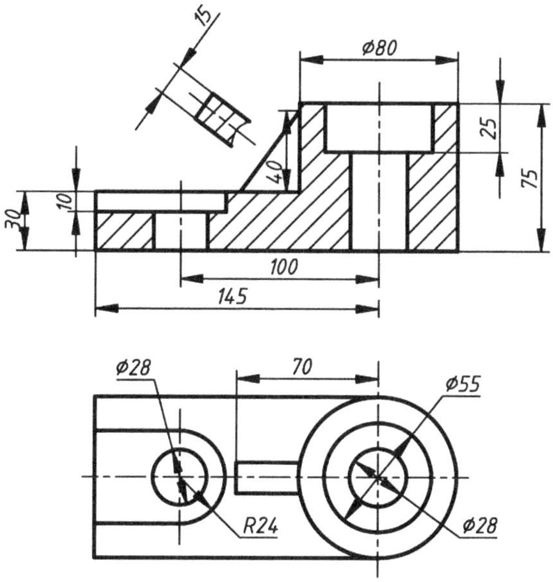

图 5-7 例 5-2 图

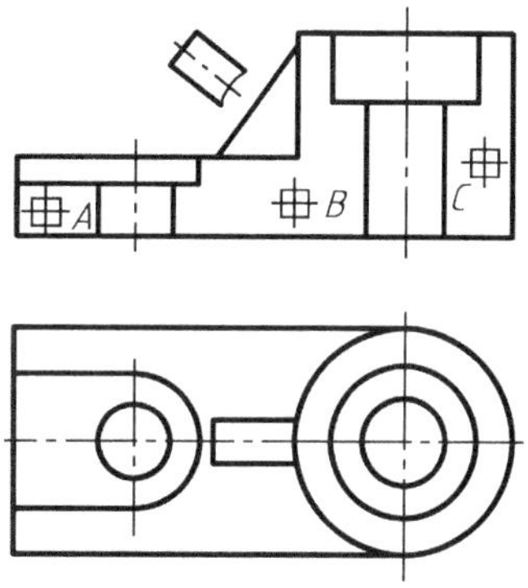

图 5-8 绘制轮廓图

（1）绘制轮廓、断面 如图 5-8 所示（过程略）。

（2）填充图案（剖面线） 在工程制图过程中，经常要把某种图案填入某一封闭区域。单击【绘图】工具栏上的按钮或键入“BHATCH”或单击菜单栏【绘图】→【图案填充】，出现如图 5-9 所示对话框。

1）选择填充图案。单击图 5-9 所示对话框【图案】下拉列表右边的…按钮，出现图 5-10 所示对话框。该对话框中显示 AutoCAD 2013 默认的所有填充图案，可从中选择需要的填充图案，金属的剖面线选用【ANSI】选项卡中的【ANSI31】类型。另外，也可以直接选取图 5-9 所示的对话框图案下拉列表中的【ANSI31】选项，实现选择剖面线填充图案。

2）输入填充图案的角度和比例。在 AutoCAD2013 中，每种填充图案在定义时旋转角为零，初始比例为 1，绘图时可以根据所绘制图形的比例和要求，适当地更改填充图案的角度和比例。在图 5-9 所示的对话框中，可在【角度】文本框中输入角度值，对于剖面线相当于改变剖面线的方向；在【比例】文本框中输入比例值，剖面线比例不同相当于剖面线间隔不同。

3）确定填充区域的边界。单击图 5-9 所示的对话框中的拾取点按钮，系统以拾取点的形式自动确定填充区域的边界。这时 AutoCAD 2013 会切换到作图屏幕，并在命令提示行出现提示：

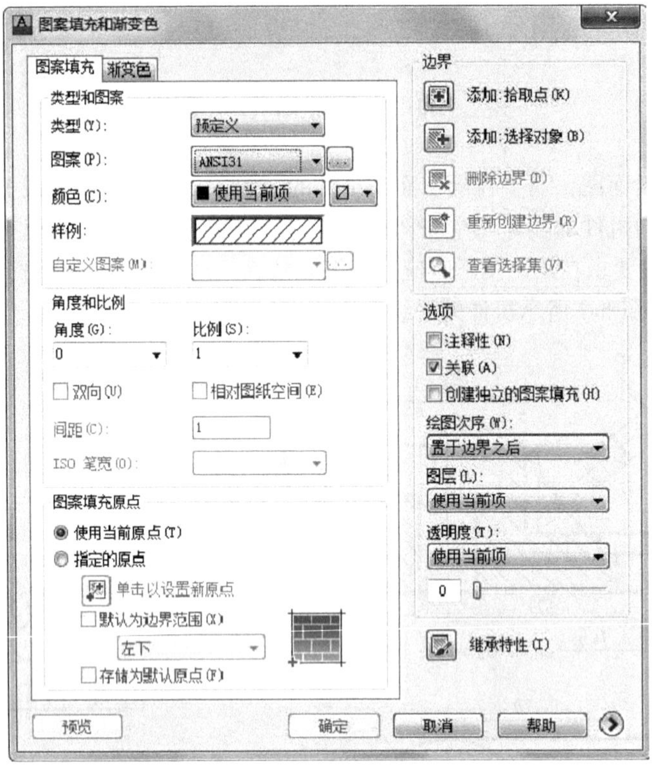

图5-9 【图案填充和渐变色】对话框

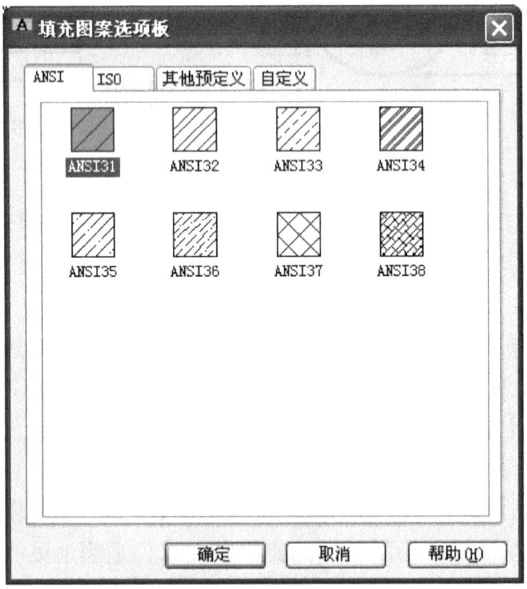

图 5-10 【填充图案选项板】对话框

选择内部点：(选择图 5-8 所示填充区域内的点 A)

AutoCAD 2013 会自动确定出包围该点的封闭填充边界，并且被选中的填充边界以高亮度显示，用户可多次选择填充区域，如图 5-8 中的 B、C 及断面填充区域。如果所选区域不能形成一个封闭的填充边界，这时系统会提示错误信息。

提示

用户也可以单击选择实体边界按钮来选择填充区域。但如果所选的实体有部分重叠或交叉，图样填充后将出现有些图形超出边界的现象，因此应尽量少用该按钮。

在 AutoCAD 2013 中，边界的定义有了比较人性化的改进，当待填充区域的边界不是封闭的时候，如果要填充图案，会弹出如图 5-11 所示的对话框。同时还会在没有封闭的边界端点处，用红色的圆圈起来，提示用户在该处封闭边界，如图 5-12 所示。

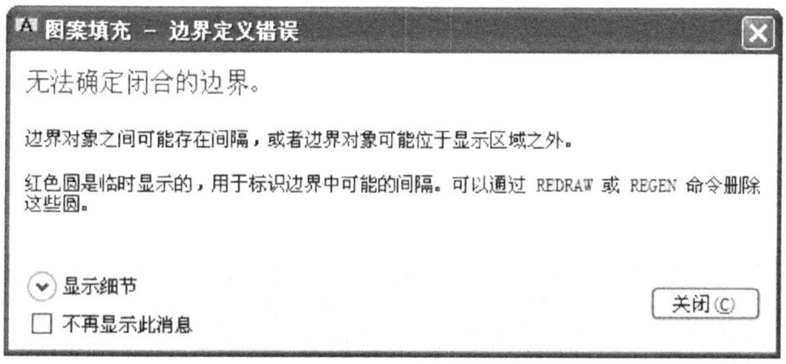

图 5-11 【边界定义错误】对话框

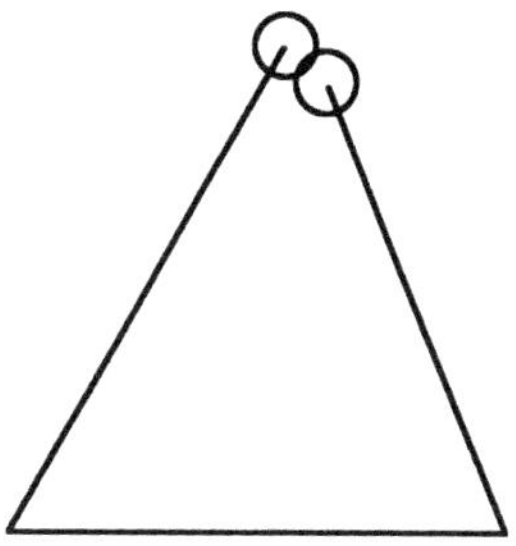

图 5-12　边界没封闭端点提示

4）执行填充图案。定义好填充区域后，单击鼠标右键或按回车键，又出现图 5-9 所示的对话框，单击该对话框的确定按钮，结束填充图案操作，按指定的方式进行图案填充得到如图 5-7 所示的剖面图形。

技巧

在机械工程图中，一般要求同一张图样中的同一个零件在不同视图中的剖面线要间隔相同，方向一致，采用图案填充的继承特性功能可以方便地保证这种要求。继承特性功能是指利用当前已有区域的填充图样来设置新区域的填充图样，即新图样继承原图样的特征参数，包括填充图样名称、旋转角度、填充比例、间隔距离及ISO笔宽等。

第三节　局部放大图

局部放大图形是指用大于原图形所采用的比例画出的图形。在 AutoCAD 2013 中，采用缩放命令便可实现对图形实际尺寸进行比例放大或缩小。

例 5-3　绘制如图 5-13 所示图形。

（1）绘制轮廓（略）

（2）复制图形，剪切、删除多余图线，并绘制样条曲线　对于局部放大图形，需复制用细实线圆圈出的放大部位，再剪切、删除多余的图线，并绘制适当的样条曲线，得到如图 5-14 所示的图形。

（3）缩放图形　单击【修改】工具栏上的□按钮或键入“SCALE”或单击菜单栏【修改】→【缩放】。命令行操作如下：

命令：SCALE ↙

选择对象：（选择图 5-14 右边局部放大的图形）找到 14 个

选择对象：↙

指定基点：适当位置点（选择缩放基点）

指定比例因子或 [复制 (C)/ 参照 (R)]: 2 ↙（输入缩放绝对比例系数）

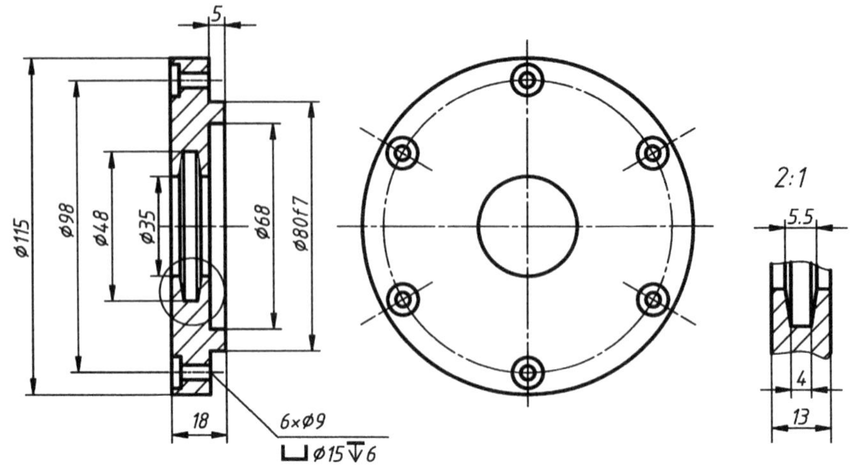

图 5-13　例 5-3 图

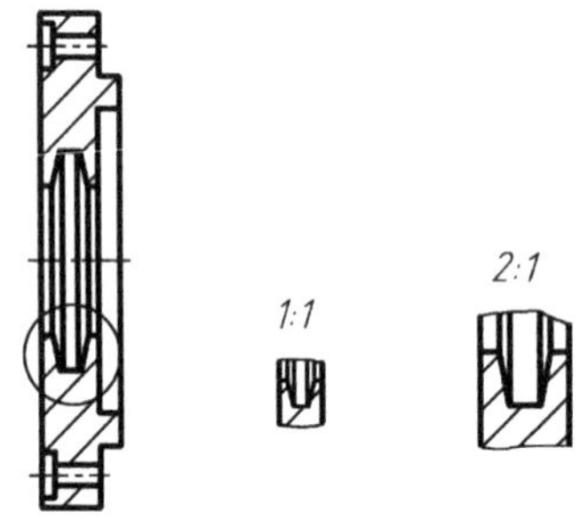

图 5-14　复制、缩放局部放大部位

操作结果如图 5-14 所示，注意剖面线的一致性。

提示

该命令中的【参照（R）】选项是指按参照长度和指定的新长度缩放所选对象。操作过程如下：

指定比例因子或[参照（R）]：R↙

指定参照长度 <1>：（指定距离或按回车键）

指定新长度：(指定距离)

如果新长度大于参照长度，对象将放大，反之将缩小。

第四节　机件的三维实体造型

AutoCAD 2013 为用户提供了强大的机件三维实体造型及编辑功能。

例 5-4　读懂图 5-15a 所示机件的视图，进行三维造型。

造型步骤如下：

（1）建立一新图，并设置绘图环境，如图层等(过程略)。与绘制二维图形一样，在三维造型前也应设置绘图环境，如创建绘制过程中所需要的图层、绘图单位等，并将其制作为样板图形。

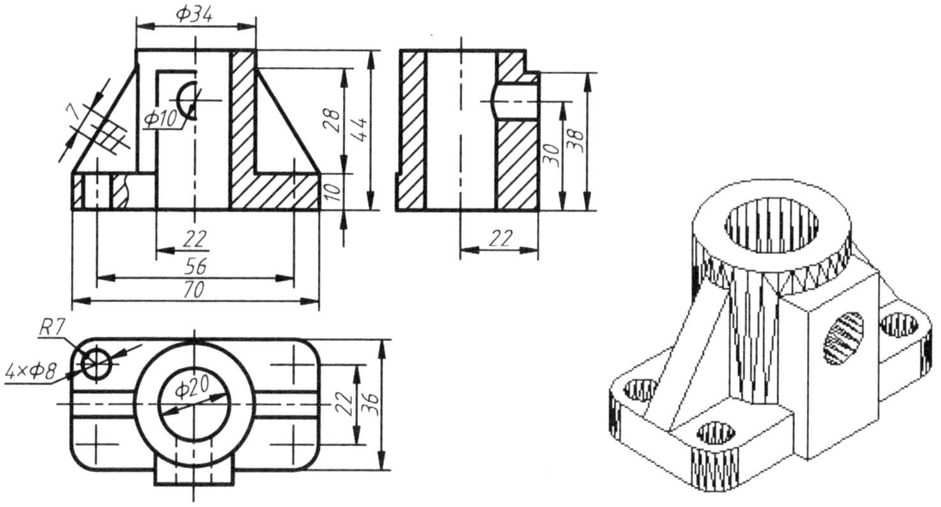

图 5-15 机件的一组视图及三维造型

（2）建立三维实体模型

1）绘制一个长 70、宽 36、高 10 的长方体。

命令：BOX ↙

指定第一个角点或 [中心 (C)]:（任选一点作为该长方体的角点）

指定其他角点或 [立方体 (C)/ 长度 (L)]: L ↙

指定长度：70 ↙

指定宽度：36 ↙

指定高度或 [两点 (2P)]: 10 ↙

2）单击【视图】工具栏上的按钮，并单击【UCS】工具栏上的按钮，选择新的坐标系，按命令提示进行如下操作：

命令：UCS ↙

当前 UCS 名称：* 世界 *

指定 UCS 的原点或 [面 (F)/ 命名 (NA)/ 对象 (OB)/ 上一个 (P)/ 视图 (V)/ 世界 (W)/X/Y/Z/Z 轴 (ZA)] < 世界 >: 3

指定新原点 <0,0,0>:（选择长方体的一个顶点作为坐标原点）

在正 X 轴范围上指定点 <1657.1498,1174.8113,0.0000>:（选择正 X 轴方向）

在 UCS XY 平面的正 Y 轴范围上指定点 <1657.1498,1174.8113,0.0000>:（选择正 Y 轴方向）

操作结果如图 5-16 所示。

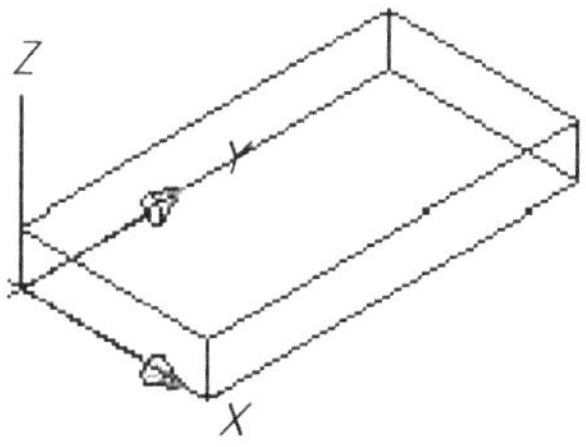

图 5-16 创建长方体

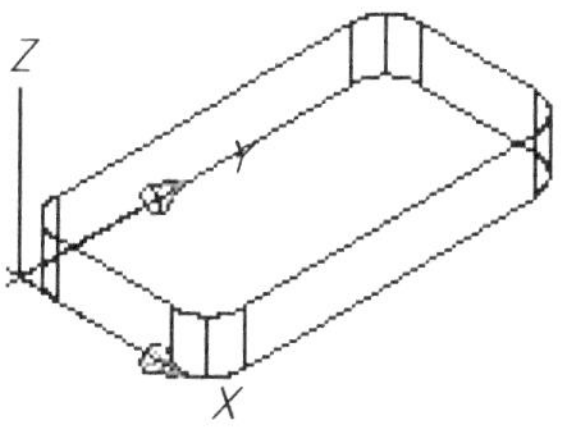

图 5-17 对长方体修圆角

3）对长方体垂直方向的四条棱边修圆角。单击【修改】工具栏上的按钮或键入“FILLET”或单击菜单栏【修改】→【圆角】。命令行操作如下：

命令：FILLET ↙

当前设置：模式 = 修剪，半径 = 0.0000(当前模式以及默认半径命令)

选择第一个对象或 [多段线 (P)/ 半径 (R)/ 修剪 (T)/ 多个 (U)]: R ↙（修改半径）

指定圆角半径 <7.0000>: 7 ↙（指定半径大小）

选择第一个对象或 [多段线 (P)/ 半径 (R)/ 修剪 (T)/ 多个 (U)]:（选择需要修改的棱边）

输入圆角半径 <7.0000>: ↙（按回车键确认）

选择边或 [链 (C)/ 半径 (R)]:（选择其他需要修改的棱边）

选择边或 [链 (C)/ 半径 (R)]:（选择其他需要修改的棱边）

选择边或 [链 (C)/ 半径 (R)]:（选择其他需要修改的棱边）

选择边或 [链 (C)/ 半径 (R)]: ↙（按回车键结束对象选择）已选定 4 个边用于圆角。

操作结果如图 5-17 所示。

提示

圆角命令既可以编辑三维实体，也可以编辑二维图形。对于三维编辑，该命令作用的对象是两个面相交的棱边；对于二维编辑，该命令作用的对象一般是两条直线段形成的角点，具体操作详见第六章第一节。另外，倒角命令的操作与圆角命令相同，此处不再赘述。

4）创建一个圆柱体，半径为 *R*4，高度为 10，结果如图 5-18 所示。

命令：CYLINDER ↙

当前线框密度： ISOLINES=4

指定圆柱体底面的中心点或 [椭圆 (E)] <0,0,0>: 7,7,0 ↙

指定圆柱体底面的半径或 [直径 (D)]: 4 ↙

指定圆柱体高度或 [另一个圆心 (C)]: 10 ↙

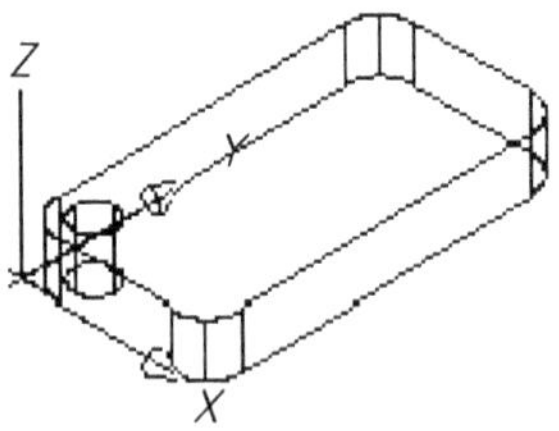

图 5-18 创建圆柱体

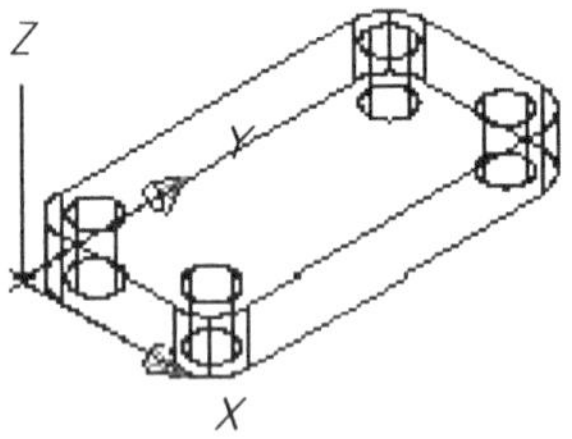

图 5-19 复制圆柱体

5）利用复制命令绘制其余各圆柱体，结果如图 5-19 所示。

命令：COPY ↙

选择对象：（选择圆柱体）

选择对象：↙

指定基点或位移：（捕捉该圆柱体下底面的圆心）指定位移的第二点或 < 用第一点作位移 >: @0,56,0 ↙

指定位移的第二点：@22,0，0 ↙

指定位移的第二点：@22,56,0 ↙

指定位移的第二点：↙

6）单击【建模】工具栏上按钮，利用布尔运算中的差集命令从长方体中减去四个圆柱体（过程略），结果经消隐操作后如图 5-20 所示。

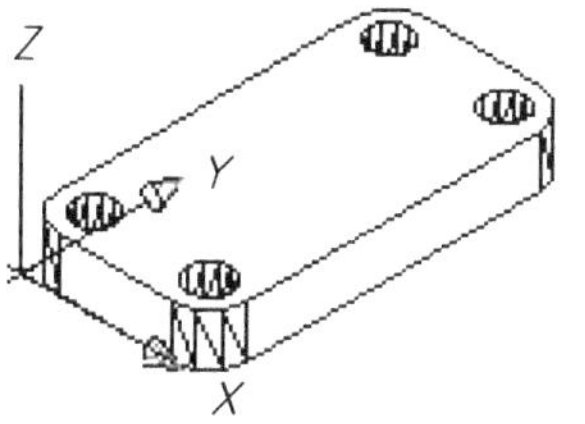

图 5-20　经差集运算后的长方体

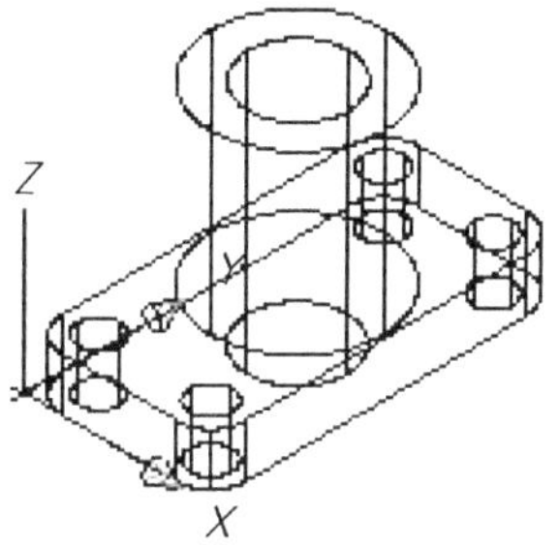

图 5-21　创建两个圆柱体

7）利用圆柱体命令创建两个圆柱体，圆心分别为 (18,35,10) 和 (18,35,0)，半径分别为 *R*17 和 *R*10，高度分别为 34 和 44，具体过程略。操作结果如图 5-21 所示。

8）绘制截面。键入“SECTION”，按命令提示进行如下操作：

命令：SECTION ↙

选择对象：（选择半径为 *R*17 的圆柱体）

选择对象：（选择带圆角的长方体）

选择对象：↙

指定截面上的第一个点，依照 [对象 (O)/Z 轴 (Z)/ 视图 (V)/XY 平面 (XY)/YZ 平面 (YZ)/ZX 平面 (ZX)/ 三点 (3)] < 三点 >: yz ↙（选择 YZ 面作为截面）

指定 YZ 平面上的点 <0,0,0>: 18,0,0 ↙（指定截面经过的点）

命令：↙（重复执行该命令）

选择对象：（选择半径为 *R*17 的圆柱体）

选择对象：↙

指定截面上的第一个点，依照 [对象 (O)/Z 轴 (Z)/ 视图 (V)/XY 平面 (XY)/YZ 平面 (YZ)/ZX 平面 (ZX)/ 三点 (3)] < 三点 >: xy ↙（选择 XY 面作为截面）

指定 XY 平面上的点 <0,0,0>: 0,0,38 ↙（指定截面经过的点）

结果如图 5-22 所示（注意：加注黑框只是为了显示绘图效果，以下同）。

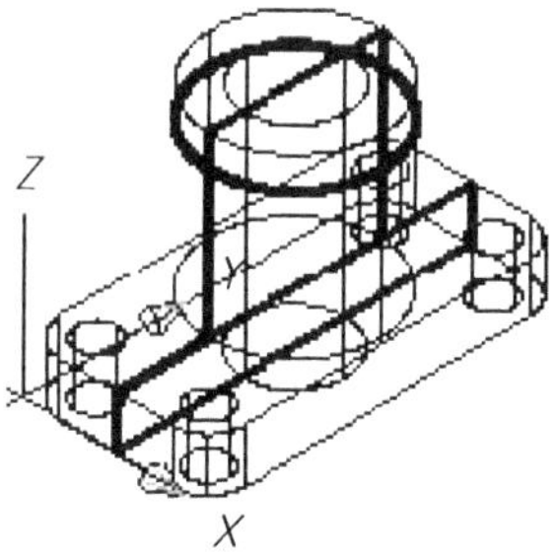

图 5-22　绘制截面

提示

截面命令可使用某一平面切割实体，得到实体的截面面域。可利用移动命令将截面拉出观察，使用该命令对原来的实体没有任何影响。

9）单击【UCS】工具栏上的按钮，将坐标系统 Y 轴旋转 90°。命令行操作如下：

命令：UCS ↙

当前 UCS 名称：* 没有名称 *

输入选项 [新建 (N)/ 移动 (M)/ 正交 (G)/ 上一个 (P)/ 恢复 (R)/ 保存 (S)/ 删除 (D)/ 应用 (A)/?/ 世界 (W)] < 世界 >: y

指定绕 Y 轴的旋转角度 <90>: ↙ (按回车键使用默认设置)

10）利用多段线命令绘制封闭三角形。

命令：PLINE ↙

指定起点：(捕捉长方体上底面左边棱线的中点)

当前线宽为 0.0000

指定下一个点或 [圆弧 (A)/ 半宽 (H)/ 长度 (L)/ 放弃 (U)/ 宽度 (W)]: 18 ↙ (打开正交沿 Y 轴方向直接输入宽度 18)

指定下一点或 [圆弧 (A)/ 闭合 (C)/ 半宽 (H)/ 长度 (L)/ 放弃 (U)/ 宽度 (W)]: -28 ↙ (打开正交沿 X 轴方向直接输入宽度 -28，表示 -X 轴方向)

指定下一点或 [圆弧 (A)/ 闭合 (C)/ 半宽 (H)/ 长度 (L)/ 放弃 (U)/ 宽度 (W)]: C ↙

操作结果如图 5-23 所示。

11）单击【UCS】工具栏上的按钮，返回原坐标系 (图 5-22 所示的坐标系)。利用拉伸命令对封闭三角形拉伸为一个高度为 7 的楔体，利用移动命令将其沿 X 轴方向移动 -4，结果如图 5-24 所示。

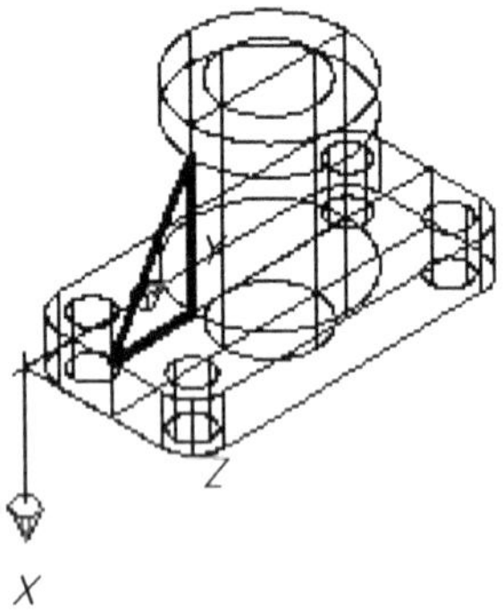

图 5-23　绘制封闭三角形

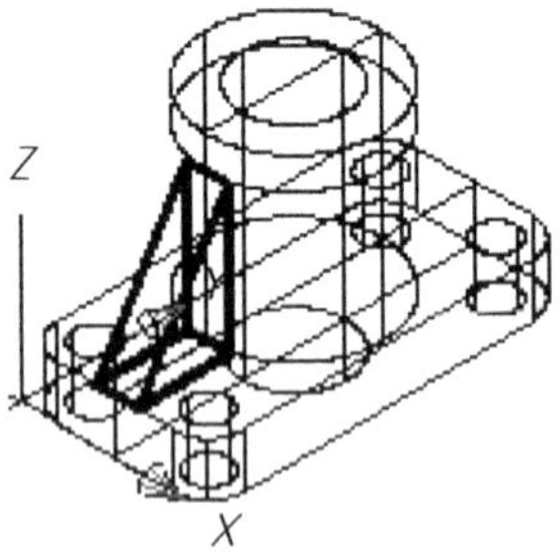

图 5-24　拉伸并移动图形

12）单击【视图】工具栏上的按钮，进入主视图，利用镜像命令复制出右边的楔块，单击【视图】工具栏上的按钮，返回西南等轴测视图，结果如图 5-25 所示。

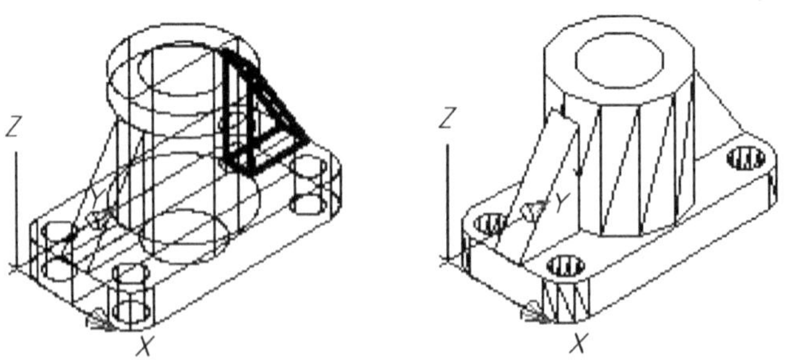

a)　b)

图 5-25　镜像操作

a) 镜像后的图形　b) 经过消隐的图形

13）调用长方体命令，以点 (18,24,0) 为角点绘制出一个长 22、宽 22、高 38 的长方体，结果如图 5-26 所示。

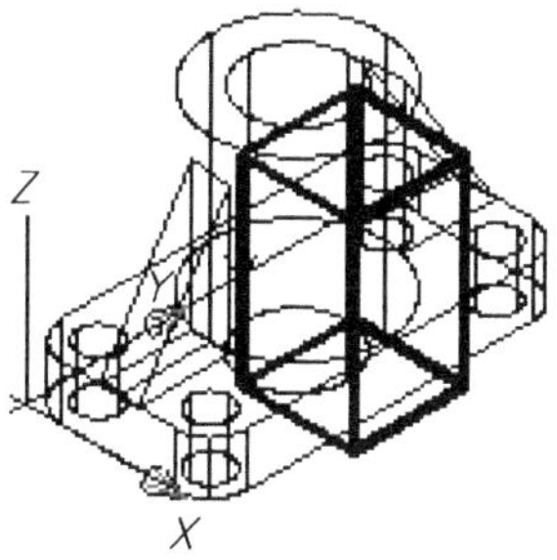

图 5-26　绘制长方体图

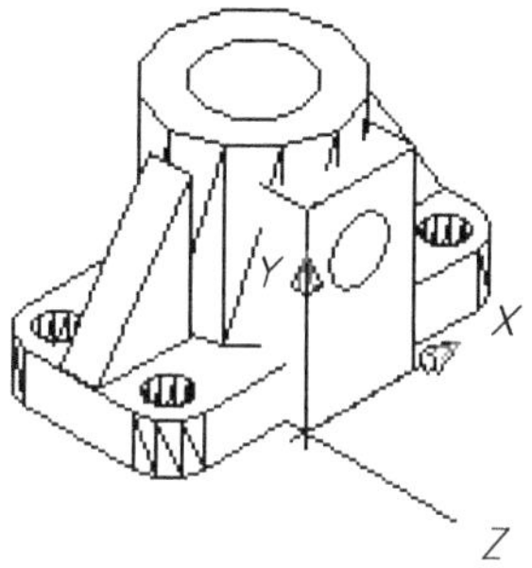

图 5-27　绘制圆柱体

14）单击【UCS】工具栏上的按钮，改变坐标原点及坐标轴，并利用圆柱体命令以点 (11,30，0) 为底面中心，绘制一个半径为 $R5$，高度为 −22 的圆柱体，结果如图 5-27 所示。

15）利用布尔运算先“并集”、再“差集”，经消隐后该机件的实体造型如图 5-28 所示。至此，该机件的三维建模完成。

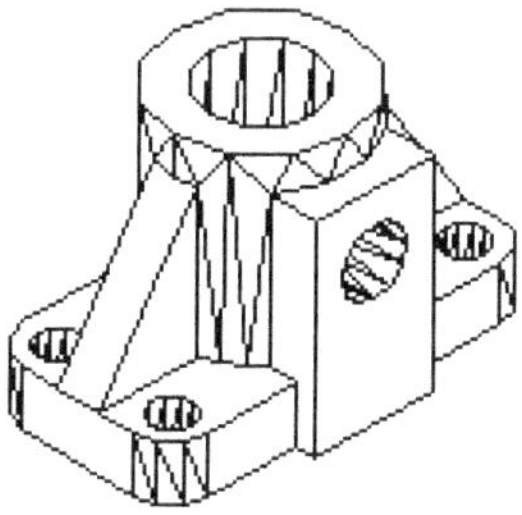

图 5-28　经布尔运算及消隐后的机件实体

提示

在机件的表达中，常常会利用剖切命令和截面命令来观察机件的内部结构及其断面形状。

① 机件的剖切。单击【建模】工具栏上的按钮或键入“SLICE”或单击菜单栏【修改】→【三维操作】→【剖切】。命令行操作如下：

命令：SLICE ↙

选择对象：（选择该机件的三维图形）

选择对象：↙（回车结束选择）

指定切面上的第一个点，依照 [对象 (O)/Z 轴 (Z)/ 视图 (V)/XY 平面 (XY)/YZ 平面 (YZ)/ZX 平面 (ZX)/ 三点 (3)] < 三点 >: YZ ↙（以图 5-27 所示坐标系的 YZ 平面为剖切面上的第一点）

指定 YZ 平面上的点 <0,0,0>:（选择半径为 $R5$ 的圆柱的圆心）

在要保留的一侧指定点或 [保留两侧 (B)]:（任意选择该图形的右边一点作为保留部分，其结果如图 5-29a 所示）

注意：若此时选择 B 选项，则保留了两侧，实际上该立体此时已变为两部分，如图 5-29b 所示。

② 机件的截面。命令行操作如下：

命令：SECTION ↙

选择对象：（选择该机件的三维图形）

选择对象：↙（回车结束选择）

指定截面上的第一个点，依照 [对象 (O)/Z 轴 (Z)/ 视图 (V)/XY 平面 (XY)/YZ 平面 (YZ)/ZX

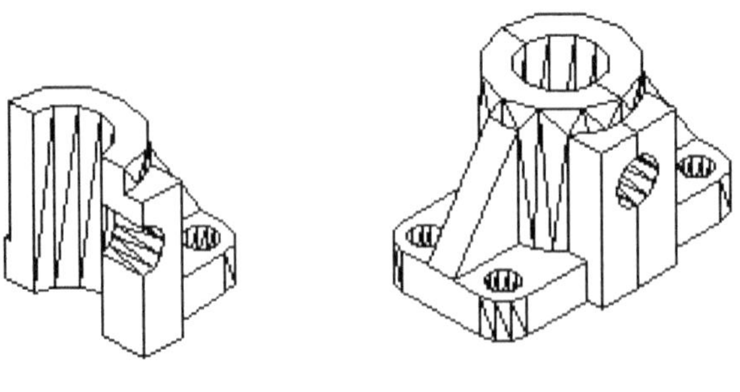

a)　　b)

图 5-29　剖切操作

a) 保留一侧　b) 保留两侧

平面 (ZX)/ 三点 (3)] < 三点 >: ZX ↙ (以图 5-27 中所示坐标系的 ZX 平面为剖切面上的第一点)

指定 ZX 平面上的点 <0,0,0>: (选择半径为 *R*5 的圆柱的圆心)

结果如图 5-30a 所示。

利用移动命令移动该截面图，结果如图 5-30b 所示。

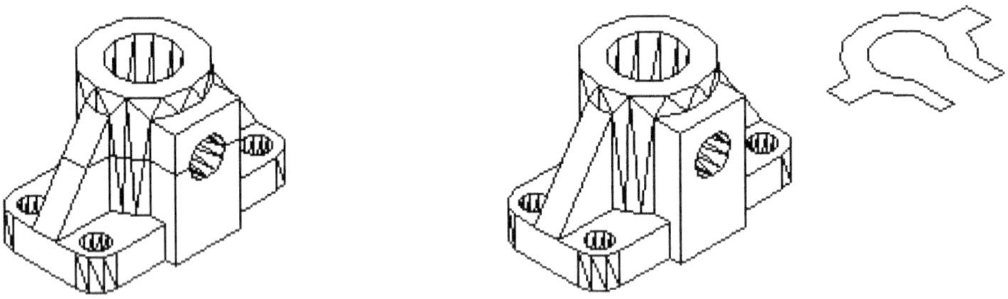

a)　　b)

图 5-30　截面操作

a) 截面命令操作　b) 移动截面

（3）编辑三维实体对象　在 AutoCAD 2013 中,用户可以对实体进行“分解”、“圆角”、“倒角”、“剖切”及“切割”等编辑操作。另外，可以使用【实体编辑】工具栏或菜单【修改】→【实体编辑】子菜单中的命令对实体面进行拉伸、移动、偏移、旋转、倾斜、着色和复制等操作，如图 5-31 所示。

如要将图 5-32a 中圆柱筒的面拉伸 10 个单位，则可单击【实体编辑】工具栏上的按钮或键入“SOLIDEDIT”或单击菜单栏【修改】→【实体编辑】→【拉伸面】命令。命令行操作如下：

命令 : SOLIDEDIT ↙

实体编辑自动检查 :　SOLIDCHECK=1

输入实体编辑选项 [面 (F)/ 边 (E)/ 体 (B)/ 放弃 (U)/ 退出 (X)] < 退出 >: F

输入面编辑选项 [拉伸 (E)/ 移动 (M)/ 旋转 (R)/ 偏移 (O)/ 倾斜 (T)/ 删除 (D)/ 复制 (C)/ 着色 (L)/ 放弃 (U)/ 退出 (X)] < 退出 >: E

图 5-31 【实体编辑】子菜单及工具栏

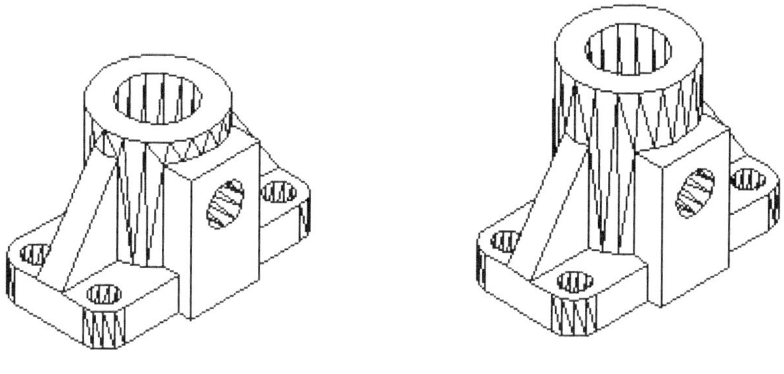

a)　　　　　　　　　　b)

图 5-32　拉伸面操作

a) 待拉伸的实体　b) 拉伸后的实体

选择面或 [放弃 (U)/ 删除 (R)]:(选择图 5-32a 所示圆柱筒所在的上表面)

选择面或 [放弃 (U)/ 删除 (R)/ 全部 (ALL)]: ↙ (可多次选择，回车表示结束实体面的选择)

指定拉伸高度或 [路径 (P)]: 10 ↙ (输入拉伸高度)

指定拉伸的倾斜角度 <0>: ↙ (回车使用默认角度)

不能拉伸非平面，操作将被忽略。

已开始实体校验。

已完成实体校验。

输入面编辑选项 [拉伸 (E)/ 移动 (M)/ 旋转 (R)/ 偏移 (O)/ 倾斜 (T)/ 删除 (D)/ 复制 (C)/ 着色 (L)/ 放弃 (U)/ 退出 (X)] < 退出 >: ↙ (可多次编辑实体面，回车表示结束实体面的编辑)

实体编辑自动检查： SOLIDCHECK=1

输入实体编辑选项 [面 (F)/ 边 (E)/ 体 (B)/ 放弃 (U)/ 退出 (X)] < 退出 >: ↙ (回车结束操作)

操作结果如图 5-32b 所示。

例 5-5 读懂阀体的一组视图，并进行三维造型（图 5-33）。

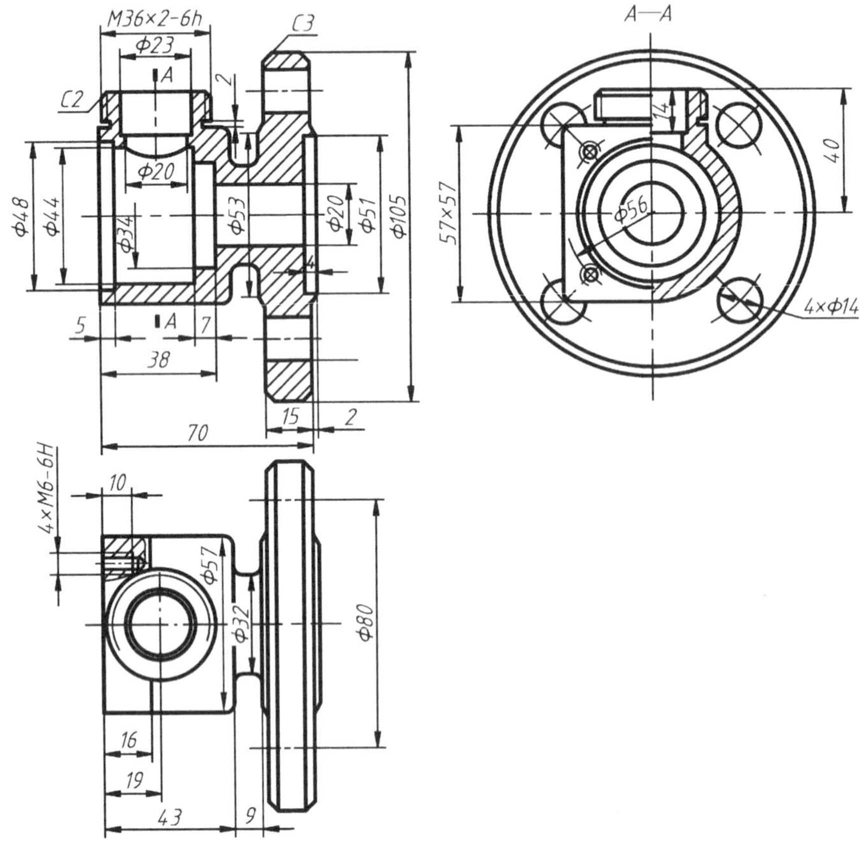

图 5-33 阀体的一组视图

绘图步骤如下：

（1）建立一新图，并设置绘图环境 (过程略)

（2）建立三维实体模型

1）分析阀体结构形状，确定造型方式。左端外形为方板，尺寸 57 × 57，使用拉伸命令造型；中间至右端分别为 ϕ57、ϕ32、ϕ105 的回转体，使用旋转命令造型；左端上方为 M36 的螺纹、回转体结构，使用旋转命令造型；内腔结构均为回转孔，使用旋转命令造型；左端 4 个螺纹孔和右端 4 个 ϕ14 的光孔均匀分布，可使用阵列命令。

2）方板造型。在原零件图左视图中，使用标准工具栏复制按钮 ，把方板轮廓及圆心定位中心线复制到剪贴板上；在三维环境下，单击视图工具栏中的左视按钮，再用标准工具栏的粘贴按钮，结果如图 5-34a 所示。

提示

在二维零件图上复制复杂结构的图形，可以简化三维建模的操作。对结构图框清晰的图形，可使用菜单【绘图】中的【边界】命令。

使用绘图命令对称，完成方板二维特征图的绘制，关闭点画线层，使用【面域】命令，结果如图 5-34b 所示。

使用【建模】工具栏中的拉伸命令图标，拉伸方板，高度为 16，结果如图 5-34c 所示。

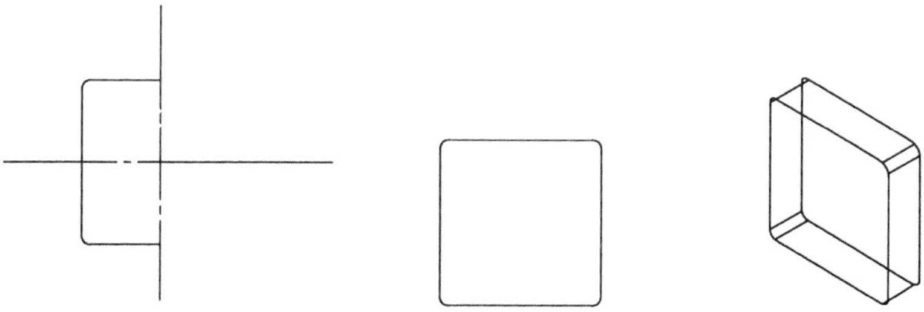

a)　　b)　　c)

图 5-34　方板造型

3）主体造型。同样使用二维零件图轮廓线，复制后粘贴到三维绘图环境中。主体轮廓粘贴到三维绘图环境中时，三维绘图状态应改为【主视图】状态，结果如图 5-35a 所示。

技巧

阀体圆柱$\phi57$的长度可以根据方板中心定位在左侧或右侧来确定，本例中取左侧定位，所以圆柱$\phi57$的长度取43。

把主体轮廓做成面域，使用【建模】工具栏中旋转命令图标，旋转 360° ，结果如图 5-35b 所示。

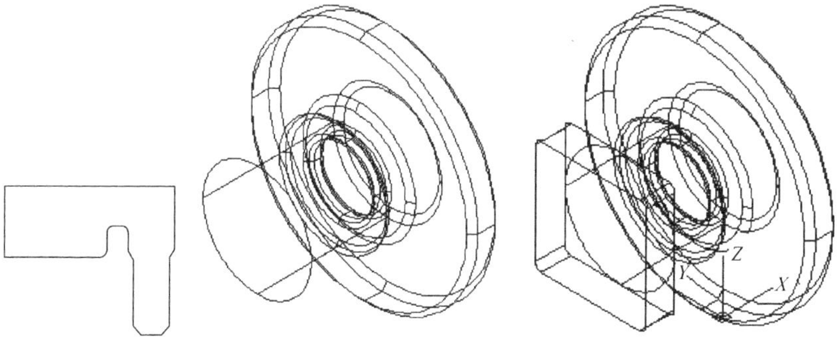

a)　　b)　　c)

图 5-35　阀体主体造型

4）使用移动命令，以主体左端圆心为基点，移至方板中心，然后运用【布尔】中的【并集】命令合成整体，结果如图 5-35c 所示。

5）螺纹造型。阀体左侧上部为带螺纹的圆柱，螺纹造型在此使用模拟形式，先画 60º 牙型，利用阵列命令完成牙型部分的绘制，如图 5-36 所示。

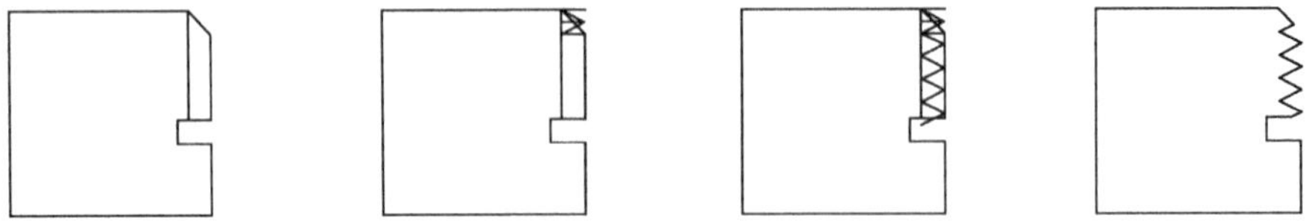

a) b) c) d)

图 5-36 螺纹牙型

单击【修改】工具栏上的按钮，或键入“ARRAYRECT”或单击菜单栏【修改】→【阵列】→【矩形阵列】命令行操作如下：

命令：ARRAYRECT ↙

选择对象：找到 1 个

选择对象：↙

类型 = 矩形 关联 = 是

选择夹点以编辑阵列或 [关联 (AS)/ 基点 (B)/ 计数 (COU)/ 间距 (S)/ 列数 (COL)/ 行数 (R)/ 层数 (L)/ 退出 (X)] < 退出 >: B ↙（选择基点）

指定基点或 [关键点 (K)] < 质心 >:（光标选择）

选择夹点以编辑阵列或 [关联 (AS)/ 基点 (B)/ 计数 (COU)/ 间距 (S)/ 列数 (COL)/ 行数 (R)/ 层数 (L)/ 退出 (X)] < 退出 >: COU ↙

输入列数数或 [表达式 (E)] <4>: 1 ↙（1 列）

输入行数数或 [表达式 (E)] <3>: 5 ↙（5 行）

选择夹点以编辑阵列或 [关联 (AS)/ 基点 (B)/ 计数 (COU)/ 间距 (S)/ 列数 (COL)/ 行数 (R)/ 层数 (L)/ 退出 (X)] < 退出 >: S ↙

指定列之间的距离或 [单位单元 (U)] <3>: ↙

指定行之间的距离 <3.2321>:2 ↙（螺距为 2）

选择夹点以编辑阵列或 [关联 (AS)/ 基点 (B)/ 计数 (COU)/ 间距 (S)/ 列数 (COL)/ 行数 (R)/ 层数 (L)/ 退出 (X)] < 退出 >: ↙

将图 5-36d 所示的图形做成面域，使用【建模】工具栏中的旋转命令按钮，旋转 360º，结果如图 5-37 所示。

图 5-37 圆柱外螺纹造型

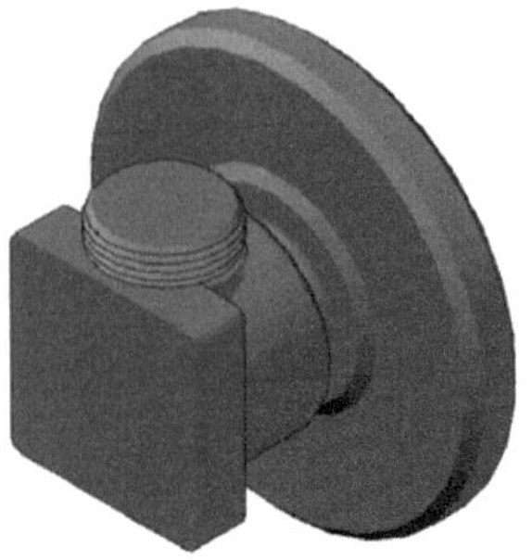

图 5-38 阀体外形

6）根据定位尺寸 19、40，将带螺纹的圆柱移动至相应的位置，然后运用【布尔】中的【并集】命令合成整体，如图 5-38 所示。

7）内腔孔的造型。按照上述方法，在零件二维图中复制阀体内腔孔，选定三维绘图环境中的【主视图】状态粘贴，结果如图 5-39 所示。

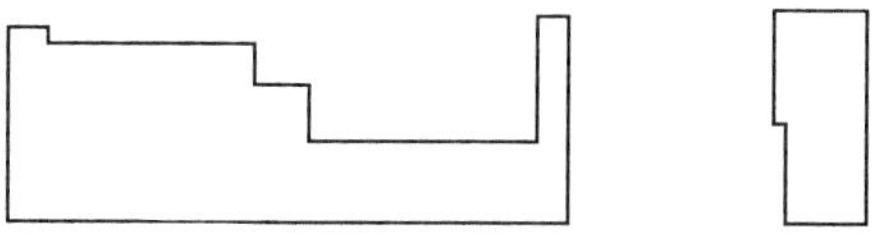

图 5-39　阀体内腔孔轮廓

技巧

阀体螺纹圆柱的内腔孔若是在主视图上截取的，孔ϕ20的长度要延长。

把图 5-39 所示的图形做成面域，单击【建模】工具栏中旋转命令图标，旋转 360°，得到图 5-40a 所示的立体。然后用移动命令移到相应的位置，如图 5-40b 所示。运用【布尔】中的【差集】命令，挖出阀体内腔，结果如图 5-40c 所示。

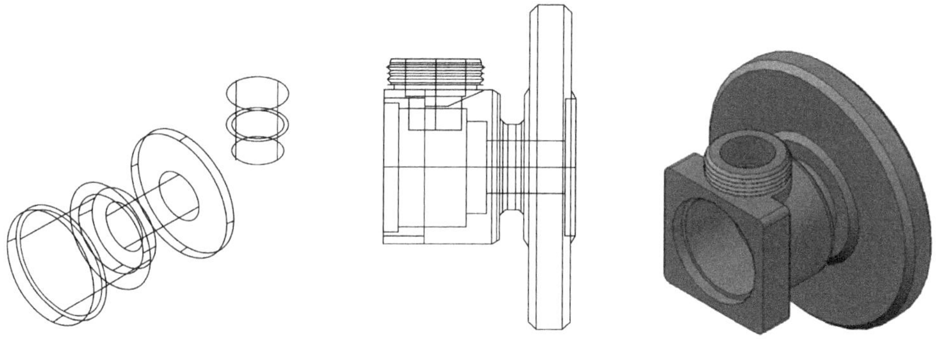

a)　　b)　　c)

图 5-40　阀体内腔孔

8）方板左侧螺纹孔的造型。先绘制螺纹牙型（图 5-41a），然后造型（图 5-41b）。

a)　　b)

图 5-41　螺纹孔的造型

将螺纹柱体移至方板孔的位置上（保留二维图中心线），如图 5-42a 所示，使用【阵列】命令中的【环形阵列】。命令行操作如下：

命令：ARRAYPOLAR ↙

选择对象：找到 1 个

选择对象：↙

类型 = 极轴　关联 = 是

指定阵列的中心点或 [基点 (B) / 旋转轴 (A)]:（光标点取方板中心）

选择夹点以编辑阵列或 [关联 (AS) / 基点 (B) / 项目 (I) / 项目间角度 (A) / 填充角度 (F) / 行 (ROW) / 层 (L) / 旋转项目 (ROT) / 退出 (X)] < 退出 >: I ↙

输入阵列中的项目数或 [表达式 (E)] <6>: 4 ↙

选择夹点以编辑阵列或 [关联 (AS) / 基点 (B) / 项目 (I) / 项目间角度 (A) / 填充角度 (F) / 行 (ROW) / 层 (L) / 旋转项目 (ROT) / 退出 (X)] < 退出 >: ↙

阵列结束，结果如图 5-42b 所示，运用【布尔】中的【差集】命令，挖出螺孔，如图 5-42c 所示。

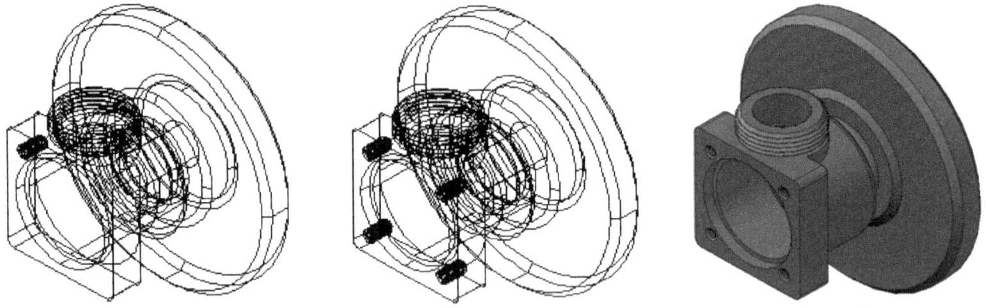

a)　　b)　　c)

图 5-42　方板螺纹孔

9）阀体右侧圆柱板上 4 个均匀分布的 ϕ14 圆柱孔的造型。可先画出圆的位置、大小，然后用面域、拉伸及环形阵列等命令造型，如图 5-43 所示。

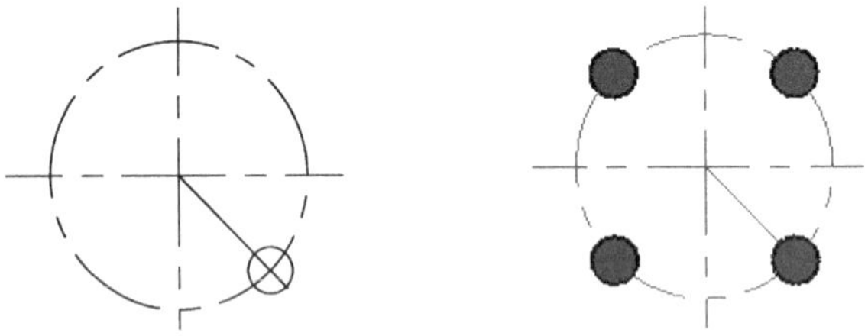

图 5-43　4 个均布的圆柱孔造型

应用移动命令将 4 个圆柱移至相应位置。用差集命令挖出圆孔，完成阀体的三维实体造型，如图 5-44 所示。

技巧

移动圆柱时，基点选用中心线交点，注意圆柱板的圆心要选正确。为捕捉的圆心，可在主视图状态下通过图层命令改变中心线的颜色，这样就容易辨别了。

图 5-44　阀体三维整体图

练一练

1. 绘制图 5-45 ~图 5-47 所示机件的一组视图，并进行三维实体造型。

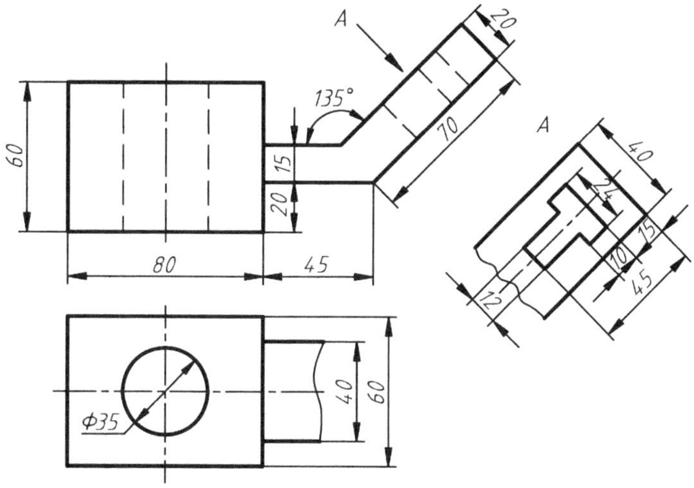

图 5-45　机件练习一

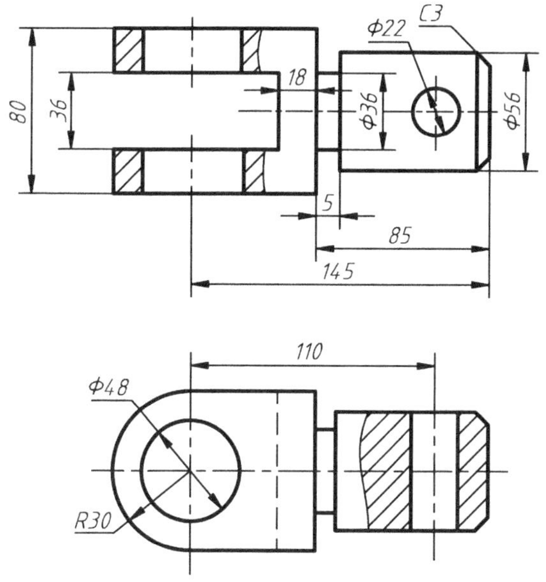

图 5-46　机件练习二

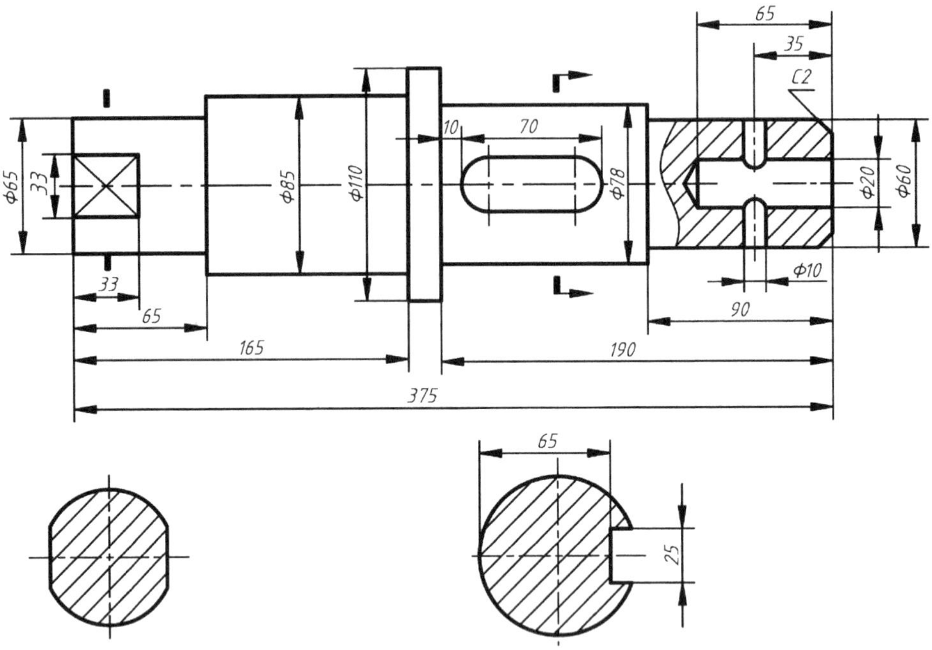

图 5-47　机件练习三

2. 完成图 5-48 ~ 图 5-49 所示机件的三维造型。

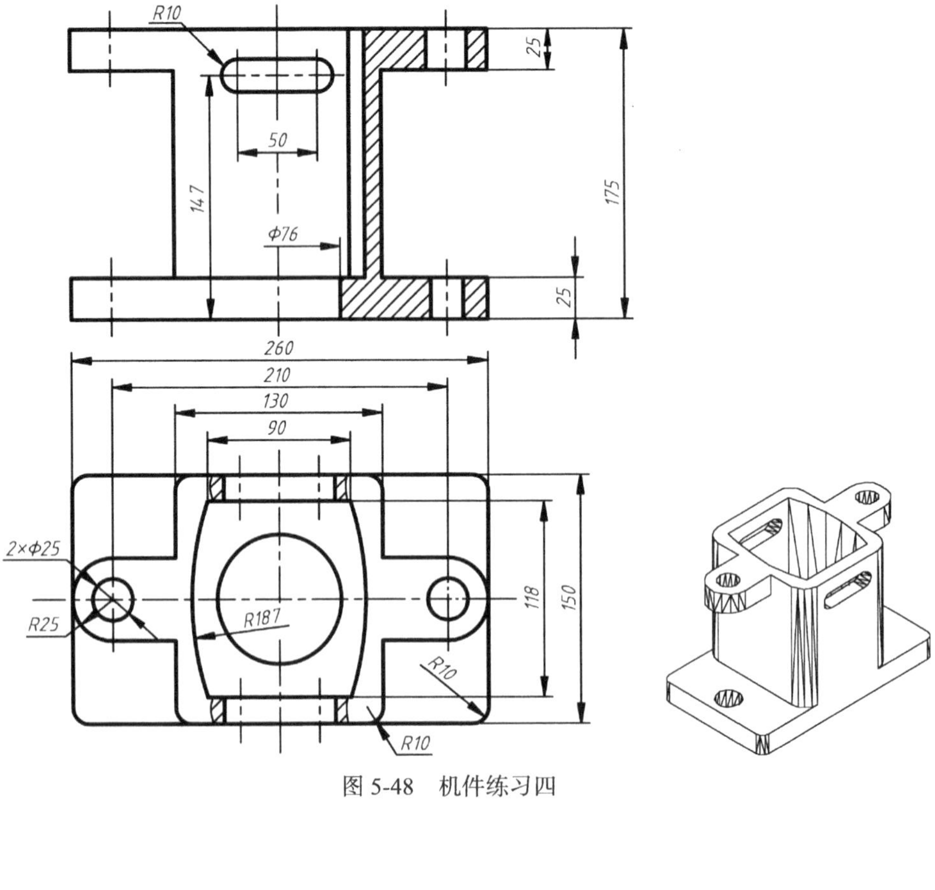

图 5-48　机件练习四

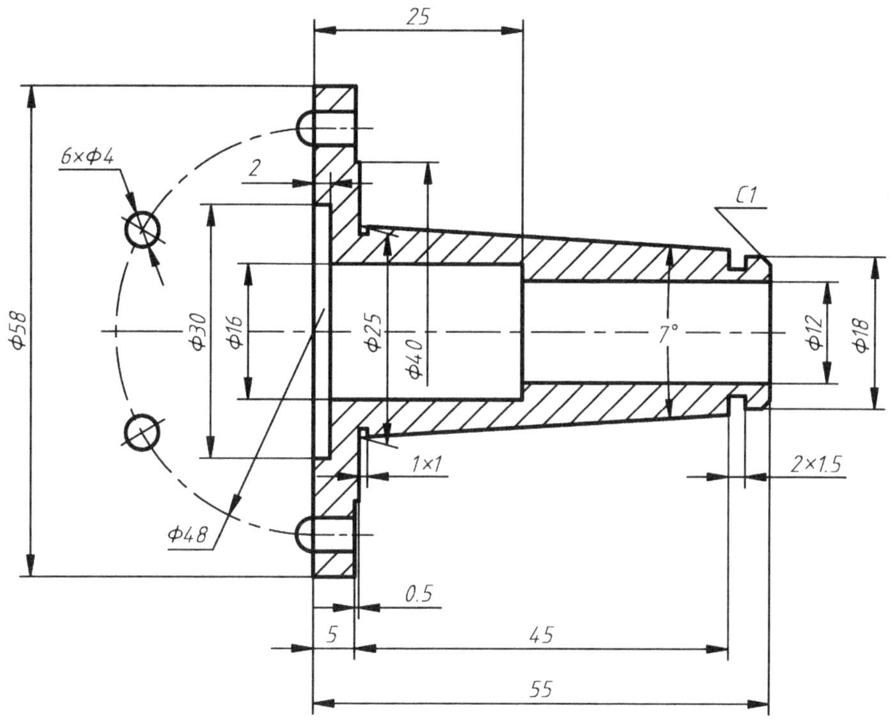

图 5-49　机件练习五

第六章　机械图样的画法

学习导航

学习目标	掌握零件图及装配图的绘制方法，并能够绘制出规范的零件图及装配图
学习重点	样板图的调用、零件图的视图绘制方法、尺寸及技术要求的标注，装配图图形的绘制，零部件序号标注、明细栏的创建、明细栏和标题栏的填写
相关命令	倒角、圆角、尺寸标注样式、尺寸标注及编辑相关命令、多行文字、公差、标注引线、创建块、写块、插入块、分解、多重引线、表格等
建议课时	6 ~ 10 课时

第一节　零件图的绘制

零件图是机械图样中的重要组成部分，一张完整的零件图应包含一组视图、完整的尺寸、一组技术要求和标题栏四方面的内容。因此，利用 AutoCAD 软件绘制零件图，除了要绘制一组视图外，还需要标注零件尺寸及技术要求等。下面以图 6-1 为例介绍利用 AutoCAD 2013 绘制零件图的方法和步骤。

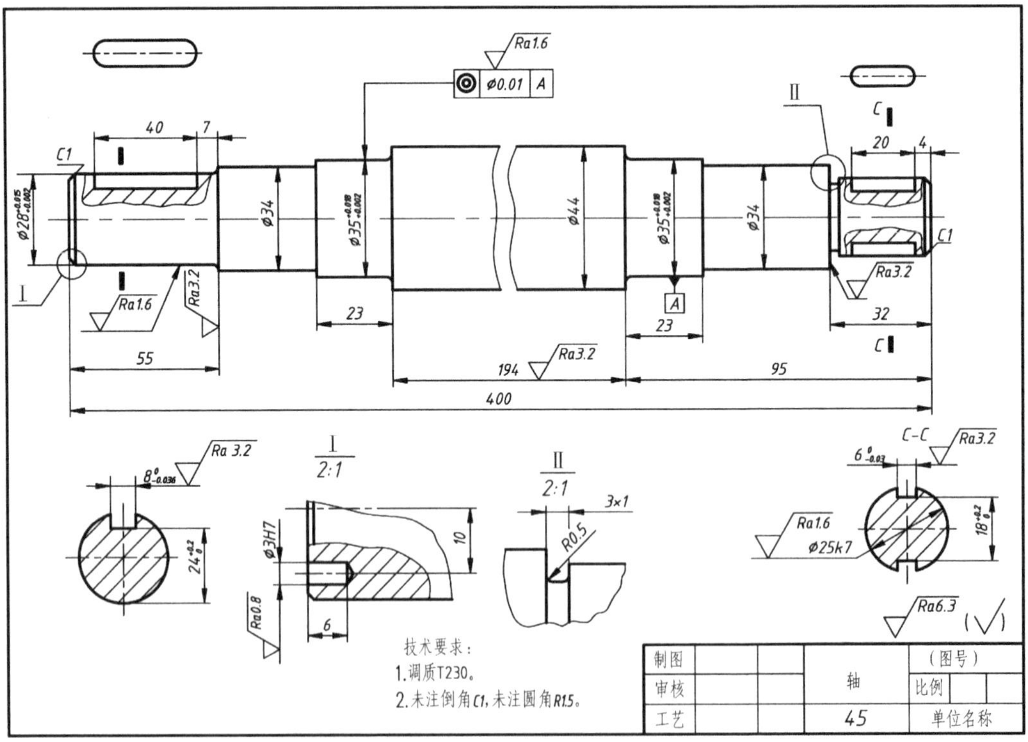

图 6-1　零件图

一、A3 样板图的调用

1) 启动 AutoCAD 2013 程序后，单击菜单栏【文件】→【新建】命令，或在快速访问工具栏或【标准】工具栏上单击按钮，弹出【选择样板】对话框。在对话框中选择在第二章创建的“A3”样板文件，单击【打开】按钮，就会新建一个新的文件，该文件保存了样板文件中的图形界限、图层和标题栏等信息。

2) 单击【标准】工具栏上的【保存】按钮，在出现的【另存为】对话框中，将文件命名为“轴”，单击【保存】按钮，关闭对话框。

二、零件图形的绘制

1. 绘制主视图

（1）绘制主视图的主要轮廓　用直线、镜像、样条曲线及图案填充命令画出主视图主要轮廓及剖面区域（图 6-2）。由于主视图采用了较长机件的折断画法，故直径 ϕ44 段长度方向的尺寸由原来的 194 缩短至 100。

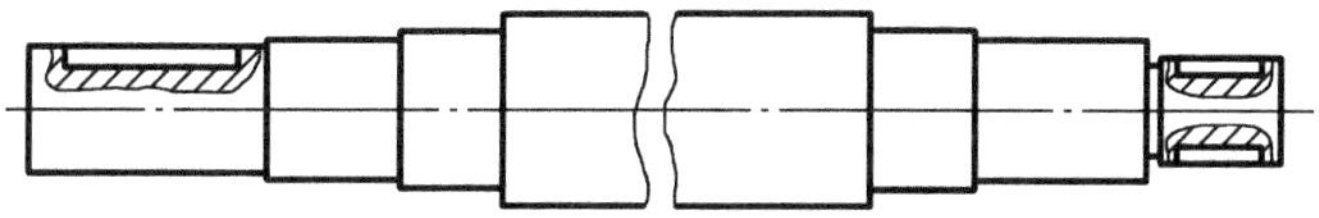

图 6-2　主视图主要轮廓

提示

由于主视图的对称性很好，一般都采用镜像的方法，先绘制出上半部分或下半部分，然后用镜像命令补全，但是对其中不对称的部分要注意修改。

（2）绘制轴两端倒角

1）单击【修改】工具栏或功能区【常用】选项卡的【修改】面板上的按钮，或键入“CHAMFER”，或单击菜单栏【修改】→【倒角】。命令行操作如下：

命令：CHAMFER↙

（“修剪”模式）当前倒角距离 1 = 0.0000，距离 2 = 0.0000

选择第一条直线或 [放弃 (U)/ 多段线 (P)/ 距离 (D)/ 角度 (A)/ 修剪 (T)/ 方式 (E)/ 多个 (M)]:　D↙（定义倒角距离）

指定 第一个 倒角距离 <0.0000>:　1↙（输入第一条边倒角距为 1）

指定 第二个 倒角距离 <1.0000>:　1↙（输入第二条边倒角距为 1）

选择第一条直线或 [放弃 (U)/ 多段线 (P)/ 距离 (D)/ 角度 (A)/ 修剪 (T)/ 方式 (E)/ 多个 (M)]:（拾取图 6-3a 中的 1 线）

选择第二条直线，或按住 Shift 键选择直线以应用角点或 [距离 (D)/ 角度 (A)/ 方法 (M)]:（拾取图 6-3a 中的 2 线）

命令：↙（重复倒角命令）

CHAMFER

（“修剪”模式）当前倒角距离 1 = 1.0000，距离 2 = 1.0000

选择第一条直线或 [放弃 (U)/ 多段线 (P)/ 距离 (D)/ 角度 (A)/ 修剪 (T)/ 方式 (E)/ 多个 (M)]:（拾取图 6-3a 中的 2 线）

选择第二条直线，或按住 Shift 键选择直线以应用角点或 [距离 (D)/ 角度 (A)/ 方法 (M)]:（拾取图 6-3a 中的 3 线）

操作结果如图 6-3b 所示。

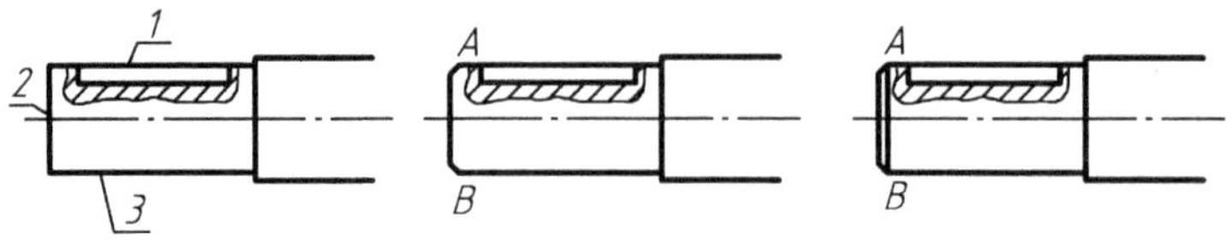

a) b) c)

图 6-3 轴左端倒角

2）补画 *AB* 倒角线：用 LINE 命令，输入点时请捕捉两交点 *A*、*B*，如图 6-3c 所示。

3）轴右端倒角与轴左端倒角操作相同。

提示

倒角命令是常用的图形编辑命令。默认情况下，用户需要选择进行倒角的两条直线，这两条直线必须相邻，然后按当前的倒角大小对这两条直线修倒角。注意：倒角时其距离不能太大，否则无效。当两个倒角距离为0时，该命令将延伸两条直线使之相交，不产生倒角。此外，如果两条直线平行或发散，则不能倒角。倒角命令的应用如图6-4所示。

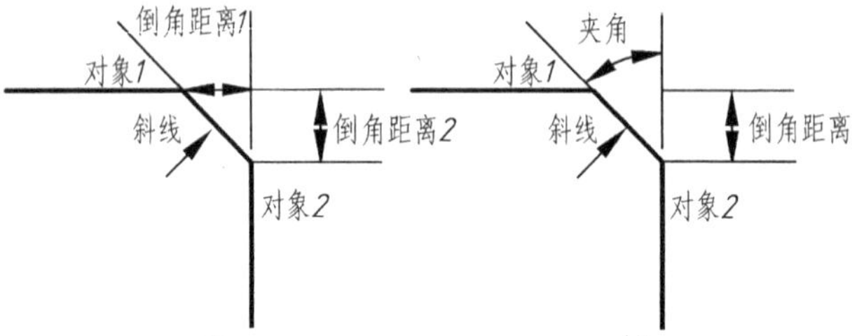

a) b)

图 6-4 倒角命令

a) 利用【距离】选项倒角 b) 利用【角度】选项倒角

（3）绘制轴上的倒圆。

1）单击【修改】工具栏或功能区【常用】选项卡的【修改】面板上的按钮，或键入“FILLET”，或单击菜单栏【修改】→【圆角】。命令行操作如下：

命令：FILLET ↙

当前设置：模式 = 修剪，半径 = 0.0000

选择第一个对象或 [放弃 (U)/ 多段线 (P)/ 半径 (R)/ 修剪 (T)/ 多个 (M)]: R ↙ （定义圆角半径）

指定圆角半径 <0.0000>: 1.5 ↙（圆角半径为 *R*1.5）

选择第一个对象或 [放弃 (U)/ 多段线 (P)/ 半径 (R)/ 修剪 (T)/ 多个 (M)]: T ↙（定义修剪模式）

输入修剪模式选项 [修剪 (T)/ 不修剪 (N)] < 修剪 >: N ↙（采用不修剪选项）

选择第一个对象或 [放弃 (U)/ 多段线 (P)/ 半径 (R)/ 修剪 (T)/ 多个 (M)]:（拾取图 6-5a 中的 1 线）

选择第二个对象，或按住 Shift 键选择对象以应用角点或 [半径 (R)]:（拾取图 6-5a 中的 2 线）

命令：↙（重复圆角命令）

FILLET

当前设置：模式 = 不修剪，半径 = 1.5000

选择第一个对象或 [放弃 (U)/ 多段线 (P)/ 半径 (R)/ 修剪 (T)/ 多个 (M)]:（拾取图 6-5a 中的 1 线）

选择第二个对象，或按住 Shift 键选择对象以应用角点或 [半径 (R)]:（拾取图 6-5a 中的 3 线）

操作结果如图 6-5b 所示。

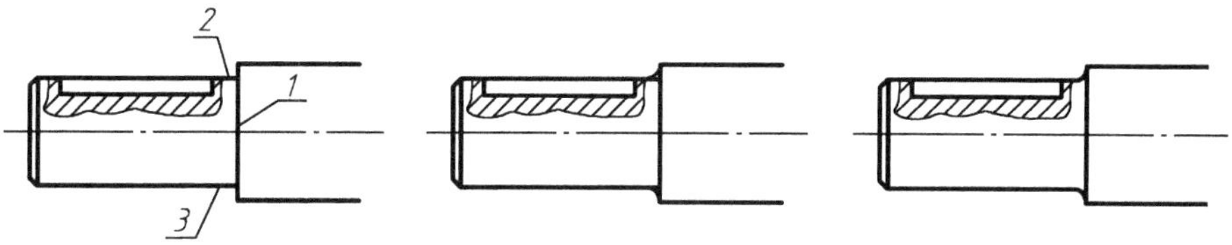

a)　　b)　　c)

图 6-5　轴上倒圆

2）采用修剪命令，完成该处的圆角绘制，结果如图 6-5c 所示。

3）用同样的方法绘制轴上其他处圆角。

提示

圆角命令也是常用的图形编辑命令，其主要功能是将直角变为圆角。图6-6所示为该命令在两直线间、直线与圆弧间以及圆弧与圆弧间生成光滑圆弧的情况，其作用与CIRCLE命令中的“相切、相切、半径”选项相似。在AutoCAD 2013中，允许对两条平行线倒圆角，此时圆角半径为两条平行线距离的一半。

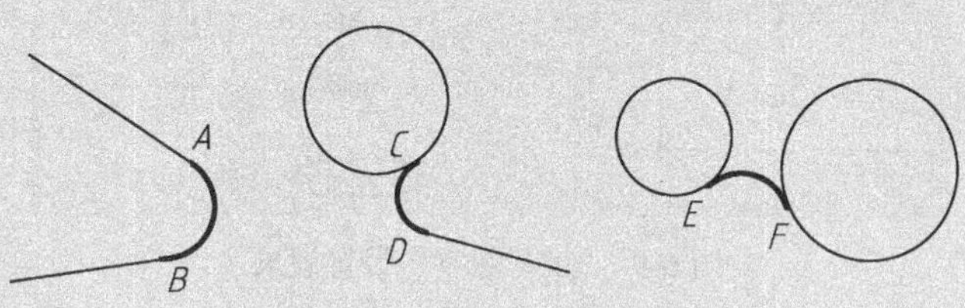

图 6-6　用圆角命令画圆弧

2. 绘制断面图

用圆、直线、修剪及图案填充命令按给定的尺寸绘制出断面图，结果如图 6-7 所示。

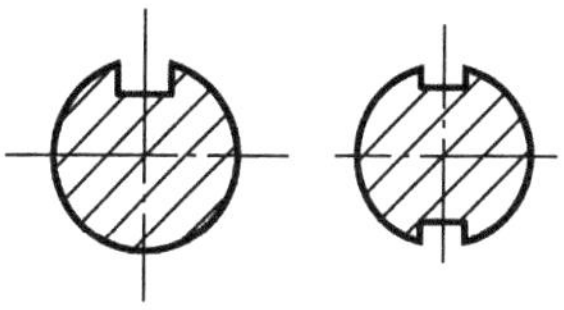

a)　　b)

图 6-7　断面图的绘制

3. 绘制局部放大图

用复制命令将主视图中需放大的图形部分进行复制，复制结果如图 6-8a 所示，然后利用样条曲线、修剪、直线、圆角及图案填充命令对复制的图形进行整理，补充应有的图线等。由于本例的两个局部放大图的绘图比例要求为 2 ∶ 1，因此再采用缩放命令将图形放大 1 倍，这样绘制较为方便。单击【修改】工具栏上的按钮，选中要放大的图形，输入比例因子为 2，完成缩放操作，结果如图 6-8b 所示。

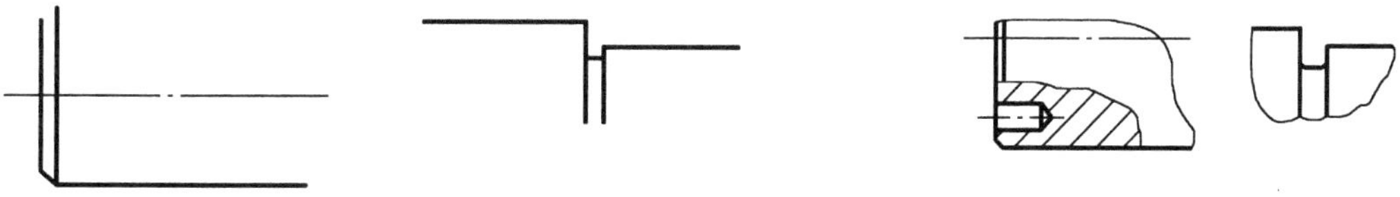

a)　　b)

图 6-8　局部放大图的绘制

三、零件图的尺寸标注

1. 标注环境的设置

标注环境的设置是尺寸标注的基础。AutoCAD 默认的标注环境并不能满足我国工程图标注的需要，特别不适合具体零件产品的个性化标注，因此有必要在标注零件图前对标注环境进行设置，标注环境的设置包括数字样式设置和标注样式设置。

（1）数字样式设置　单击【样式】工具栏或功能区【常用】选项卡的【注释】面板上的A按钮，或键入“STYLE”，或单击菜单栏【格式】→【文字样式】命令，创建一个名为“工程数字”的文字样式，在【文字样式】对话框的【字体名】下拉列表框中选中【gbeitc】字体，设置结果如图 6-9 所示。单击【应用】按钮后再单击【关闭】按钮，完成文字样式的设置。

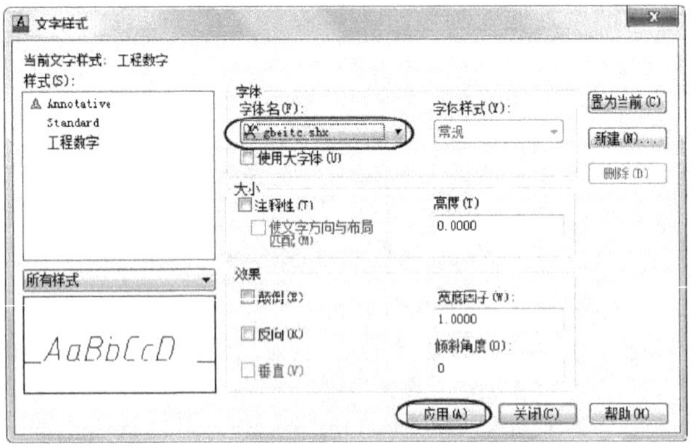

图 6-9　“工程数字”设置效果

提示

1）制图标准中对尺寸数字的书写有一定的要求。AutoCAD中gbenor.shx（直体）、gbeitc.shx（斜体）这两种字体不仅符合制图标准，而且还可以同时指定一种汉字的输入字体，即在标注尺寸中可输入汉字，故通常选用这两种字体作为标注字体。

2）要想在标注尺寸中可输入汉字，必须在【文字样式】对话框中勾选【使用大字体】复选框，对话框中的【字体】选项组会发生变化，如图6-10所示，在【大字体】下拉列表中为汉字指定一种字体，常用汉字格式为“gbcbig.shx”。

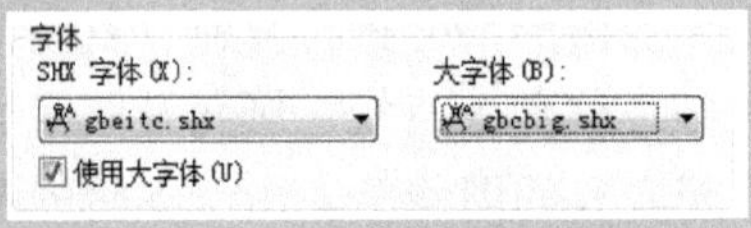

图 6-10　设置大字体

（2）尺寸标注样式的设置

1）单击【样式】工具栏或功能区【常用】选项卡的【注释】面板上的按钮，或键入“DIMSTYLE”，或单击菜单栏【格式】→【标注样式】命令，弹出【标注样式管理器】对话框，如图 6-11 所示。单击对话框中的【新建】按钮，弹出【创建新标注样式】对话框，如图 6-12 所示。在该对话框中的【新样式名】文本框输入“机械标注”，在【基础样式】下拉列表框中选中“Standard”选项，在【用于】下拉列表框中选中“所有标注”。单击【继续】按钮，系统弹出【新建标注样式：机械标注】对话框，如图 6-13 所示。

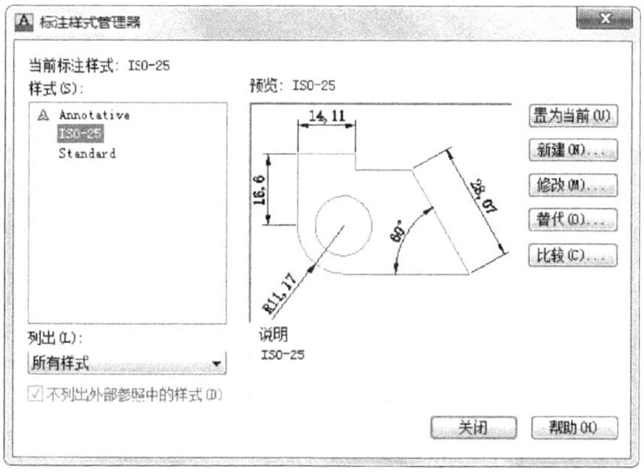

图 6-11 【标注样式管理器】对话框

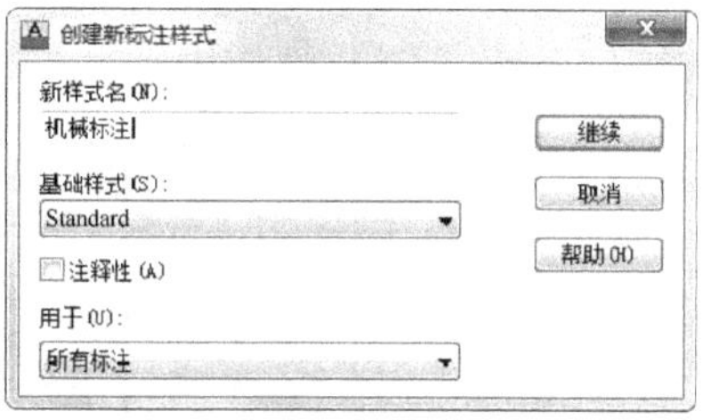

图 6-12 【创建新标注样式】对话框

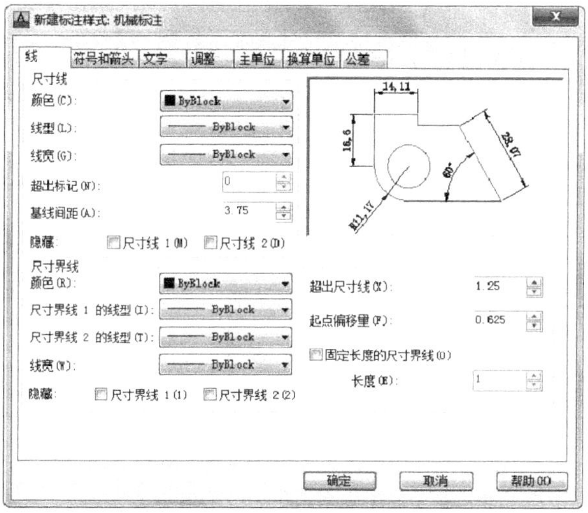

图 6-13 【新建标注样式：机械标注】对话框

2)【新建标注样式：机械标注】对话框中共有七个选项卡，而每个选项卡中都有许多有关标注样式的参数值。在默认情况下，新样式将继承原“Standard”尺寸标注样式的所有参数，对话框大部分参数是符合我国制图国家标准的，用户只需根据具体情况对其中的部分参数进行修改即可。

①【线】选项卡的设置。单击对话框中的【线】选项卡，用户可在其中设置尺寸线、尺寸界线、尺寸箭头和圆心符号的特征参数。这里用户只需把【尺寸界线】面板区的【起点偏移量】项设为 0，如图 6-14 所示。

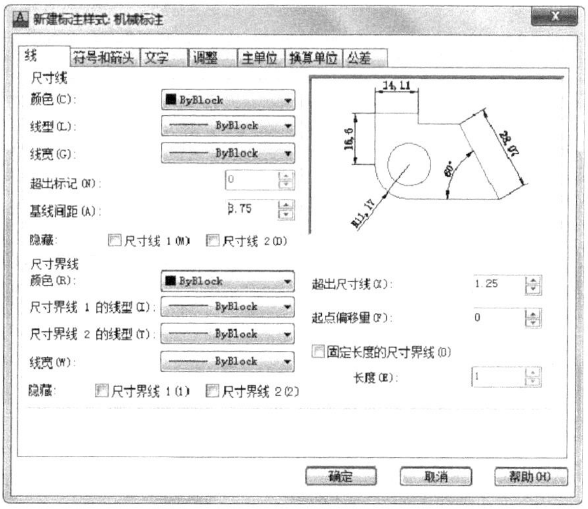

图 6-14 【线】选项卡的设置

提示

1）在【尺寸线】选项组中，【基线间距】用于控制使用基线标注时两尺寸线之间的距离。该面板区中，【隐藏】组用于控制两条尺寸线的可见性。如勾选【尺寸线1】复选框，则第一条尺寸线及箭头不画，为半边标注。图6-15所示为设置尺寸线的三种不同情况。

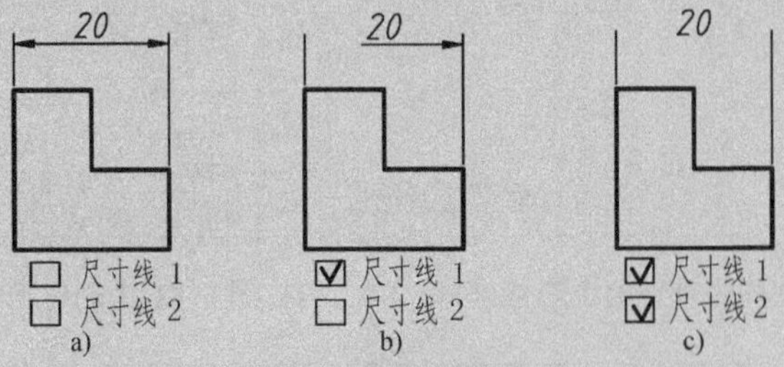

图 6-15　尺寸线显示控制

2）在【尺寸界线】选项组中，【超出尺寸线】用于控制尺寸界线超出尺寸线的距离。【起点偏移量】用于设置尺寸界线的起点与标注定义点的距离，在机械图样中一般将其改为0，即尺寸界线起始点直接从图形轮廓线引出，不留间隔，如图6-16所示。

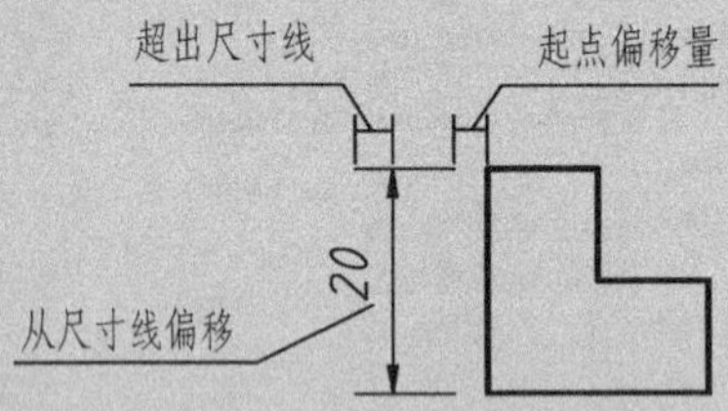

图 6-16　尺寸界线增量框数据

3）在【尺寸界线】选项组中，【隐藏】选项用于控制两条尺寸界线的可见性。如果勾选“尺寸界线1”和“尺寸界线2”，则两条尺寸界线均不画，即隐藏尺寸界线。图6-17所示为设置尺寸界线可见性的三种不同情况。

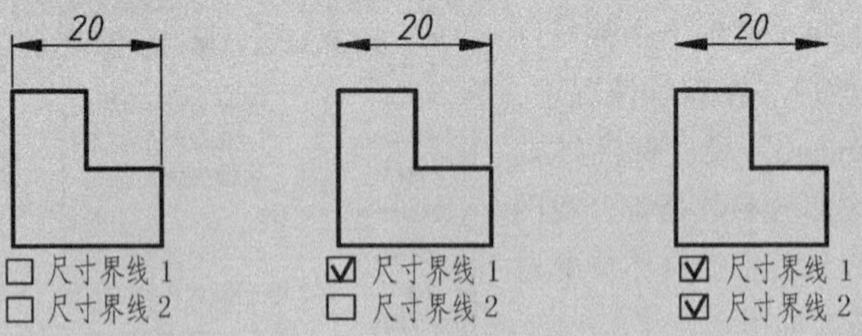

图 6-17　尺寸界线显示控制

②【符号和箭头】选项卡设置。单击对话框中的【符号和箭头】选项卡，用户可在其中设置尺寸线箭头和引线箭头的类型及大小等。这里【箭头】选项均采用【实心闭合】，大小值设为2.5，结果如图 6-18 所示。

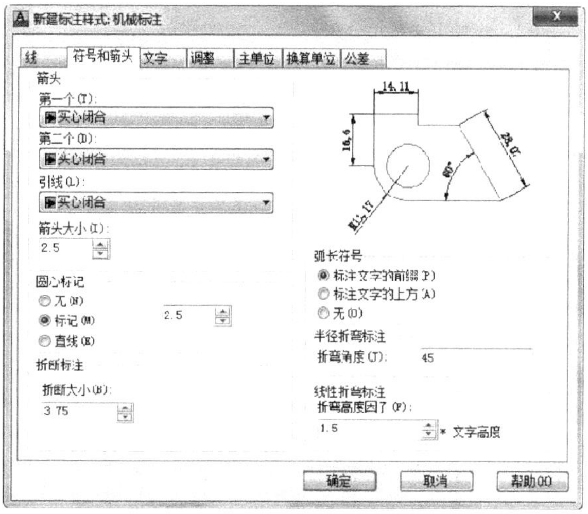

图 6-18 【符号和箭头】选项卡的设置

提示

为了适用于不同类型的图形标注需要，AutoCAD 2013设置了20多种箭头样式，用户可通过下拉列表框选择【第一个】箭头和【第二个】箭头的类型，并在【箭头大小】文本框中设置它们的大小。常用的箭头如图6-19所示。【引线】选项用于设置指引线箭头的类型。

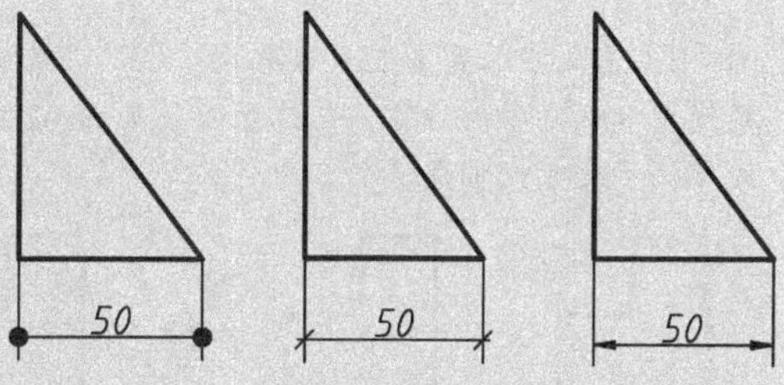

图 6-19　尺寸箭头的常用类型

③【文字】选项卡的设置。单击【文字】选项卡，用户可在其中设置文字外观、文字位置及文字对齐方式等。设置效果如图 6-20 所示。

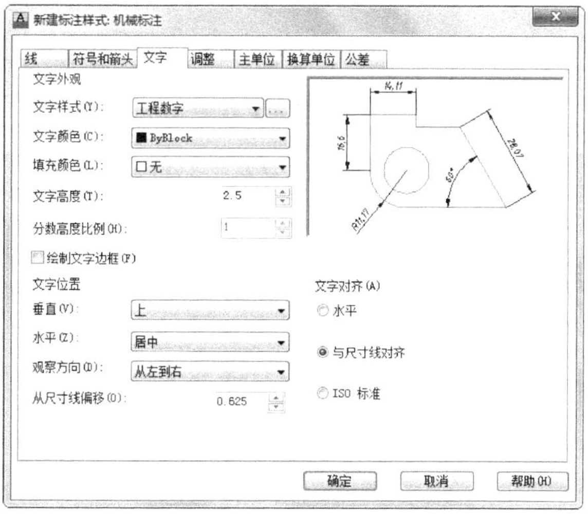

图 6-20　【文字】选项卡

提示

1）在【文字外观】选项组中，可设置文字的样式、颜色、高度和分数高度比例等。

注意:在【文字样式】下拉列表框中，一定要从中选择所需的文字样式，如“工程数字”。用户也可以通过单击其后的[...]按钮，打开【文字样式】对话框来创建所需的文字样式。

2）在【文字位置】选项组中可设置文字的垂直、水平位置及从尺寸线的偏移量。其中【垂直】下拉列表框用于设置标注文字相对于尺寸线在垂直方向的位置，其位置效果如图6-21所示。若将【垂直】下拉列表框设置为【上方】，则文字位于尺寸线上方。

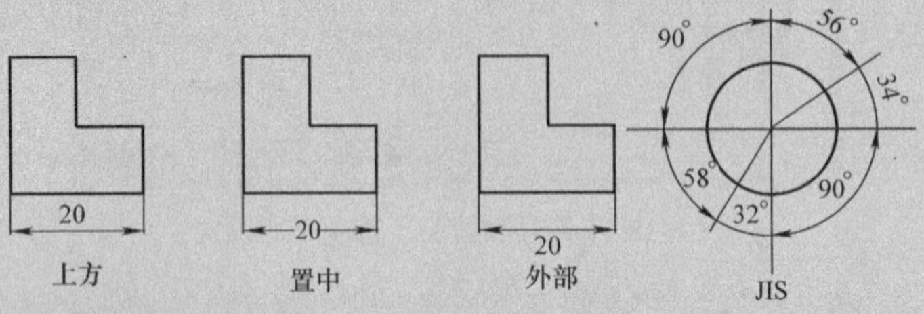

图 6-21　文字垂直位置的 4 种形式

3）【文字位置】选项组中的【水平】选项下拉列表框用于设置标注文字相对于尺寸线和尺寸界线在水平方向的位置，其位置效果如图6-22所示。若将【水平】下拉列表框设置为【置中】，则文字位于尺寸线中央。

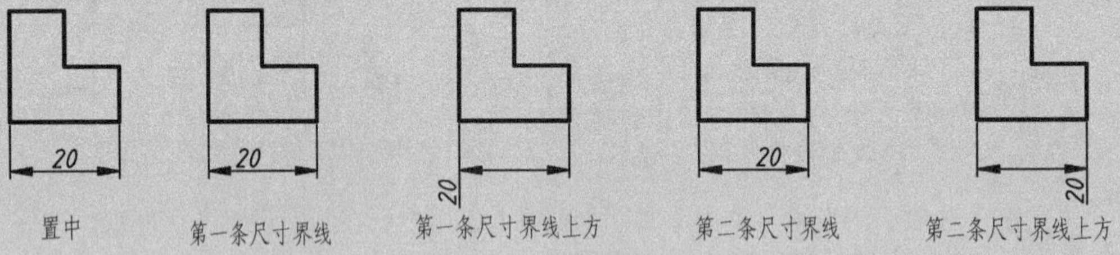

图 6-22　文字水平位置

4）【文字位置】选项组中的【从尺寸线偏移】增量框用于确定尺寸文本与尺寸线的偏距量，用户可根据需要输入数据。

5）在【文字对齐】选项组中可以设置标注文字是保持水平还是与尺寸线平行，其位置效果如图6-23所示。若选择“与尺寸线对齐”单选按钮，则表示文字沿着尺寸线方向标注。

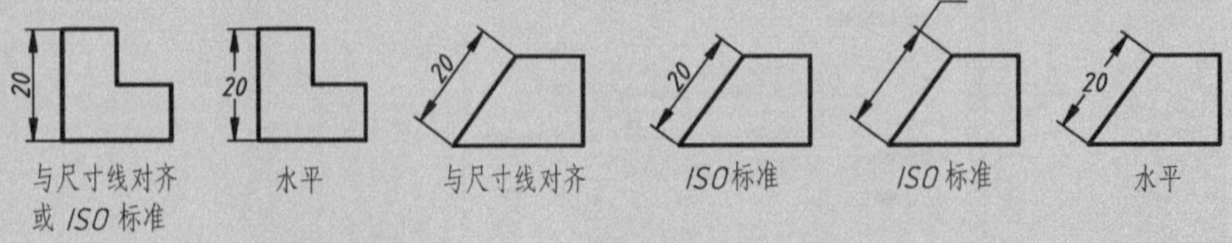

图 6-23　文字对齐方式

④【调整】选项卡的设置。单击【调整】选项卡，在【调整选项】组中选中【文字】项；在【标注特征比例】选项组的【使用全局比例】文本框中输入数值“2”。结果如图 6-24 所示。

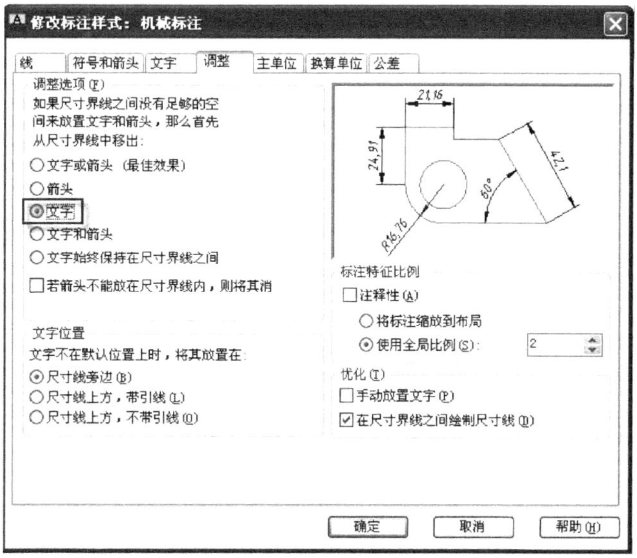

图 6-24 【调整】选项卡

提示

1）【调整选项】选项组可根据尺寸界线之间的空间控制标注文字和箭头的放置，各选项的具体含义如下：

●【文字或箭头（最佳效果）】选项 ：选择该选项后，如果两尺寸界线之间有足够的距离，AutoCAD将尺寸文本和尺寸箭头放在两尺寸界线之间；如果两尺寸界线之间距离不太大，但可放得下尺寸文本，AutoCAD将尺寸文本放在两尺寸线之间，而把尺寸箭头放在两尺寸界线外面；如果两尺寸界线之间距离不太大，但可放得下尺寸箭头，AutoCAD将尺寸箭头放在两尺寸线之间，而把尺寸文本放在两尺寸界线外面；如果两尺寸界线之间距离很小，不足以放下尺寸文本或尺寸箭头，AutoCAD将尺寸文本和尺寸箭头放在两尺寸界线外面。

●【箭头】选项：选择该选项后,如果两尺寸界线之间有足够的距离，AutoCAD将尺寸文本和尺寸箭头放在两尺寸界线之间；如果两尺寸界线之间距离不太大，但还放得下尺寸箭头，AutoCAD将尺寸箭头放在两尺寸线之间，而把尺寸文本放在两尺寸界线外面；如果两尺寸界线之间距离很小，连尺寸箭头也放不下，AutoCAD自动将尺寸文本和尺寸箭头放在两尺寸界线外面。

●【文字】选项：选择该选项后，如果两尺寸界线之间有足够的距离，AutoCAD将尺寸文本和尺寸箭头放在两尺寸界线之间，否则只把尺寸文本放在两尺寸界线之间，而把尺寸箭头放在两尺寸界线外面；如果两尺寸界线之间距离很小，连尺寸文本也放不下，AutoCAD自动将尺寸文本和尺寸箭头一起放在两尺寸界线外面。

●【文字和箭头】选项：选择该选项后,如果两尺寸界线之间有足够的距离，AutoCAD将尺寸文本和尺寸箭头放在两尺寸界线之间，否则把尺寸文本和尺寸箭头放在两尺寸界线外面。

●【文字始终保持在尺寸界线之间】选项：选择该选项后，AutoCAD总是将尺寸文本放在两尺寸界线之间。

●【若箭头不能放在尺寸界线间，则将其消除】选项：选择该选项后，当两尺寸界线之间没有足够距离时，控制是否隐藏尺寸箭头。

2）在【文字位置】选项组中可设置当文字不在默认位置时的位置，各选项的含义如图6-25所示。

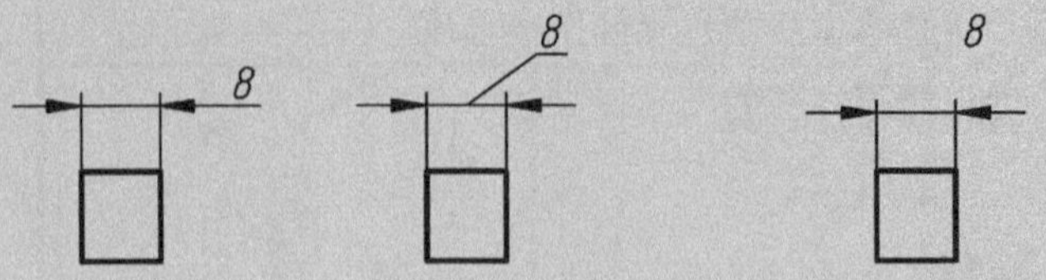

图 6-25　各选项中文字的位置

3）在【标注特征比例】选项组的【使用全局比例】项中的比例值设置不会改变所标注的尺寸值，它只对尺寸箭头大小、尺寸文本高度、尺寸界线超出尺寸线的距离及两尺寸界线起始点间的距离等参数产生作用，而不能对几何公差、角度等产生作用。若用户将尺寸箭头大小设置为3，尺寸文本高度设为3.5，将【使用全局比例】项中的比例值设置为2，则在标注尺寸时，绘制出来的尺寸箭头实际大小是6，尺寸文本高度为7。图6-26所示为全局比例分别为1和2的效果图。这样做的好处在于无需对诸多相关参数进行一一调整，大大减少了设置工作量。

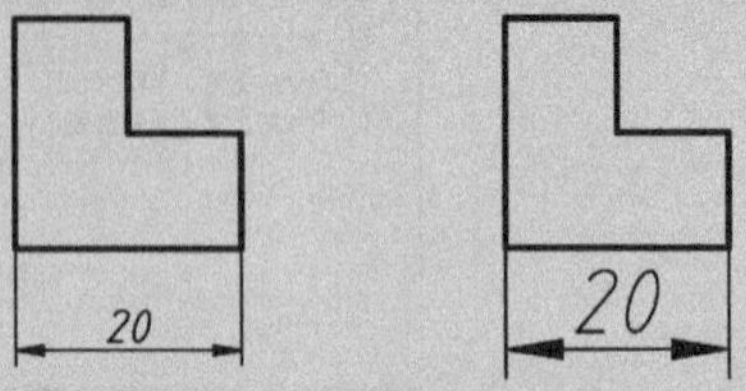

图6-26　使用全局比例因子控制标注尺寸

⑤【主单位】选项卡的设置。在【主单位】选项卡中，在【线性标注】区【小数分隔符】下拉列表框中选中【.】（句点）选项。选项卡中的【测量单位比例】区的【比例因子】值应等于图形所绘制比例值的倒数。一般情况绘图选用比例 1 ∶ 1，比例因子则为 1。本例零件图中除局部放大图采用 2 ∶ 1 外，其余图形则均采用 1 ∶ 1 的比例，故本例中采用默认比例因子 1，结果如图 6-27 所示。

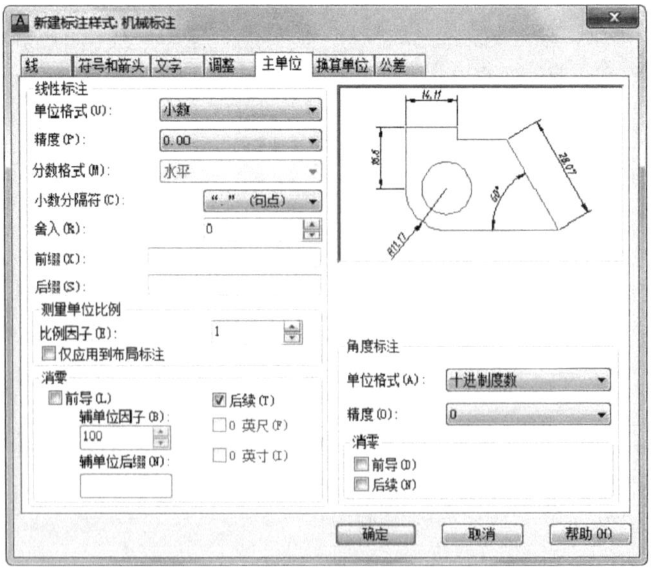

图 6-27　【主单位】选项卡

提示

1）【线性标注】选项组可设置线性标注的格式和精度，各选项的含义如下：

●【单位格式】下拉列表框用于设置除角度标注以外其余各标注类型的尺寸单位，默认为【小数】，除此之外还包括有【科学】、【分数】等。

●【精度】下拉列表框用于设置尺寸精度，“0.00”表示尺寸精确到小数点后两位。

●在【小数分隔符】下拉列表框中设置为【句点】，可使十进制数的整数部分和小数部分间的分隔符为句点“.”。

●【前缀】和【后缀】文本框用于设置标注文字的前缀和后缀，用户在相应的文本框中输入字符即可。

●将【消零】选项组中的【后续】复选框选中，可删除小数点后的后续零。

2）在【角度标注】选项组中可使用【单位格式】下拉列表框设置标注角度时的单位，使用【精度】下拉列表框可设置角度的精度，使用【消零】选项组可设置是否消除角度尺寸的前导和后续零。

⑥【换算单位】选项的卡设置。该选项卡用于米制单位与英制单位的换算，通常不作设置，此时注意不要勾选【显示换算单位】复选框，如图 6-28 所示。

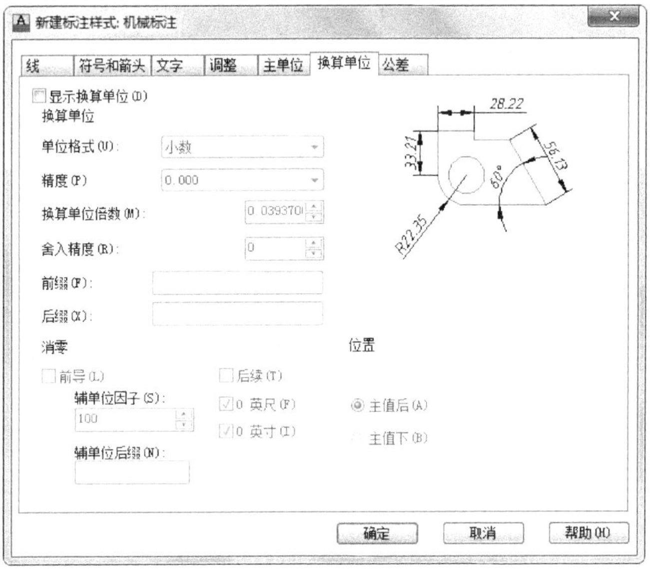

图 6-28 【换算单位】选项卡

提示

在【换算单位】选项卡中，用户可对英制尺寸文本进行相关设置，以控制尺寸单位精度等级、公差精度等级、尺寸数字的消零和英制单位的比例系数。若勾选【显示换算单位】复选框，则在标注尺寸时，经单位换算后的数值将显示在主单位旁边的方括号 [ ] 中。一般对该选项卡不作设置。

⑦【公差】选项卡的设置。单击【公差】选项卡，在【公差格式】选项组的【方式】列表框中选择【无】选项，如图 6-29 所示。

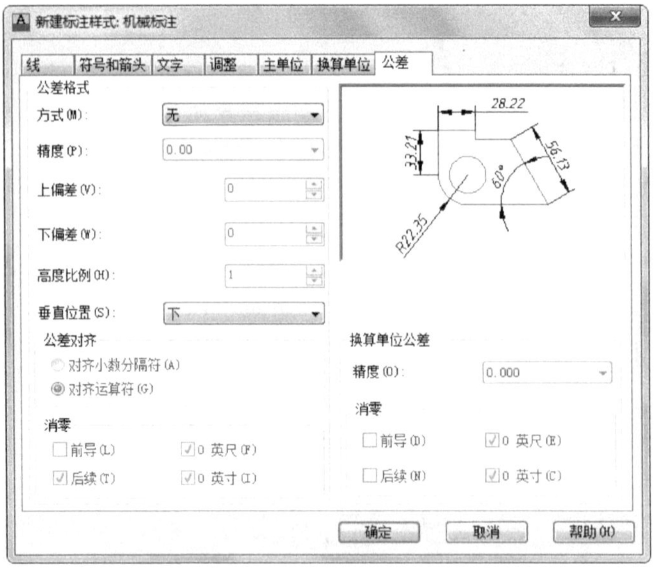

图 6-29 【公差】选项卡

提示

用户可在【公差】选项卡中设置是否标注公差，以及以何种方式进行标注。其中，在【公差格式】选项组【方式】下拉列表框中有五种公差标注样式，如图6-30所示。【上偏差】、【下偏差】文本框用于设置尺寸的上、下极限偏差。【高度比例】文本框用于确定公差文字的高度比例因子。【垂直位置】下拉列表框用于控制公差文字相对于尺寸文字的位置。【消零】选项组用于设置是否消除公差值的前导或后续零。

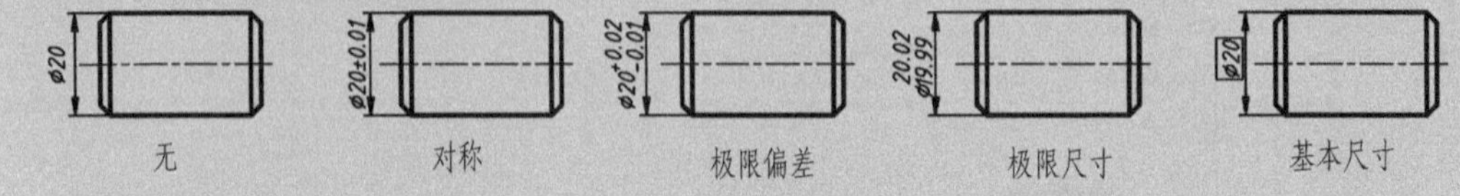

图 6-30 五种公差标注样式

完成上述各选项卡设置后，单击【确定】按钮，系统返回到【标注样式管理器】对话框，如图 6-31 所示。此时的对话框多了一种“机械标注”样式，单击【关闭】按钮即完成新的尺寸标注样式的创建。用户可在【标注样式管理器】对话框选中所需的标注样式，对话框中的【预览】窗口将显示其样式。单击【置为当前】按钮则将选中的标注样式设为当前尺寸标注样式。

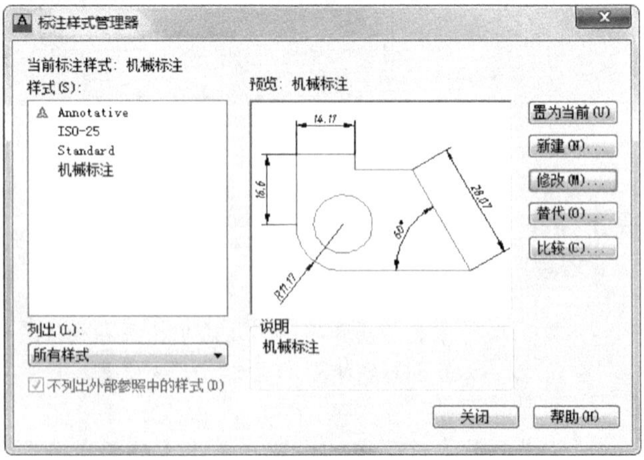

图 6-31 返回【标注样式管理器】选项卡

提示

1）【标注样式管理器】对话框中的【修改】按钮用于修改已有的标注样式，但修改后，所有按该标注样式标注的尺寸，包括已经标注和将要标注的尺寸，均自动按修改后的标注样式进行更新。单击【修改】按钮，AutoCAD将弹出一对话框，此对话框和【新建标注样式】对话框基本相同，用户可在该对话框中对已有的尺寸标注样式进行修改。

2）【标注样式管理器】对话框中的【替代】按钮用于设置当前样式的临时替代样式，它与【修改】按钮的不同之处在于它仅对将要标注的尺寸有效。单击【替代】按钮，AutoCAD 将弹出一个对话框，此对话框也和【新建标注样式】对话框相同。用户可在已有的尺寸标注样式上针对个别尺寸进行临时特征参数设置，按【确定】键返回后系统将自动在当前样式下生成一个名为“<样式替代>”的标注样式，且该样式被自动设置为当前样式，如图6-32所示。要想结束替代功能，可将另一标注样式置为当前样式，或选中该样式，单击右键，在弹出的快捷菜单中选择【删除】项即可。

3）【比较】按钮用于比较两种标注样式的不同之处。单击【比较】按钮，AutoCAD将打开如图6-33所示的尺寸样式比较功能，方便用户比较不同尺寸样式之间的区别。

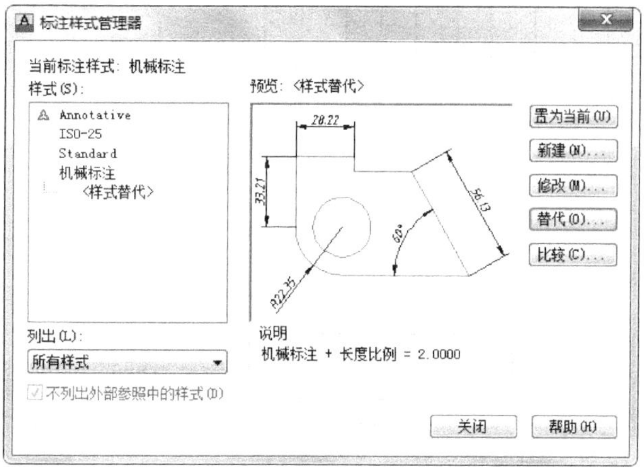

图 6-32　样式替代

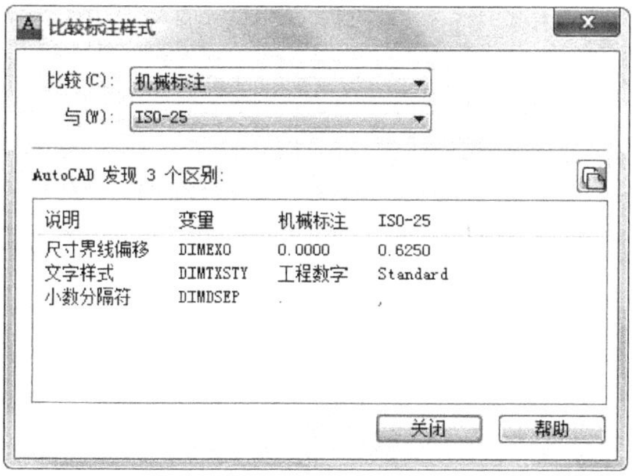

图 6-33　样式比较

技巧

1）要充分运用标注样式中的【全局比例】。在进行尺寸标注时若发现整个尺寸标注外观不合理，尽可能不要分别调整文字、箭头和各种间隙的尺寸，这样容易导致混乱。可利用【调整】对话框中【使用全局比例】增量框进行设置，以便统一缩放各种尺寸元素。

2）要合理使用替代尺寸标注样式。在标注尺寸过程中，根据需要可能要对某个标注进行修改。例如，不想显示尺寸界线，或者想修改文字和箭头位置而使它们不与图形中的几何元素重叠，但又不想创建不同的标注样式，这时候可为当前尺寸标注样式创建临时替代样式。使用它的好处在于，当修改了其原始样式后，使用替代样式进行的标注将不受影响。

2. 标注命令的启用

标注命令的启用有多种方法，如单击【标注】菜单栏下各标注选项命令，或单击功能区【注释】选项卡【标注】面板上的按钮，或在命令行输入标注选项命令等。最方便的方法是利用如图 6-34 所示的【标注】工具栏上的命令按钮来启动。

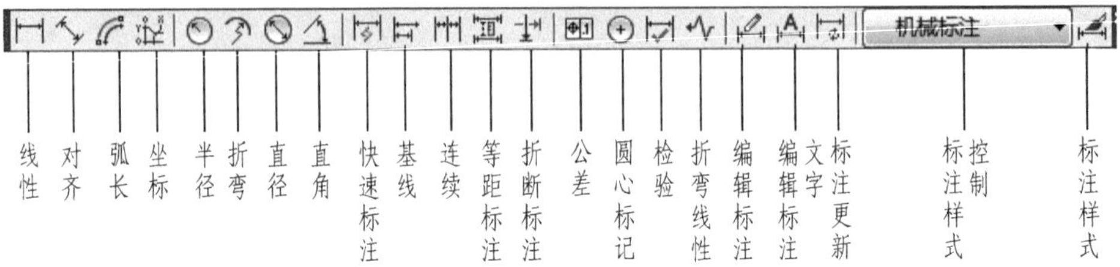

图 6-34 【标注】工具栏

3. 标注主视图尺寸

（1）标注尺寸 55、23、32

1）标注前，首先将前面创建的“机械标注”样式置为当前尺寸标注样式，即在图 6-31 所示的【标注样式管理器】对话框选中【机械标注】样式，然后单击【置为当前】按钮，再单击【关闭】按钮。设置完成后，接下来对尺寸 55 进行标注。

2）单击【标注】工具栏上的线性标注按钮![]，或单击功能区【注释】选项卡【标注】面板上的线性标注按钮![]，或单击菜单栏【标注】→【线性】命令，或键入“DIMLINEAR”或“DLI”。命令行操作如下：

命令：DIMLINEAR ↙

指定第一个尺寸界线原点或 < 选择对象 >:（拾取 *A* 点，作为尺寸标注的第一点）

指定第二条尺寸界线原点 :（拾取 *B* 点，作为尺寸标注的第二点）

指定尺寸线位置或 [多行文字 (M)/ 文字 (T)/ 角度 (A)/ 水平 (H)/ 垂直 (V)/ 旋转 (R)]:（拾取 *C* 点，作为尺寸线的放置位置）

标注文字 = 55

这样就完成了尺寸 55 的标注，如图 6-35 所示。

3）用同样的方法完成对尺寸 23、32 的标注。

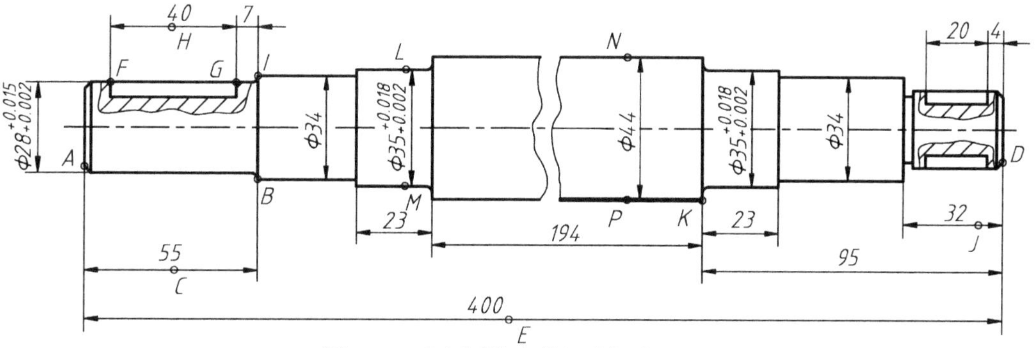

图 6-35 主视图的有关尺寸标注

提示

线性标注命令既可用于标注图形中两点之间的水平或垂直距离，也可用于标注水平或垂直线段的长度。如要标注水平或垂直线段的长度，其做法为单击【标注】工具栏上的图标⊢⊣，按命令提示进行如下操作：

命令: dimlinear↙

指定第一个尺寸界线原点或 <选择对象>:指定第一条尺寸界线原点或 <选择对象>:↙(表示用选择对象的方式进行标注)

选择标注对象:（选取所要标注的水平或垂直线段）

指定尺寸线位置或[多行文字(M)/文字(T)/角度(A)/水平(H)/垂直(V)/旋转(R)]:（在适当位置处拾取一点，确定尺寸线的位置）。

这样就完成了对水平或垂直线段的长度标注。

（2）标注尺寸 400、194　由于主视图采用了“较长机件折断”的简化画法，故原尺寸 194 的标注需稍作尺寸文本的修改，具体做法如下：

1）单击【标注】工具栏上的按钮⊢⊣，按命令提示进行如下操作：

命令：DIMLINEAR↙

指定第一个尺寸界线原点或 < 选择对象 >:（拾取 *A* 点，作为尺寸标注的第一点）

指定第二条尺寸界线原点：（拾取 *D* 点，作为尺寸标注的第二点）

指定尺寸线位置或 [多行文字 (M)/ 文字 (T)/ 角度 (A)/ 水平 (H)/ 垂直 (V)/ 旋转 (R)]: T↙

输入标注文字 <258.2669>: 400↙

指定尺寸线位置或[多行文字(M)/文字(T)/角度(A)/水平(H)/垂直(V)/旋转(R)]:（拾取 *E* 点，作为尺寸线的放置位置）

标注文字 = 400

这样就完成了尺寸 400 的标注。

2）用同样的方法完成对尺寸 194 的标注。

（3）标注左、右两侧键槽长度 40、20 以及定位尺寸 7、4　从图 6-35 中可以看出，每侧的键槽长度尺寸及定位尺寸的尺寸线对齐，俗称“串联”尺寸。要标注这样的尺寸，可以先用线性标注命令完成对尺寸的标注，然后利用尺寸编辑进行调整，详见后文的“尺寸编辑”部分。这里，采用线性及连续标注命令来完成键槽尺寸的标注。首先标注左侧键槽长度 40 和定位尺寸 7，具体做法如下：

1）单击【标注】工具栏上的按钮，按命令提示进行如下操作：

命令：DIMLINEAR ↙

指定第一个尺寸界线原点或 <选择对象>:（拾取 *F* 点，作为尺寸标注的第一点）

指定第二条尺寸界线原点:（拾取 *G* 点，作为尺寸标注的第二点）

指定尺寸线位置或[多行文字(M)/文字(T)/角度(A)/水平(H)/垂直(V)/旋转(R)]:（拾取 *H* 点，作为尺寸线的放置位置）

标注文字 = 40

这样就完成了尺寸 40 的标注。

2）完成尺寸 40 的标注后，立即单击【标注】工具栏上连续标注按钮，或单击功能区【注释】选项卡【标注】面板上的连续标注按钮，或单击菜单栏【标注】→【连续】命令，或键入“DIMCONTINUE”或“DCO”，按命令提示进行如下操作：

命令：DIMCONTINUE ↙

指定第二条尺寸界线原点或[放弃(U)/选择(S)] <选择>:（拾取 *I* 点，作为尺寸 7 的第二点，尺寸 7 的第一点默认为前一尺寸标注的第二点）

标注文字 = 7

指定第二条尺寸界线原点或[放弃(U)/选择(S)] <选择>: ↙（结束标注命令）

这样就完成了尺寸 7 的标注。

3）用同样的方法完成对右侧键槽长度 20 及定位尺寸 4 的标注。

提示

1）采用连续标注命令时，如果连续尺寸定错了位置，可使用Undo命令，返回原来的标注。

2）连续标注命令默认是从刚才完成的尺寸线开始增添尺寸，完成的最后一条尺寸界线即连续尺寸的第一条尺寸界线。不断单击可获取新的尺寸标注点，增添新标注尺寸，一直到键入回车为止。

3）如果不从刚才完成的尺寸线开始增添尺寸，而从以前的已有尺寸上再注连续型尺寸或重选连续尺寸的第一条尺寸界线，则在命令行“指定第二条尺寸界线原点或 [放弃(U)/选择(S)] <选择>:”提示下键入回车，然后在“选择连续标注：”提示下，在已有尺寸上单击。注意：单击处要靠近作为连续尺寸的第一条尺寸界线一侧。后续操作同前。

（4）标注右端尺寸 95　轴左端尺寸 95 与 32 是同一基准，俗称“并联”尺寸。可以用线性标注命令完成对该尺寸的标注，也可利用基线标注命令生成，这里采用基线标注命令。

单击【标注】工具栏上的基线标注按钮，或单击功能区【注释】选项卡【标注】面板上的基线标注按钮，或单击菜单栏【标注】→【基线】命令，或键入“DIMBASELINE”或“DBA”，按命令提示进行如下操作：

命令：DIMBASELINE ↙

指定第二条尺寸界线原点或[放弃(U)/选择(S)] <选择>: ↙

选择基准标注：[选取 32 尺寸线上 *J* 点，*J* 点为靠近 32 右侧尺寸界线(基准)的尺寸线上的点]

指定第二条尺寸界线原点或[放弃(U)/选择(S)] <选择>:（拾取 *K* 点，标注尺寸的第二点）

标注文字 = 95

指定第二条尺寸界线原点或 [放弃 (U)/ 选择 (S)] < 选择 >: ↙

选择基准标注 : ↙

这样就完成了尺寸 95 的标注。

提示

基线标注命令如果用在刚标注的尺寸后，在命令行“指定第二条尺寸界线原点或 [放弃(U)/选择(S)] <选择>:”提示下不键入回车，则以刚标注尺寸的第一条尺寸界线作为本次尺寸标注的第一条尺寸界线。

（ 5 ）标注圆柱尺寸 $\phi44$、$\phi34$

1）定义前缀“ϕ”。单击按钮，在【标注样式管理器】对话框中单击【替代】按钮，弹出【替代当前样式：机械标注】对话框。单击该对话框【主单位】选项卡，在【前缀】文本框中键入“%%C”（即 ϕ），【后缀】中则不填写，如图 6-36 所示。单击【确定】按钮，返回到【标注样式管理器】对话框，再单击【关闭】按钮完成替代样式的创建。

提示

在实际绘图中，往往需要标注一些特殊的字符，如标注度(°)、±、ϕ等。由于这些字符不能从键盘上直接输入，因此AutoCAD提供了相应的控制符，以实现这些标注,详见表6-1。

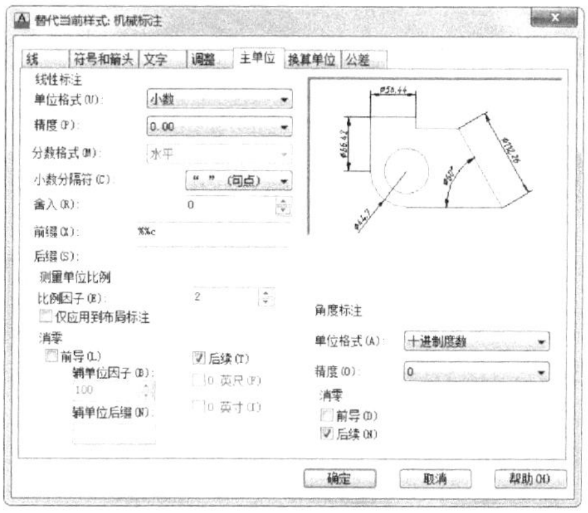

图 6-36　前缀替代

表 6-1　AutoCAD 中常用的标注控制符

控制符	功　能
%%O	打开或关闭文字上划线
%%U	打开或关闭文字下划线
%%D	标注度 (°) 符号
%%P	标注正负公差 (±) 符号
%%C	标注直径 (ϕ) 符号

2）标注 $\phi44$、$\phi34$。单击【标注】工具栏上的按钮，按命令提示进行如下操作：

命令 : DIMLINEAR ↙

指定第一个尺寸界线原点或 < 选择对象 >:(拾取 *P* 点，作为尺寸标注的第一点)

指定第二条尺寸界线原点 : (拾取 *N* 点，作为尺寸标注的第二点)

指定尺寸线位置或 [多行文字 (M)/ 文字 (T)/ 角度 (A)/ 水平 (H)/ 垂直 (V)/ 旋转 (R)]: (在图中合适位置拾取一点作为尺寸线的放置位置)

标注文字 = 44

这样就完成了尺寸 $\phi 44$ 的标注。继续用线性标注命令完成对尺寸 $\phi 34$ 的标注。

提示

类似$\phi 44$的尺寸标注，也可用标注轴总长400的方法标注，即单击【标注】工具栏中【线性】命令按钮⊢⊣进行标注。在拾取第一、第二两条尺寸界线的起点后，在命令行输入“T”回车，然后输入标注文字“%%C44”，然后拖动鼠标确定尺寸线的位置，待位置合适时单击鼠标左键即可。

(6) 标注公差尺寸 $\phi 35^{+0.018}_{+0.002}$

1）定义前缀 ϕ 及公差。单击按钮，在【标注样式管理器】对话框中单击【替代】按钮，弹出【替代当前样式：机械标注】对话框，将该对话框【主单位】选项卡设置同图 6-36 所示，即在【前缀】文本框中键入“%%C”(即 ϕ)。在【公差】选项卡【方式】下拉列表中选择“极限偏差”，选取【精度】为 0.000。【上偏差】改为 0.018，【下偏差】改为 -0.002 ，【高度比例】改为 0.7，【垂直位置】改为“下”(即下极限偏差与基本尺寸平齐)，【公差对齐】中选择【对齐小数分隔符】，结果如图 6-37 所示。单击【确定】按钮返回到【标注样式管理器】对话框，再单击【关闭】按钮完成替代样式的创建。

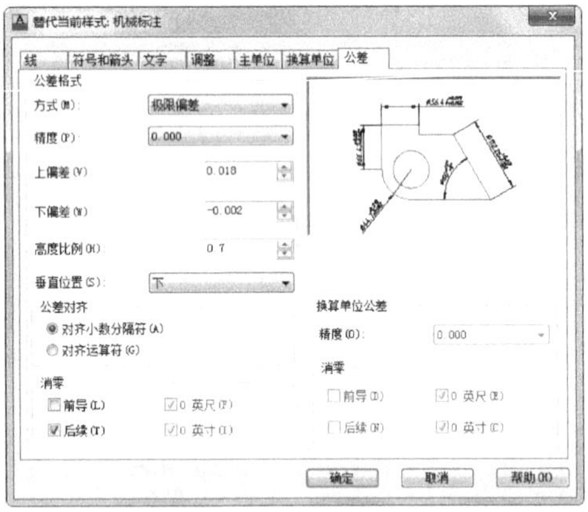

图 6-37 “公差”设置

提示

【公差】选项卡中，系统默认上极限偏差为“+”，下极限偏差为“-”。当上、下偏差数据与默认值同号时，输入数据不带符号。当上、下极限偏差数据与默认值反号时，输入数据前加“-”。如下极限偏差为+0.002，输入值应为-0.002。

2）标注 $\phi 35^{+0.018}_{+0.002}$。单击【标注】工具栏上的按钮⊢⊣，按命令提示进行如下操作：

命令 : DIMLINEAR ↙

指定第一个尺寸界线原点或 < 选择对象 >:(拾取 *L* 点，作为尺寸标注的第一点)

指定第二条尺寸界线原点 : (拾取 *M* 点，作为尺寸标注的第二点)

指定尺寸线位置或 [多行文字 (M)/ 文字 (T)/ 角度 (A)/ 水平 (H)/ 垂直 (V)/ 旋转 (R)]:(在图中合适位置拾取一点作为尺寸线的放置位置)

标注文字 = 35

这样就完成了左侧尺寸 $\phi 35^{+0.018}_{+0.002}$ 的标注。再次用线性标注命令完成对右侧尺寸 $\phi 35^{+0.018}_{+0.002}$ 的标注。

4. 标注断面图尺寸

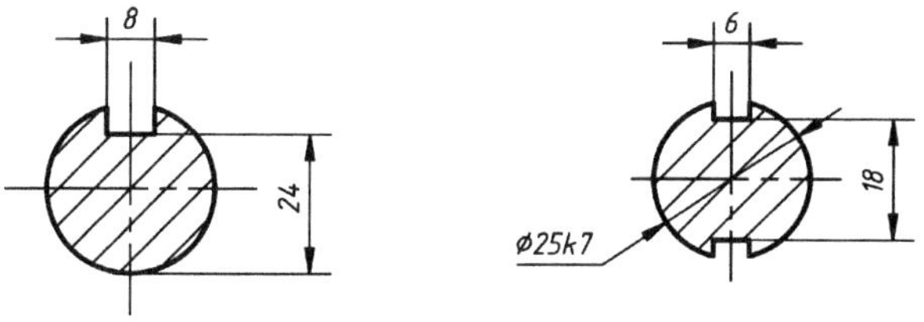

图 6-38　断面图尺寸标注

（1）标注尺寸 8、24、6 和 18

1）单击按钮，在【标注样式管理器】对话框中单击【替代】按钮，弹出【替代当前样式：机械标注】对话框。在该对话框中选取【机械标注】样式，然后单击对话框上的【置为当前】按钮，最后单击【关闭】按钮，则结束尺寸样式的临时替代功能，返回到最初设置的“机械标注”样式。

2）单击【标注】工具栏上的按钮，利用线性标注命令完成对尺寸 8、24、6 和 18 的标注，结果如图 6-38 所示。

（2）标注尺寸 φ25k7

1）单击按钮，在【标注样式管理器】对话框中单击【替代】按钮，在【文字】选项卡中的【文字对齐】选项组选择【ISO 标准】选项；在【主单位】选项卡的【前缀】文本框中键入“%%C”（即 φ），在【后缀】文本框中键入“k7”。最后单击【确定】按钮，完成该“机械标注”样式的临时替代设置。

2）单击【标注】工具栏上的直径标注按钮，或单击功能区【注释】选项卡【标注】面板上的直径标注按钮，或单击菜单栏【标注】→【直径】命令，或键入“DIMDIAMETER”或“DDI”，按命令提示进行如下操作：

命令：DIMDIAMETER ↙

选择圆弧或圆：（在右侧断面图上的圆弧处单击）

标注文字 = 25

指定尺寸线位置或 [多行文字 (M)/ 文字 (T)/ 角度 (A)]:（在圆弧外合适的位置拾取一点，确定尺寸线及文字的位置）

标注文字 = 25

这样就完成了如图 6-38 所示 φ25k7 的尺寸标注。

提示

对于圆弧上的直径尺寸标注，如要把尺寸数字置于圆弧内，采用上述设置标注则会出现图6-39a所示的情形：尺寸线仅有一侧箭头。要想达到图6-39b所示的效果，必须进行重新设置，即在“标注样式管理器”中的“替代”设置中，将【调整】选项卡的【调整选项】组的【文字】选项选中，如图6-40所示。设置完成后再标注即可获得图6-39b所示的效果。

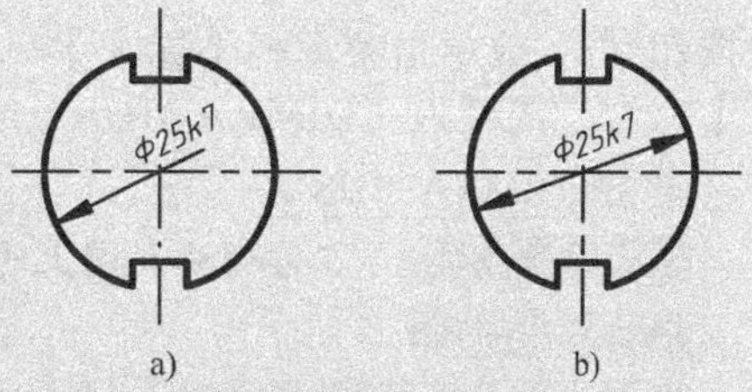

图 6-39　圆弧直径标注

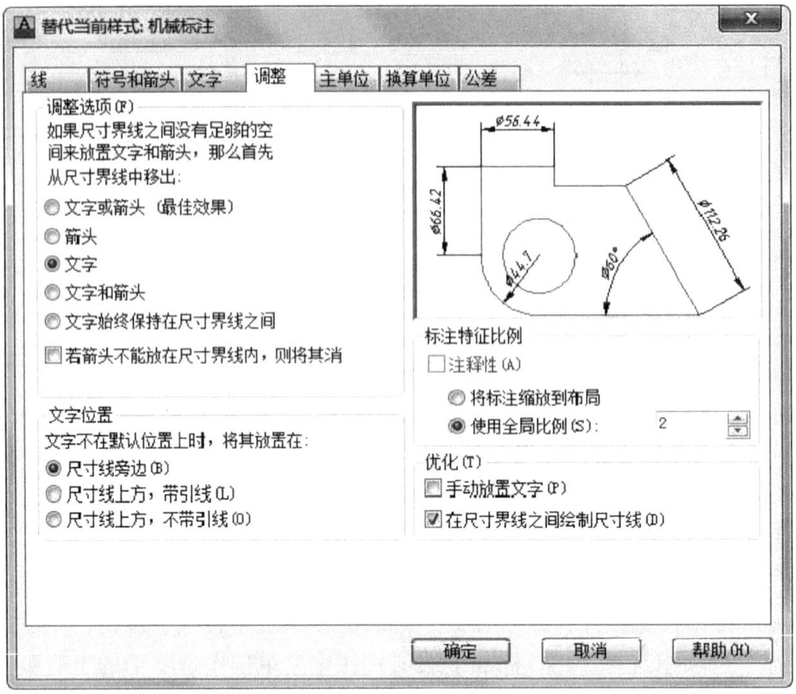

图 6-40 【调整】选项卡的替代样式设置

5. 标注局部放大图尺寸

零件图中的两个局部放大图采用的比例均为 2 : 1，故标注时必须对原机械标注样式进行修改。单击按钮，在标注样式管理器中单击【替代】按钮，弹出【替代当前样式：机械标注】对话框，在该对话框中单击【主单位】选项卡，在该选项卡的【比例因子】文本框中输入比例值“0.5”，单击【确定】按钮返回到【标注样式管理器】对话框，再单击【关闭】按钮完成替代样式的创建。

（1）标注尺寸 10、6　单击【标注】工具栏上的按钮，利用线性标注命令完成对尺寸 10、6 的标注，结果如图 6-41 所示。

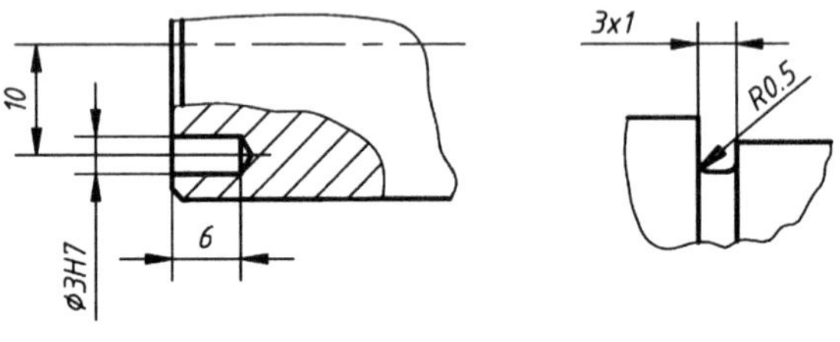

图 6-41　放大图尺寸标注

（2）标注尺寸 *R*0.5　单击【标注】工具栏上半径标注按钮，或单击功能区【注释】选项卡【标注】面板上的半径标注按钮，或单击菜单栏【标注】→【半径】命令，或键入“DIMRADIUS”或“DRA”，按命令提示进行如下操作：

命令：DIMRADIUS ↙

选择圆弧或圆：（在右侧放大图上的圆角处单击）

标注文字 = 0.5

指定尺寸线位置或 [多行文字 (M)/ 文字 (T)/ 角度 (A)]:（在圆角圆弧外合适的位置拾取一点，确定尺寸线及文字的位置）

这样就完成了如图 6-41 所示 *R*0.5 的尺寸标注。

（3）标注尺寸 $\phi 3H7$、3×1

1）单击按钮，在标注样式管理器中单击【替代】按钮，弹出【替代当前样式：机械标注】对话框，在该对话框中单击【主单位】选项卡，在该选项卡的【比例因子】文本框中输入比例值“1”，在【前缀】文本框中输入“%% C”，在【后缀】文本框中输入“H7”。单击【确定】按钮返回到【标注样式管理器】对话框，再单击【关闭】按钮完成替代样式的创建。单击【标注】工具栏上的按钮，利用线性标注命令完成对尺寸 $\phi 3H7$ 的标注。

2）标注尺寸 3×1。将上述样式替代对话框中的【前缀】文本框中的内容去除，不作输入，而把【后缀】文本框中的内容改为“×1”，然后利用线性标注命令完成标注。

提示

在零件图标注中，有时会遇到图6-42所示结构的标注，这就需要用到对齐及角度标注命令。

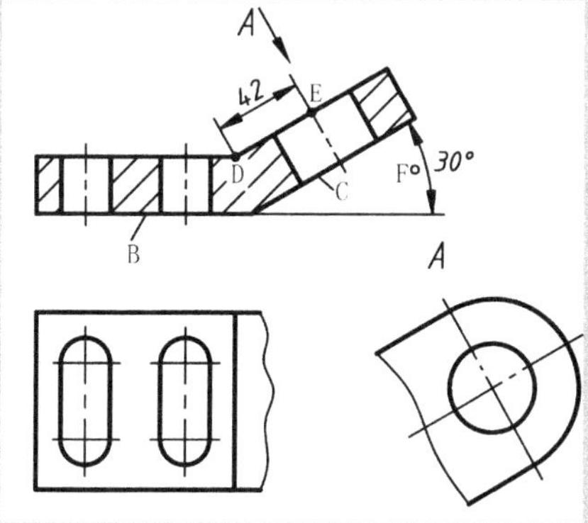

图 6-42　其他结构标注

（1）用对齐命令标注尺寸42　将【机械标注】样式置为当前标注样式，单击【标注】工具栏上的对齐标注图标，或单击功能区【注释】选项卡【标注】面板上的对齐标注图标，或单击菜单栏【标注】→【对齐】命令，或命令行键入“DIMALIGNED”或“DAL”，按命令提示进行如下操作：

命令: DIMALIGNED↙

指定第一个尺寸界线原点或 <选择对象>:（拾取D点，作为尺寸标注的第一点）

指定第二条尺寸界线原点:（拾取E点，作为尺寸标注的第二点）

指定尺寸线位置或[多行文字(M)/文字(T)/角度(A)]:（在图中的合适位置拾取一点作为尺寸线的放置位置）

标注文字＝42

这样就完成了图6-42所示尺寸42的标注。

（2）用角度命令标注角度30°　角度标注中，角度数字必须水平书写，且要位于尺寸线中部或外侧，因此首先要对标注样式进行相关设置，然后才能标注。

1）单击图标，在【标注样式管理器】对话框中单击【替代】按钮，弹出【替代当前样式：机械标注】对话框。单击该对话框【文字】选项卡，在【文字位置】选项组【垂直】下拉列表中选择【外部】选项，在【文字对齐】选项组中点选【水平】选项，如图6-43所示。单击【确定】按钮返回到【标注样式管理器】对话框，再单击【关闭】按钮完成替代样式的创建。

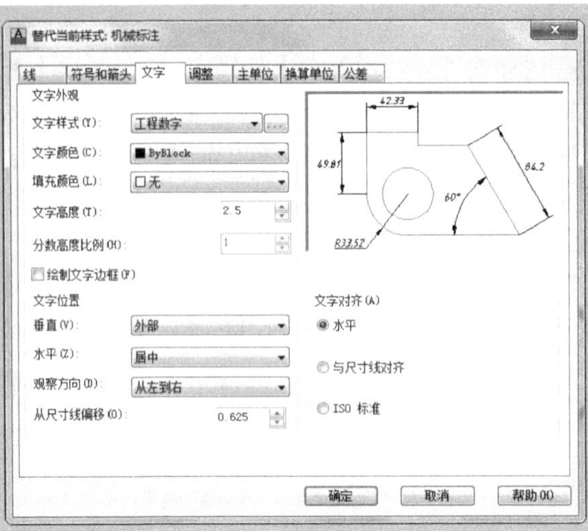

图 6-43　角度标注样式设置

2）单击【标注】工具栏上的角度标注图标，或单击功能区【注释】选项卡【标注】面板上的角度标注图标，或单击菜单栏【标注】→【角度】命令，或键入“DIMANGULAR”或“DAN”，按命令提示进行如下操作：

命令: DIMANGULAR↙

选择圆弧、圆、直线或 <指定顶点>:（拾取*B*边）

选择第二条直线:（拾取*C*边）

指定标注弧线位置或 [多行文字(M)/文字(T)/角度(A)/象限点(Q)]:（拾取*F*点，作为标注弧线位置）

标注文字 = 30

这样就完成了如图6-42所示角度30°的标注。

四、零件图尺寸编辑

对零件进行标注时，由于种种原因，有些标注好的尺寸可能不符合要求，AutoCAD 提供了尺寸编辑的功能，用户不必删除已有的尺寸标注。

1. 修改尺寸数字

（1）利用【特性】对话框修改　例如，将图 6-44a 所示的尺寸 28 修改为图 6-44b 所示的尺寸 ϕ28f7。

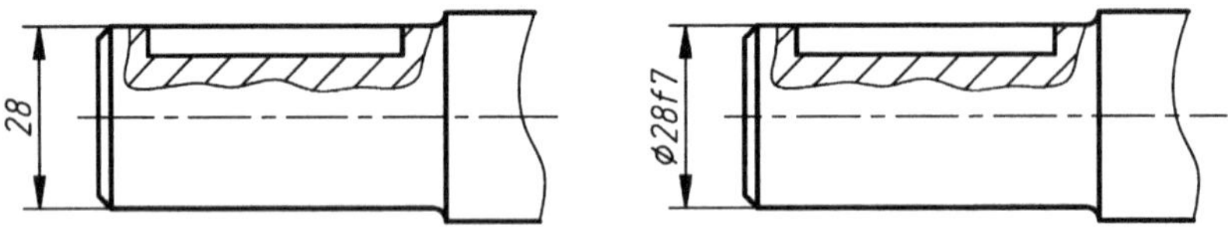

a)　　　　b)

图 6-44　修改尺寸数字示例一

选择要修改的尺寸（即单击“28”），单击【标准】工具栏上的按钮或单击菜单【修改】→【特性】或键入“PROPERTIES”，打开【特性】对话框，在【文字替代】文本框中输入“%%C28f7”，如图 6-45a 所示。关闭【特性】对话框，并按 Esc 键退出该尺寸的选择状态，结果如图 6-44b 所示，此时 ϕ28f7 替代了原来的尺寸 28。

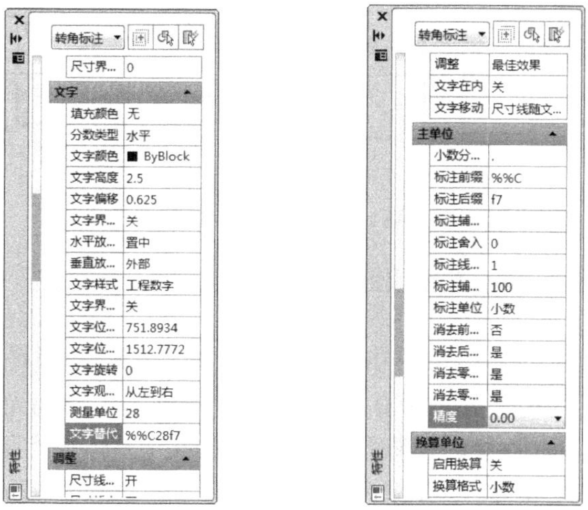

a）　　　　b）

图 6-45 【特性】对话框

> **提示**
>
> 1）利用【特性】对话框【主单位】选项组也可以修改本例尺寸，即在【前缀】文本框中输入“%%C”,在【后缀】文本框中输入“f7”即可，如图6-45b所示。
>
> 2）【特性】对话框选项组几乎包含了【尺寸样式管理器】中各选项卡中的设置，用户可进行多种标注样式修改，包括公差、角度标注等。

（2）通过双击尺寸数字修改　例如，将图 6-46a 所示的尺寸 28 修改为图 6-46b 所示的尺寸 ϕ30f7。

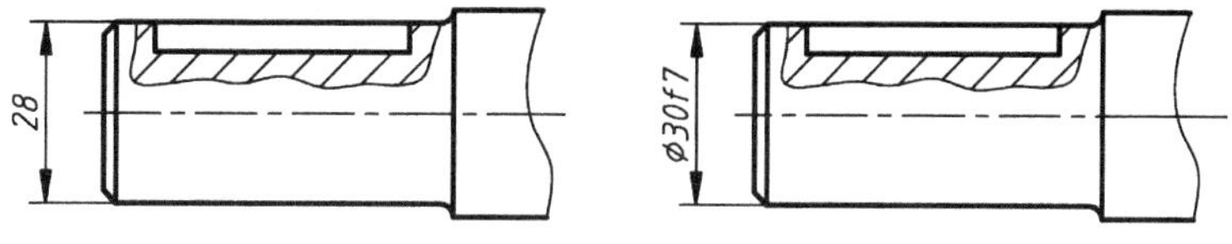

a)　　　　b)

图 6-46　修改尺寸数字示例二

双击尺寸数字 28，此时出现如图 6-47 所示的文字格式框和一个带有蓝色背景的 28 的方框。移动光标，在 28 前添加数据为前缀，在 28 后添加后缀。如果将 28 全部覆盖，则输入的文字整体替代原尺寸标注。这里采用全部覆盖输入“%%C30f7”，用鼠标在框外单击，结果如图 6-46b 所示。

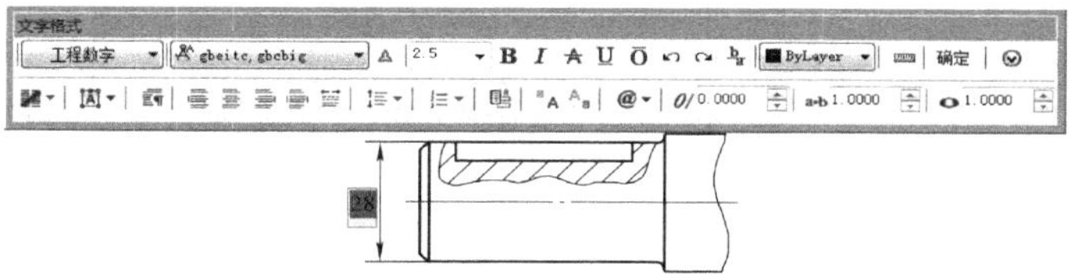

图 6-47　双击尺寸数字后的效果

（3）利用编辑标注命令修改　例如，将图 6-48a 所示的尺寸 28、34 修改为图 6-48b 所示的尺寸 ϕ28 及 ϕ34。

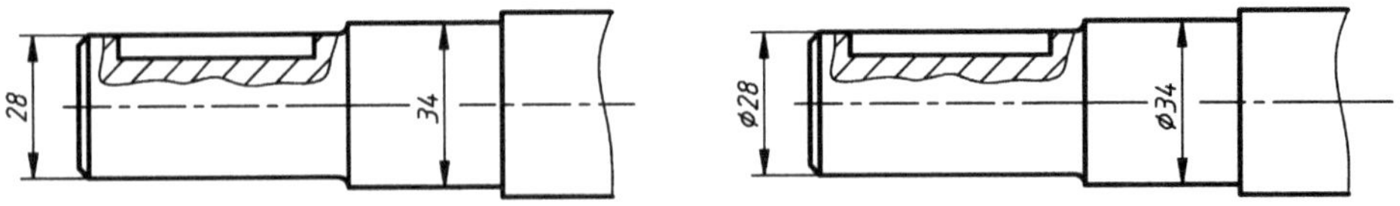

a) b)

图 6-48 修改尺寸数字示例三

单击【标注】工具栏上的按钮或键入“DED”，按命令提示进行如下操作：

命令：DIMEDIT ↙

输入标注编辑类型 [默认 (H)/ 新建 (N)/ 旋转 (R)/ 倾斜 (O)] < 默认 >: N ↙

此时出现一个如图 6-49a 所示的带有蓝色背景的 0 的方框。移动光标，在 0 前添加数据为前缀，在 0 后添加后缀。如果将 0 全部覆盖，则输入的文字整体替代原尺寸标注。这里只在 0 前添加“%%C”，如图 6-49b 所示，用鼠标在框外单击，然后按命令提示进行如下操作：

a) b)

图 6-49 编辑文字

选择对象：(选择尺寸 28)

选择对象：(选择尺寸 34)

选择对象：↙（结束选择）

被选中的尺寸标注修改成新的数据，结果如图 6-48b 所示。

提示

编辑标注命令的其他选项如下：

1）【默认】选项：移动尺寸标注文字到标准的默认文字位置与角度。

2）【旋转】选项：移动尺寸标注文字到新的角度。

3）【倾斜】选项：将尺寸界线倾斜一个新的角度。

2. 调整尺寸标注的位置

（1）调整尺寸文字位置 例如，将图 6-50a 所示的尺寸 $\phi34$ 位置修改为图 6-50b 所示的位置。

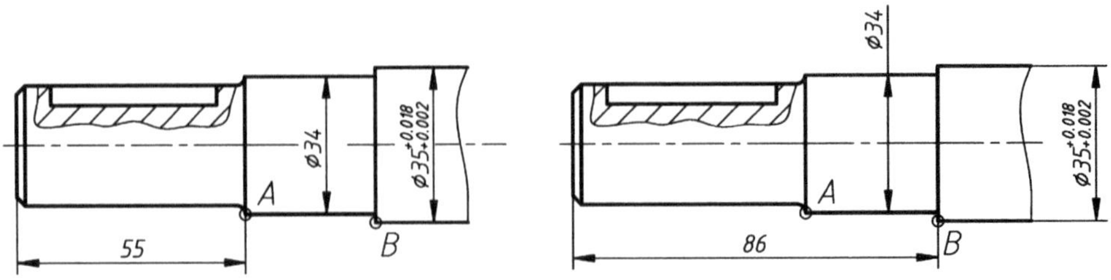

a) b)

图 6-50 调整尺寸标注的位置

用鼠标单击尺寸 $\phi34$，该尺寸上出现 5 个矩形蓝色夹点 (图 6-51a)。移动鼠标到文字附近的夹点，则此夹点将变成红色，并出现一个快捷菜单选项组如图 6-51b 所示。用户可以选择菜单中的某一选项进行操作，这里采用单击该夹点的做法（相当于选择【拉伸】项)，然后向上拖动鼠标并在合适的位置单击，即完成尺寸文字位置调整，结果如图 6-50b 所示。

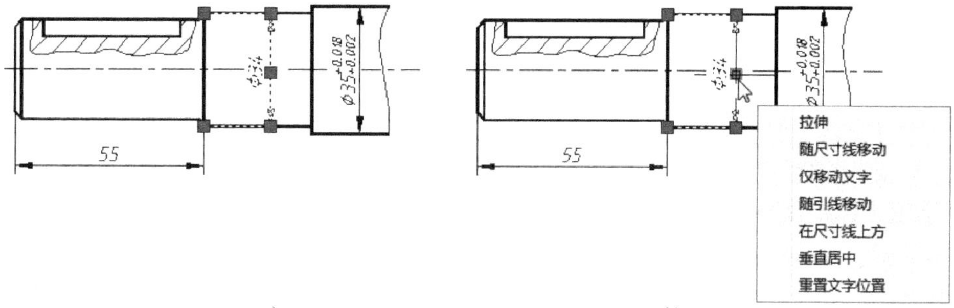

a)　　　　b)

图 6-51　调整尺寸文字位置操作

（2）调整尺寸线位置　例如，将图 6-50a 中的尺寸 $\phi35^{+0.018}_{+0.002}$ 位置修改为图 6-50b 所示位置。

调整尺寸线位置的做法与调整文字位置做法几乎相同，单击尺寸 $\phi35^{+0.018}_{+0.002}$ 处的夹点后，向右移动鼠标然后在合适的位置单击即可。

（3）调整尺寸界线位置　例如，将图 6-50a 所示的尺寸 55 右侧尺寸界线从位置 *A* 修改为图 6-50b 所示的位置 *B*。

用鼠标单击尺寸 55，该尺寸上出现 5 个矩形蓝色夹点，移动鼠标到 *A* 处夹点，则此夹点将变成红色，并出现【端点】文本，如图 6-52 所示。单击该夹点，然后向右拖动鼠标在 *B* 点处单击，(图 6-50b)，右端尺寸界线发生移动，同时尺寸数字亦发生变化。

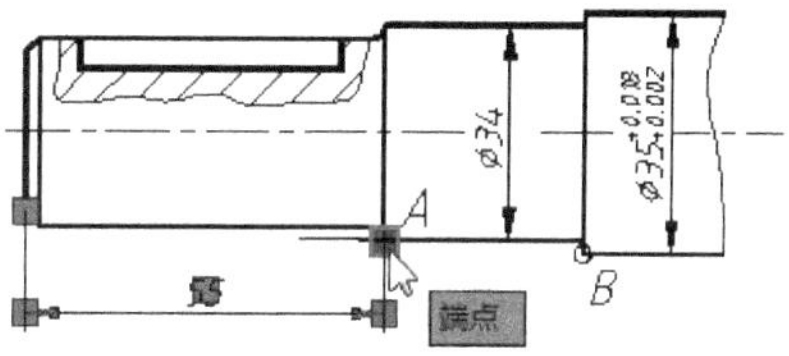

图 6-52　调整尺寸线位置操作

提示

如果用户在标注尺寸过程中是根据命令行提示“指定尺寸线位置或 [多行文字(M)/文字(T)/角度(A)]:”选取了【文字(T)】选项产生的尺寸或利用【特性】对话框中【文字替代】文本框修改后的尺寸，这些尺寸用上述方法调整尺寸界线位置后尺寸数字不会发生改变。

3. 更新尺寸标注样式设置

例如，将图 6-53a 所示的尺寸 *R*0.5 的标注样式修改为图 6-53b 所示的尺寸样式。

（1）设置标注更新样式　单击【标注样式管理器】对话框中的【替代】按钮，在【文字】选项卡中的【文字对齐】选项组选择“ISO 标准”选项，其余设置与图 6-53a 中尺寸 *R*0.5 的标注样式相同，单击【确定】按钮返回 。

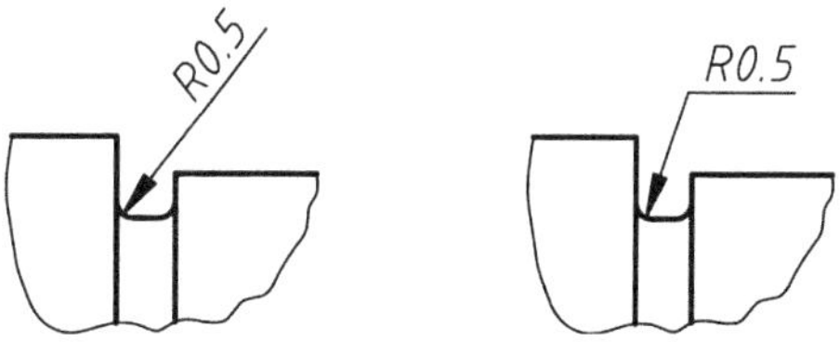

a)　　　　b)

图 6-53　更新尺寸标注样式

（2）更新尺寸标注样式　单击【标注】工具栏上的按钮，或单击功能区【注释】选项卡【标注】

面板上的按钮，或单击菜单栏【标注】→【更新】，按命令提示进行操作：

命令：DIMSTYLE ↙

当前标注样式：机械标注　注释性：否

当前标注替代：

DIMLFAC　　1.0000

DIMSCALE　　2.0000

DIMTOFL　　关

DIMTOH　　开

输入标注样式选项

[注释性(AN)/保存(S)/恢复(R)/状态(ST)/变量(V)/应用(A)/?] <恢复>: _apply

选择对象：（选择 $R0.5$ 的尺寸）

选择对象：↙（可继续选择其他要修改样式的尺寸，这里回车结束命令）

被选取的尺寸标注样式将发生改变，结果如图 6-53b 所示。

五、零件图中倒角的标注

在图 6-1 所示的零件图中，主视图轴的左右两端倒角采用了引线形式标注。图 6-54 所示为轴左端倒角的标注。可以看出，对此类标注无法采用上述尺寸标注的方法。用户可以用多重引线命令或标注引线命令来创建，由于用标注引线命令创建倒角较用多重引线命令创建方便，故这里采用标注引线命令来创建，多重引线命令的使用方法将在后续章节讲解。

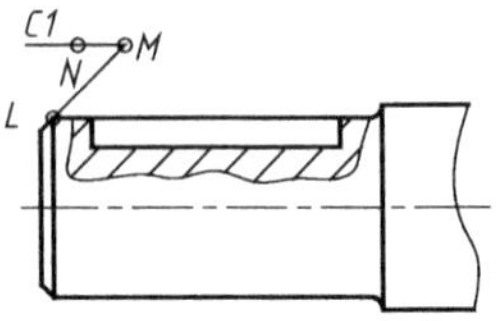

图 6-54　轴上倒角的标注

在默认状态下，标注引线命令或按钮在菜单栏、功能区及工具栏中是不显示的，用户可通过设置让其显示，通常用户在命令行输入采用命令操作即可。在命令行输入“QLEADER”或“LE”，接下来根据命令行提示进行如下操作：

命令：QLEADER ↙

指定第一个引线点或 [设置(S)] <设置>: ↙（回车采用默认项，即设置标注形式）

系统弹出【引线设置】对话框，单击【注释】选项卡，选中【注释类型】选项组中的【多行文字】选项，如图 6-55 所示。单击【引线和箭头】选项卡，在【箭头】下拉列表框选择【无】选项，如图 6-56 所示。单击【附着】选项卡，勾选【最后一行加下划线】，如图 6-57 所示，单击【确定】按钮，继续按命令行提示进行如下操作：

图 6-55 【注释】选项卡

指定第一个引线点或 [设置(S)] <设置>:（拾取 L 点。该点为引线起点，如图 6-54 所示）

指定下一点：（拾取 M 点，该点为引线第二点，保证 LM 连线成 45° 角）

指定下一点：（拾取 N 点，该点为引线第三点，注意 MN 段为水平线，长度要短）

指定文字宽度 <0>: ↙（回车默认操作）

输入注释文字的第一行 < 多行文字 (M)>: C1 ↙

输入注释文字的下一行: ↙（结束命令）

图 6-56　【引线和箭头】选项卡

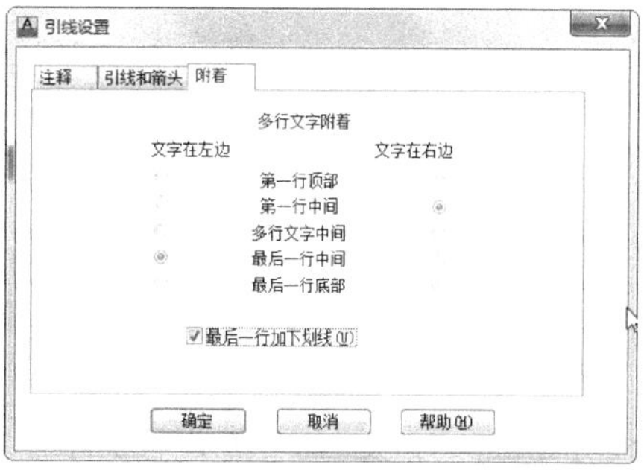

图 6-57　【附着】选项卡

这样就完成了主视图左端倒角标注的操作。用同样方法完成主视图右端倒角标注。

技巧

1）倒角标注中的文字样式、大小与当前设置的标注样式是关联的，要使倒角标注中的文字样式、大小与当前尺寸标注中的字体样式、大小一致，必须将该尺寸标注样式置为当前。

2）在默认状态下，标注引线命令或图标在菜单栏、功能区及工具栏中是不显示的，用户可通过设置让其显示，具体做法是单击菜单栏【视图】→【工具栏】，在弹出的【自定义用户界面】对话框（图6-58）中选中下部【命令列表】中的【标注，引线】项，然后拖动鼠标到上部【所有文件中的自定义设置】栏中的【功能区】、【工具栏】及【菜单】中的适当位置。

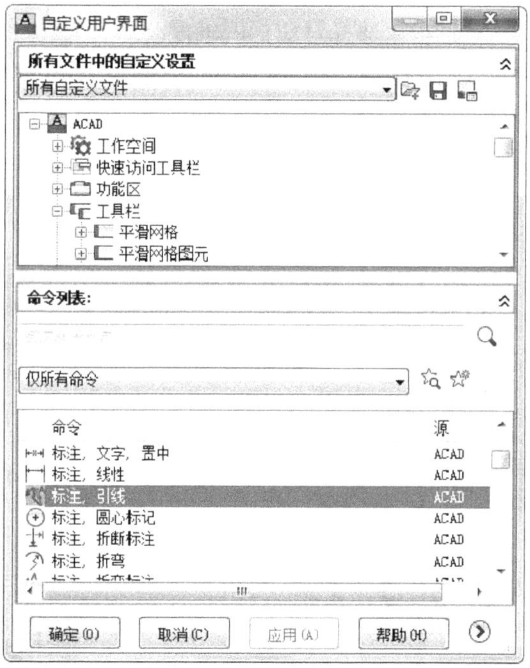

图 6-58　添加【标注引线】命令或图标

六、零件图中几何公差的标注

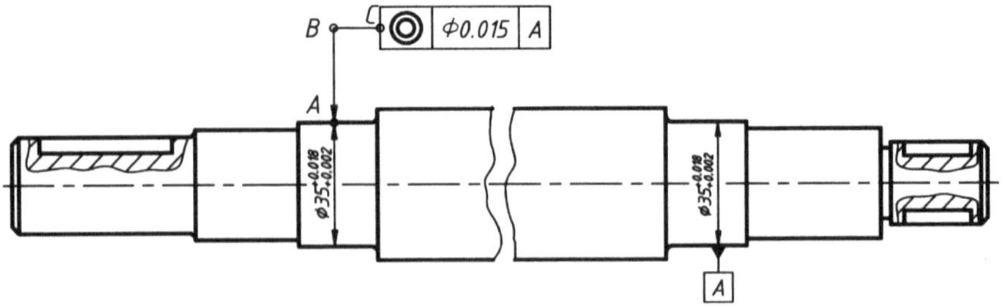

图 6-59 几何公差的标注

几何公差标注包含几何公差代号标注及基准符号标注两部分。

1. 几何公差代号标注

对于图 6-59 所示的几何公差代号标注，采用标注引线命令进行几何公差标注较为简便。

在命令行输入“QLEADER”或“LE”，根据命令行提示进行如下操作：

命令：QLEADER ↙

指定第一个引线点或 [设置 (S)] < 设置 >: ↙（回车采用默认项，即设置标注形式）

系统弹出【引线设置】对话框，单击【注释】选项卡，选中【注释类型】选项组中的【公差】选项，如图 6-60 所示。单击【引线和箭头】选项卡，在【箭头】下拉列表框中选择【实心闭合】选项，如图 6-61 所示。单击【确定】按钮，继续按命令行提示进行如下操作：

指定第一个引线点或 [设置 (S)] < 设置 >:（拾取 *A* 点。该点为引线起点，如图 6-59 所示）

指定下一点 :（拾取 *B* 点，该点为引线第二点）

指定下一点 :（拾取 *C* 点，该点为引线第三点）

系统将弹出图 6-62 所示的【形位公差】对话框。单击【符号】区下的黑框■，系统弹出如图 6-63 所示的【特征符号】对话框。选择对应的同轴度公差符号，系统将直接返回【形位公差】对话框，在“公差 1”区下的黑框■单击，将在该黑框中出现直径“ϕ”符号，然后在“公差 1”区下的文本框中输入“0.015”，在“基准 1”区下的文本框中输入 A。单击【确定】按钮完成该几何公差代号的标注。

图 6-60 【注释】选项卡

图 6-61 用于几何公差标注的【引线和箭头】选项卡设置

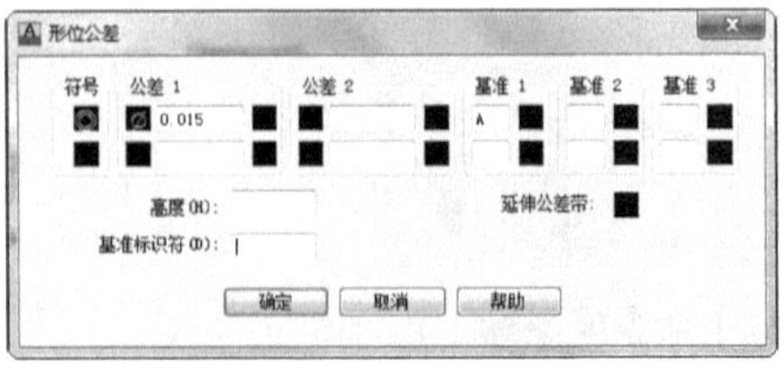

图 6-62 【形位公差】对话框

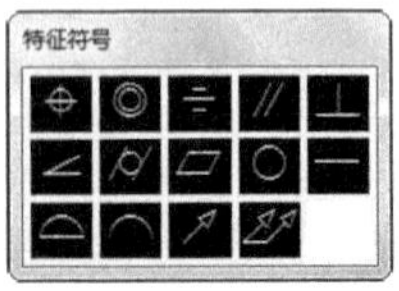

图 6-63 【特征符号】对话框

技巧

1）几何公差代号标注中的文字样式、文字及引线箭头的大小与当前设置的标注样式是关联的。要几何公差标注中的文字样式、文字及引线箭头的大小与当前尺寸标注中的相关参数一致，必须将该尺寸标注样式置为当前。

2）如果单击【标注】工具栏上的按钮，或单击功能区【注释】选项卡【标注】面板上的按钮，或单击菜单栏【标注】→【公差】，启动该命令生成几何公差代号是不含引线和箭头的，还需要用多重引线等命令补充箭头和引线，操作较为复杂。

2. 基准符号标注

用绘图命令绘制如图 6-64 所示基准符号的图形部分，符号上部黑三角为等边三角形，边长“*h*”为尺寸数字高度。本零件图中尺寸数字高度为 5，即 h=5；符号下部为正方形，边长为“2*h*”。图形部分绘制好后，再用单行文字命令创建基准符号的字母，字体样式为“工程数字”，字高为 5。基准符号创建好后，用移动命令将符号移到合适的位置。

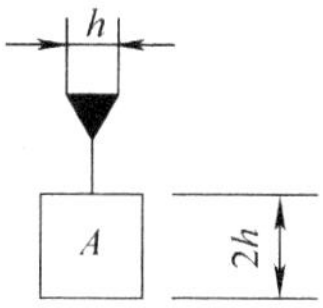

图 6-64 基准符号尺寸

七、零件图中表面粗糙度的标注

零件图中表面粗糙度的标注是通过创建块和插入块操作来完成的。

1. 创建表面粗糙度块

1）用绘图命令绘制如图 6-65 所示表面粗糙度符号的图形部分，下部为等边三角形，尺寸“*h*”为尺寸数字高度。本零件图中尺寸数字高度为 5，即 h=5。上部水平线的长度约 4*h*。

2）单击菜单栏中的【绘图】→【块】→【定义属性】命令，或单击功能区【插入】选项卡【块定义】面板上的按钮，弹出【属性定义】对话框，在该对话框中作如图 6-66 所示的设置，单击【确定】按钮，系统返回到绘图窗口，鼠标处显示内容为“CCD”的文字，移动鼠标在前面绘制的表面粗糙度图形中的合适位置上单击，最终效果为$\sqrt{CCD}$。

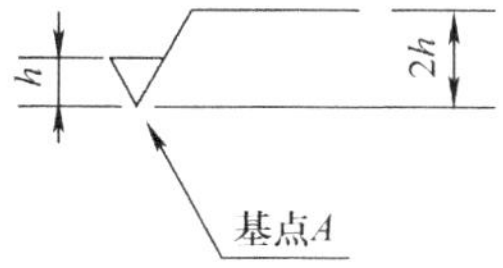

图 6-65 表面粗糙度符号图形

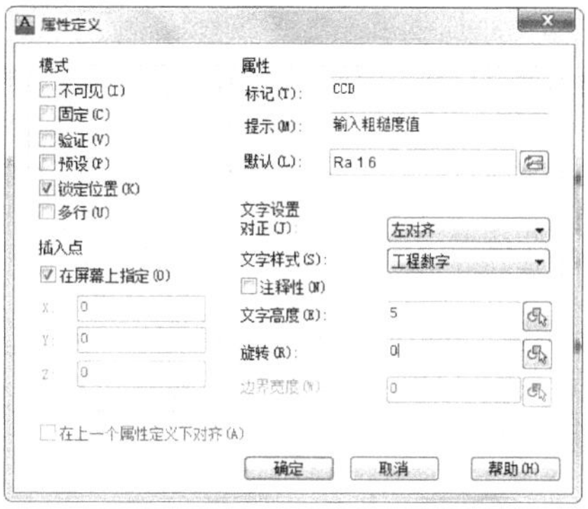

图 6-66 【属性定义】对话框

技巧

图6-66所示的【属性定义】对话框中【属性】区的【默认】文本框用于输入表面粗糙度的一个值。该值可任意输入，但用户如果把零件图中标注最多的那个表面粗糙度值作为输入值，可提高标注操作的速度。另外，要注意对话框中的【文字设置】区【文字样式】及【文字高度】应与当前尺寸标注中的字体样式、大小一致。

3）单击菜单栏【绘图】→【块】→【创建】命令，或单击【绘图】工具栏中的【创建块】按钮，或单击功能区【插入】选项卡中的【块定义】面板上的按钮，或在命令行输入“BLOCK”，弹出【块定义】对话框，并在【名称】文本框中输入“粗糙度”，如图 6-67 所示。单击对话框中【拾取点】左侧按钮，系统返回到绘图窗口，在屏幕上拾取表面粗糙度符号图形中三角形下端顶点，即图 6-65 所示的基点 *A*，系统将返回到【块定义】对话框。单击对话框中【选择对象】左侧按钮，系统又返回到绘图窗口，选取表面粗糙度符号图形及属性文字，即√CCD部分，回车后系统再次返回到【块定义】对话框，单击【确定】按钮，系统弹出如图 6-68 所示的【编辑属性】对话框。如无需对该对话框进行编辑，可直接单击【确定】按钮完成表面粗糙度块的创建。

图 6-67 【块定义】对话框

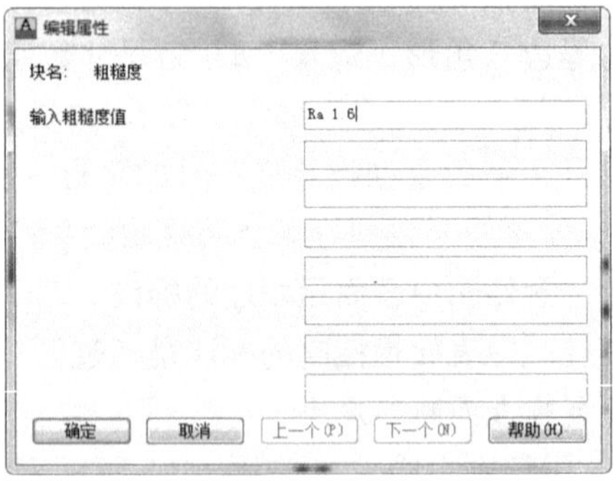

图 6-68 【编辑属性】对话框

提示

1）在【块定义】对话框中的【对象】区点选【保留】选项，则图中用于定义为块的对象在块命令操作完成之后仍被保留在图形中；选择【转换为块】选项，则用于定义为块的对象在块命令操作完成之后已转换成图块√Ra 1.6；选择【删除】选项，则用于定义为块的对象在块命令操作完成之后被删除不可见。

2）创建块还可以采用写块命令（WBLOCK）。该命令与创建块命令（BLOCK）的区别在于：用WBLOCK命令创建的图块不仅可被当前的图形文件调用，而且也可以被其他图形文件调用；而用BLOCK命令创建的图块只能被当前的图形文件调用。写块命令操作将在第二节讲解。

2. 插入表面粗糙度块

（1）标注图 6-69 中的表面粗糙度 *Ra* 3.2　单击菜单栏中的【插入】→【块】命令，或单击【绘图】工具栏中的插入块按钮，或单击功能区【插入】工具栏中的【块】面板上的按钮，或在命令行输入“INSERT”，系统弹出【插入】对话框。在【名称】文本框下拉列表中选择刚创建好的【粗糙度】块名称，在【插入点】区下勾选【在屏幕上指定】选项，在【旋转】区【角度】文本框输入“90”，如图 6-70 所示。单击【确定】按钮，系统返回到绘图窗口，根据命令行提示进行如下操作：

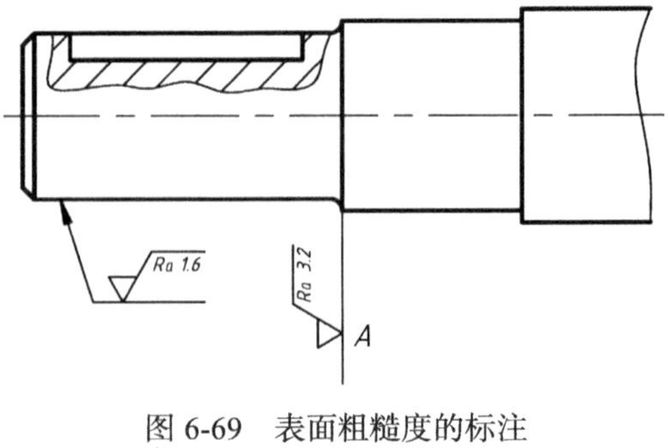

图 6-69　表面粗糙度的标注

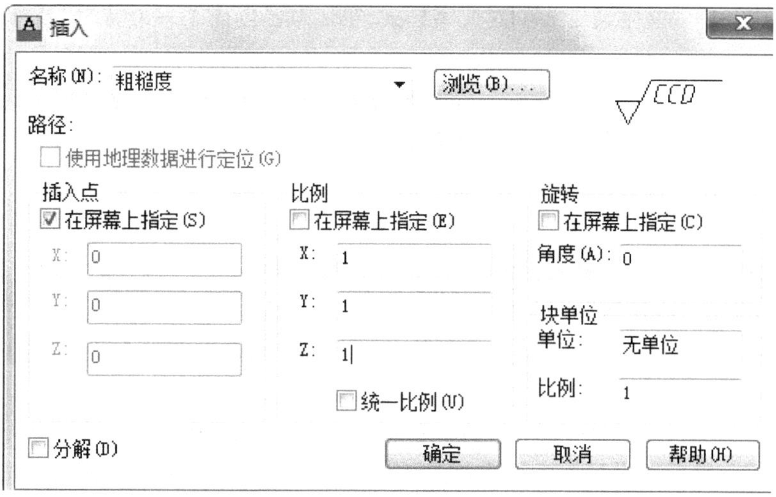

图 6-70 【插入】对话框

命令：INSERT ↙

指定插入点或 [基点 (B)/ 比例 (S)/X/Y/Z/ 旋转 (R)]:(在图 6-69 所示的轮廓线延长线 *A* 处上拾取一点作为插入点)

输入属性值

输入粗糙度值 <Ra 1.6>: Ra 3.2 ↙

这样就完成了图 6-69 中表面粗糙度 *Ra* 3.2 的标注。

技巧

1）从【插入块】命令操作可以看出，创建块时定义的基点在插入块时将附着在插入点上，故在创建块时基点的定义位置很重要，定义好则操作较为方便，否则需在插入块操作过程中根据命令行提示“指定插入点或 [基点(B)/比例(S)/X/Y/Z/旋转(R)]:”输入选项“B”,然后重新定义基点。

2）命令行提示“指定插入点或 [基点(B)/比例(S)/X/Y/Z/旋转(R)]:”中的“比例(S)/X/Y/Z”项和“旋转(R)”项与【插入】对话框中【比例】区和【旋转】区设置效果是一致的，可以使标注后的表面粗糙度符号产生旋转及尺寸变化。

（2）标注图 6-70 中的表面粗糙度 *Ra* 1.6

1）创建标注引线。采用标注引线命令来创建。在命令行输入“QLEADER”或“LE”，然后根据命令行提示进行操作。直接绘制引线的操作方法与几何公差代号的标注过程相同，即在系统弹出【形位公差】对话框时不作任何设置，直接单击【确定】按钮即可。

2）用插入块命令在引线上标注表面粗糙度。在【插入】对话框的【旋转】区【角度】文本框输入“0”，其他操作方法同图 6-69 中的表面粗糙度 *Ra* 3.2 标注。注意：在命令行提示中出现“输入粗糙度值 <Ra 1.6>:”时，可直接回车，无需输入“*Ra* 1.6”。

（3）标注零件其他表面粗糙度　用同样的方法完成零件其他表面粗糙度的标注。

八、零件图中文字技术要求及标题栏的填写

1. 建立文字技术要求

建立文字技术要求用单行文字命令创建时，需多次使用该命令方能完成，故这里采用多行

文字命令来创建。创建文字通常要创建文字样式,第二章已创建了一个名为“汉字”的文字样式,这里不再赘述。

单击【绘图】工具栏上的按钮A,或单击功能区【注释】选项卡【文字】面板上的多行文字按钮A,或单击菜单栏【绘图】→【文字】→【多行文字】命令,或命令行键入“MTEXT”或“MT”,按命令提示进行如下操作:

命令:MTEXT↙

当前文字样式:“汉字” 文字高度: 5 注释性: 否

指定第一角点:(在绘图窗口拾取一点作为第一角点)

指定对角点或[高度(H)/对正(J)/行距(L)/旋转(R)/样式(S)/宽度(W)/栏(C)]:(在绘图窗口拾取一点作为对角点)

绘图窗口将弹出【文字格式】对话框及书写框。在【文字格式】对话框中选择文字样式、设置文字高度等,然后在书写框中输入相应的文字。当一行文字输入完成后,按回车键进行下一行的输入,如图 6-71 所示。文字输入完成后,单击【文字格式】对话框右上角的【确定】按钮,完成文字技术要求的创建。

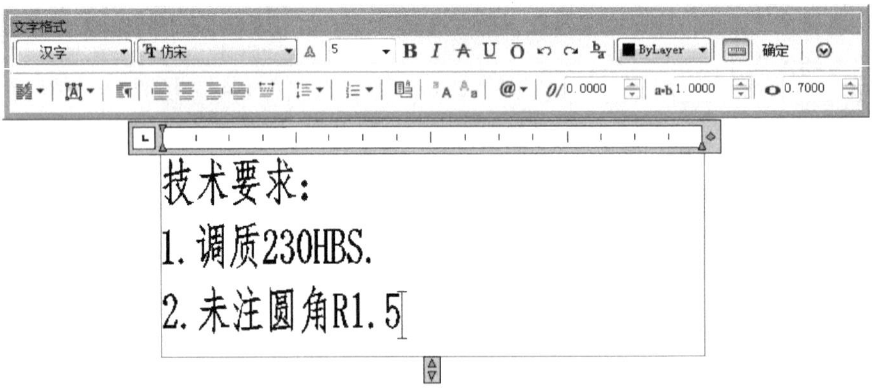

图 6-71 用多行文字命令创建文字

提示

1)用多行文字命令创建文字过程中,命令行提示要求用户指定两个角点,其目的是要建立一个矩形书写框,两角点即为矩形的对角点。

2)如果创建的文字位置不在所需的位置上,可用移动命令来调整。

2. 填写标题栏

标题栏文字的填写可采用单行文字或多行文字命令来创建,创建方法同前。至此,完成整个零件图的绘制。

第二节 装配图的绘制

一张完整的装配图由一组视图、尺寸标注、技术要求、明细栏和标题栏组成,其中,尺寸标注、技术要求和标题栏的标注和填写方式与上一节的操作类似。本节以图 6-72 所示铣刀头装配图为例,重点介绍装配图的绘制、零件序号的标注及明细栏的创建与填写。

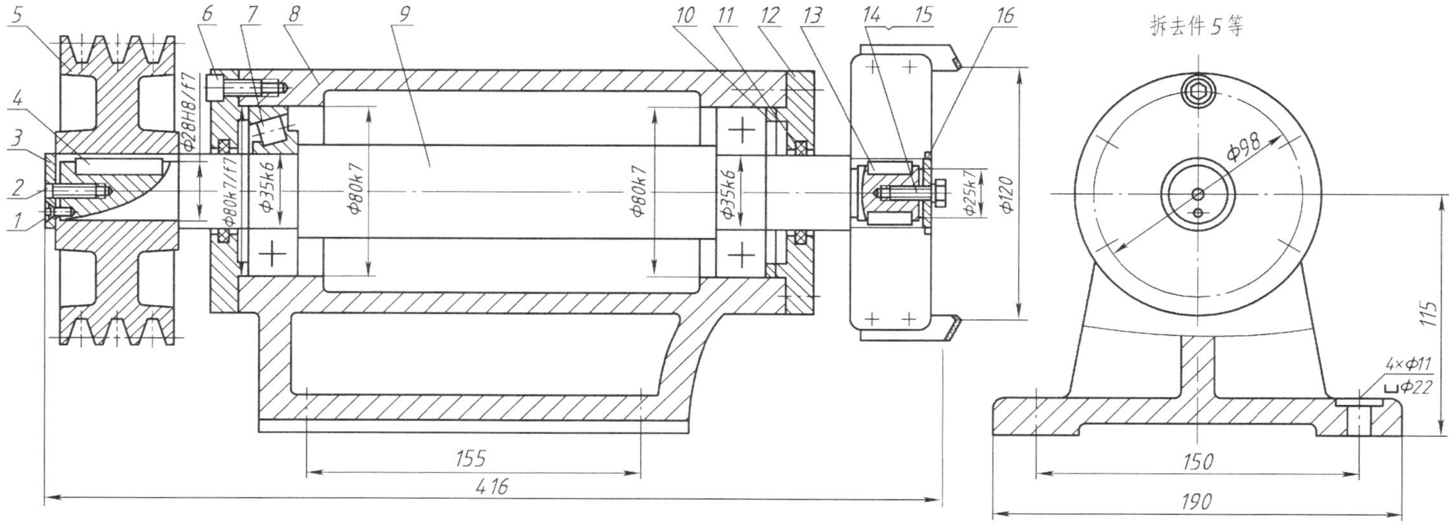

技术要求:
1. 安装调试时带轮应转动灵活平稳。
2. 铣刀头装配后轴相对于座体底面的平行度误差不大于0.04。
3. 滚动轴承用专用润滑脂润滑。

序号	代号	名称	数量	材料
16	GB/T892	挡圈 B32	1	
15	GB/T5782	螺栓 M6×20	1	
14	GB/T93	垫圈 6	1	
13	GB/T1096	键 6×6×20	2	
12	XDT-06	端盖	2	HT200
11	XDT-05	密封圈	2	毛毡
10	XDT-04	调整环	1	Q235
9	XDT-03	轴	1	45
8	XDT-02	座体	1	HT200
7	GB/T273.1	轴承 30307	2	
6	GB/T70	螺钉 M8×20	12	
5	XDT-01	带轮	1	HT150
4	GB/T1096	键 8×7×40	1	
3	GB/T891	挡圈 A35	1	
2	GB/T68	螺钉 M6×20	1	
1	GB/T119	销 A3×12	1	

单件	总计	备注			
重量					
标记	处数	分区	更改文件号	签名	年月日
设计		年月日	标准化	签名	年月日
制图					
审核					
工艺					
阶段标记	重量	比例			
XXX设计院					
铣刀头					
XDT-00					

图 6-72　铣刀头装配图

一、绘制装配图形

用计算机绘制装配图形，通常有拼装和直接绘制两种方法。拼装是将组成装配图的零件图形做成图块并插入至适当位置再进行编辑。直接绘制是将所有的零件图形直接画到合适位置而形成装配图，其做法与零件图绘制相同，这里不再赘述。本节重点介绍装配图拼装法。拼装法作图步骤为：建立零件图块→插入图块→编辑图形。

1. 建立零件图块

（1）创建传动轴图块

1）画出传动轴视图。利用绘图命令绘制如图 6-73 所示的传动轴视图。

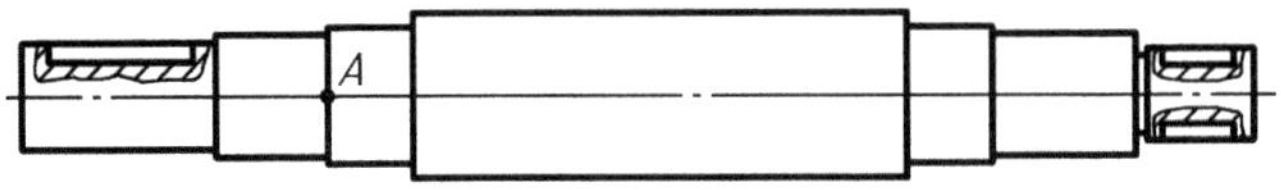

图 6-73　传动轴视图

2）定义图块。由于装配图和零件图通常绘制在不同的文件中，所以要使创建的图块被不同文件的图形使用，需使用写块命令。

在命令行输入命令“WBLOCK”或“W”，系统弹出如图 6-74 所示【写块】对话框，单击对话框中【拾取点】左侧按钮，系统返回到绘图窗口。在屏幕上拾取图 6-73 所示的 *A* 点，系统将返回到【写块】对话框。再单击对话框中选择对象左侧按钮，系统又返回到绘图窗口，选取传动轴视图作为块对象，回车后系统再次返回到【写块】对话框。在对话框中的【插入单位】下拉列表框中选择【毫米】单位项；单击对话框中的【文件名和路径】文本框右侧按钮，弹出【浏览图形文件】对话框，可以为要创建的块指定保存路径和名称，在【文件名】文本框输入“CDZ”，如图 6-75 所示。单击【保存】按钮，系统再一次返回到【写块】对话框，此时单击【确定】按钮完成块的创建，结果创建了一个名为“CDZ”的传动轴视图块。

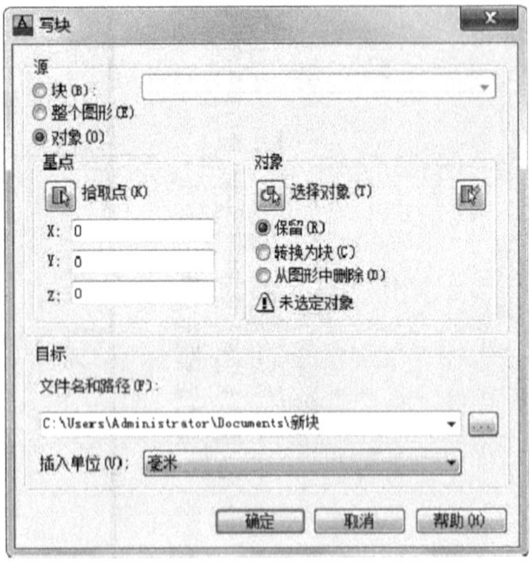

图 6-74 【写块】对话框

图 6-75 【浏览图形文件】对话框

（2）创建其他零件图块　用同样的方法将铣刀头的其他零件视图（图 6-76）创建为图块，零件图块名及创建时的基点选取必须和表 6-2 所列的内容一致。

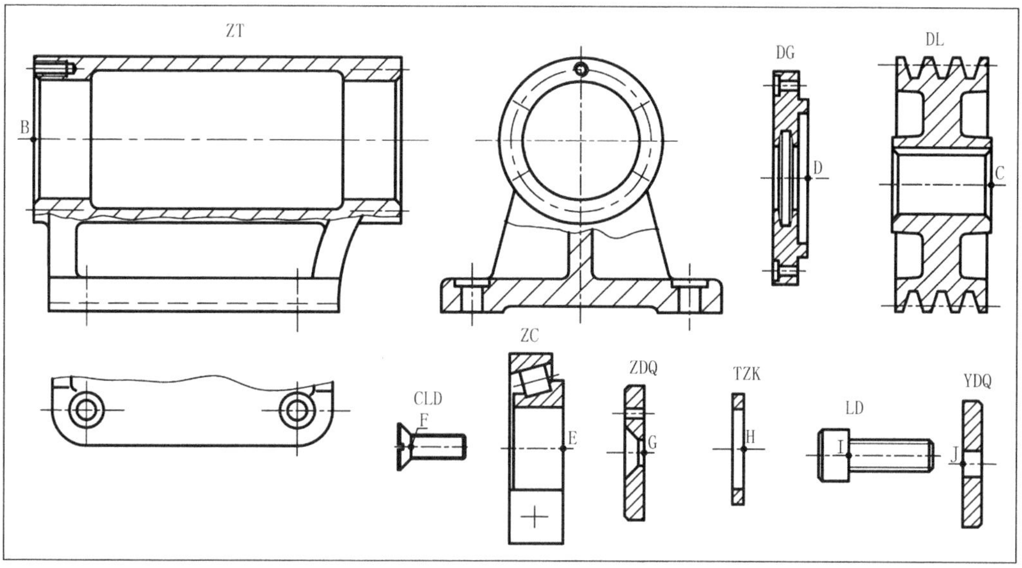

图 6-76　其他零件视图及对应的块名和基点

表 6-2　其他零件对应的图块名及基点

零件名	块 名	基准点
座体	ZT	*B*
带轮	DL	*C*
端盖	DG	*D*
轴承	ZC	*E*
沉头螺钉	CLD	*F*
左挡圈	ZDQ	*G*
调整环	TZK	*H*
内六角圆柱头螺钉	LD	*I*
右挡圈	YDQ	*J*

2. 设置 A1 图幅、图层等绘图环境

单击菜单栏【文件】→【新建】命令，或在快速访问工具栏或标准工具栏上单击□按钮，将弹出的【选择样板】对话框，选择前面创建“A3”样板文件，单击【确定】按钮。利用【绘图】及【修改】工具栏中的命令对图框尺寸进行修改，使其符合 A1 的图幅尺寸，样板图中其他信息（标题栏、图层等）仍将保留。此时，用户也可以将其保存为“A1”样板文件，以便于其他图形绘制使用。

3. 拼绘装配主视图

（1）调用 CDZ（传动轴）块　单击菜单栏中的【插入】→【块】命令，或单击【绘图】工具栏中的插入块按钮，或单击功能区【插入】工具栏中的【块】面板上的图标，或在命令行输入“INSERT”命令，系统弹出【插入】对话框，如图 6-77 所示。单击【名称】文本框右侧【浏览】按钮，弹出【选择图形文件】对话框，根据创建“CDZ”块的保存路径，在对话框中找到“CDZ”块文件，如图 6-78 所示。单击【打开】按钮，系统将

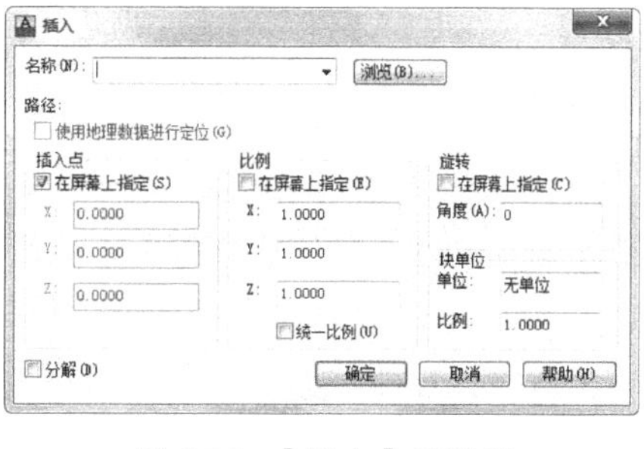

图 6-77　【插入】对话框

返回【插入】对话框，在【插入点】区下勾选【在屏幕上指定】选项，如图 6-79 所示。单击【确定】按钮，系统返回到绘图窗口，根据命令行提示进行如下操作：

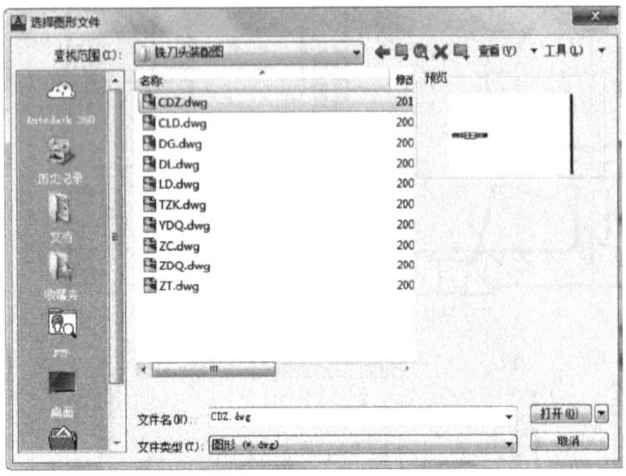

图 6-78 【选择图形文件】对话框

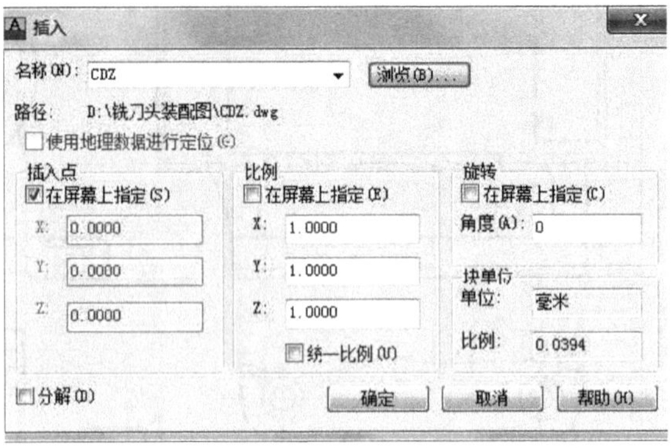

图 6-79 返回【插入】对话框

命令：INSERT ↙

指定插入点或 [基点 (B)/ 比例 (S)/X/Y/Z/ 旋转 (R)]:（在绘图区合适位置处拾取一点作为插入点）

这样就完成了传动轴块图形的插入。

（2）调用 ZC（轴承）块并修改

1）利用插入块命令在传动轴的左端插入一个轴承块 ZC。在插入轴承时，定义块时的基准点 E 必须与轴上插入点 $A1$ 重合，如图 6-80a 所示。

2）利用插入块命令在传动轴的右端插入一个轴承块 ZC。注意：应在【插入】对话框【旋转】区【角度】文本框中输入角度“180”，使得插入轴承块 ZC 时，E 点与 $A2$ 点重合，如图 6-80a 所示。

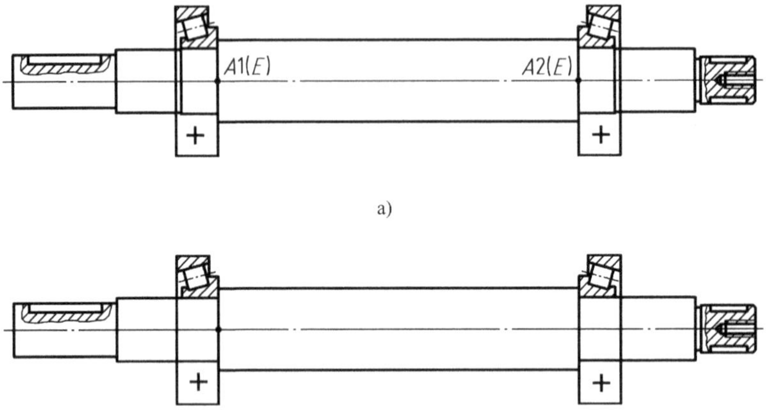

a)

b)

图 6-80 插入轴承块并修改

3）修改图中多余线条。利用分解命令先将图块分解，单击【修改】工具栏上的按钮，或单击功能区【常用】选项卡【修改】面板上的按钮，或单击菜单栏【修改】→【分解】或键入“X”(Explode 别名)，按命令提示进行操作：

命令：EXPLODE ↙

选择对象：（全选图中所有的块）

选择对象：↙

图形中块分解后，可用修剪、删除、打断等图形修改命令以及夹点编辑方法删除或添加装配图中的一些线段，效果如图 6-80b 所示。

提示

用Explode命令可分解多段线、整体块及尺寸标注等，使其变成多个对象。多段线在分解后将失去宽度等信息。

（3）调用 ZT（座体）块及 TZK（调整环）块并修改

1）利用插入块命令将 ZT（座体）块调入到图形中，并定义该块的基点 *B* 必须与轴上的插入点 *A* 重合。

2）利用移动命令把插入的 ZT（座体）块水平向左移动 28mm。

3）利用插入块命令将 TZK（调整环）块调入到图形中，并利用移动命令将其调整至正确位置。

4）利用分解命令对上述插入的块进行分解操作，分解后进行编辑修改，结果如图 6-81 所示。

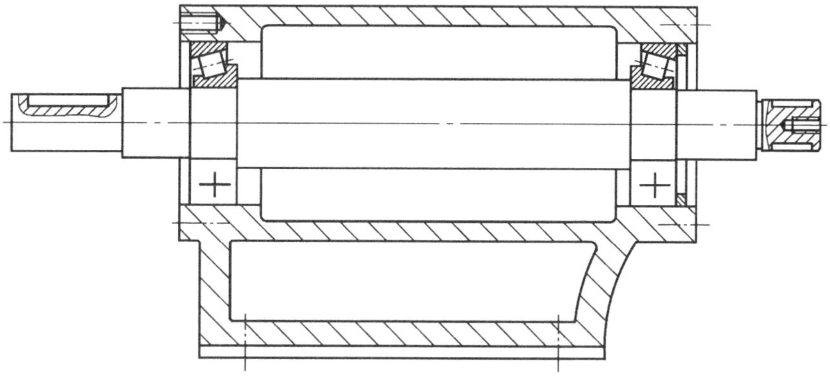

图 6-81　插入座体和调整环并修改

（4）调用 DG（端盖）块及 LD（内六角圆柱头螺钉）块并修改

1）利用插入块命令将 DG（端盖）块及 LD（内六角圆柱头螺钉）块调入到图形中，并利用移动命令将它们调整至正确位置。

2）利用分解命令对上述插入的块进行分解操作，分解后进行编辑修改，结果如图 6-82 所示。

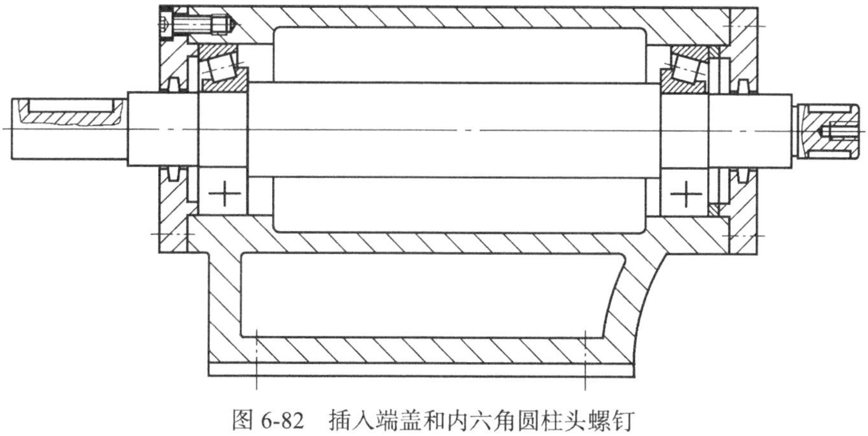

图 6-82　插入端盖和内六角圆柱头螺钉

（5）调用所有其他零件图块并修改，完成装配主视图

1）利用插入块命令将 DL（带轮）块、ZDQ（左挡圈）块、CLD（沉头螺钉）块及 YDQ（右挡圈）块调入到图形中，并利用移动命令将它们调整至正确位置。

2）利用分解命令对上述插入的块进行分解操作，分解后进行编辑修改。

3）利用绘图命令添画键、销等一些细小结构及采用假想画法的铣刀轮廓，完成铣刀头主视图，如图 6-83 所示。

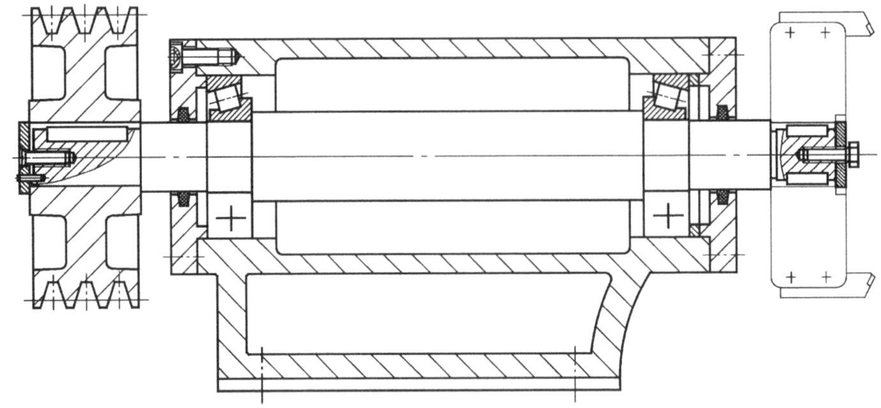

图 6-83 插入其他块并修改完成主视图

4. 绘制装配左视图

由于铣刀头装配图的左视图与座体零件的左视图投影非常接近，因此该装配图的左视图可直接插入座体的左视图，对其稍作修改即可。由于在插入 ZT（座体）块时已包含了座体零件的左视图（图 6-84a），故只需对该左视图作进一步修改即可，如擦除多余线条并添画轴端结构及内六角圆柱头螺钉投影等。这样就完成装配左视图的绘制，结果如图 6-84b 所示。

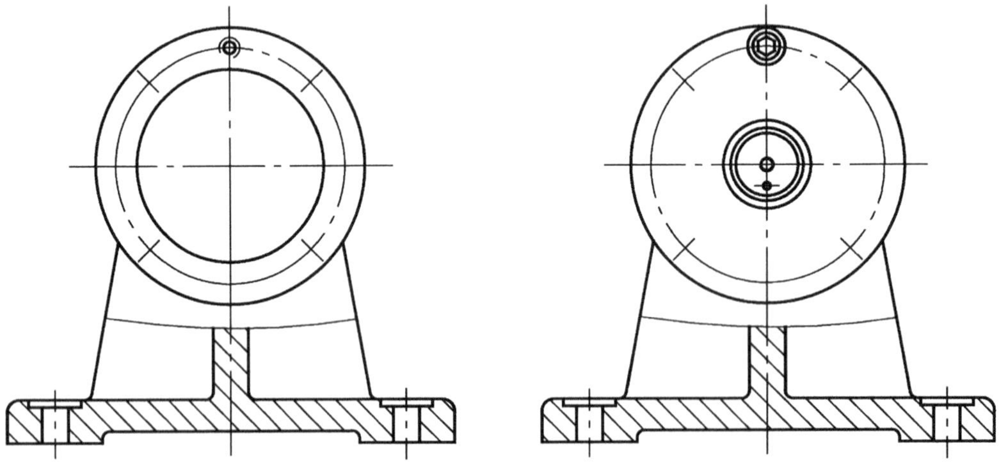

a)　　b)

图 6-84 铣刀头装配图的左视图

二、装配图尺寸及技术要求的注写

装配图上所需尺寸的标注及技术要求的注写方法与零件图相同，不再赘述。

三、装配图中零件序号的标注

零件序号的标注可以采用标注引线命令来创建，但只能生成在序号下有水平线的标注样式。采用多重引线命令标注可以获得多种序号标注样式，故这里采用多重引线命令。

1. 创建多重引线样式

1）单击菜单【格式】→【多重引线样式】命令，或单击【格式】工具栏上的按钮，或单击【多重引线】工具栏上的按钮，或单击功能区【注释】选项卡【引线】面板右下方按钮，弹出【多重引线样式管理器】对话框，如图 6-85 所示。单击对话框中的【新建】按钮，弹出【创建新多重引线样式】对话框，如图 6-86 所示。在该对话框【新样式名】文本框中输入“序号标注”，在【基础样式】下拉列表框中选中【Standard】选项，单击【继续】按钮，系统弹出【修改多重引线样式：序号标注】对话框。

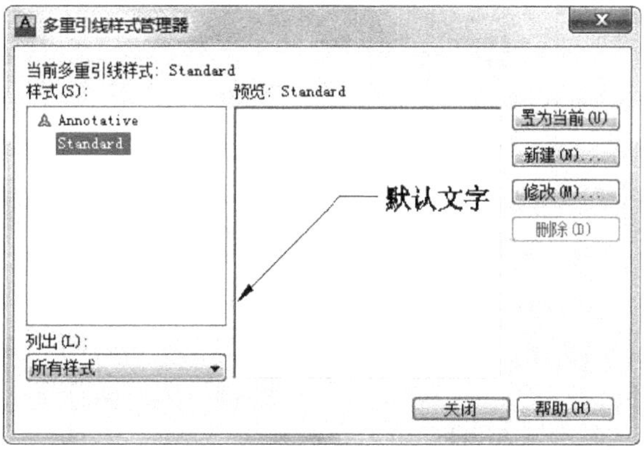

图 6-85 【多重引线样式管理器】对话框

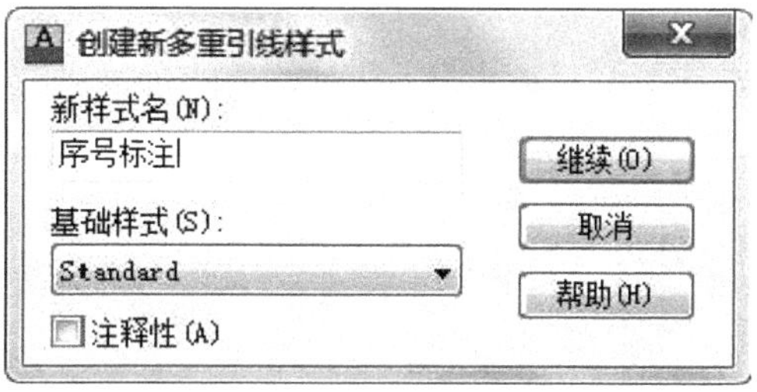

图 6-86 【创建新多重引线样式】对话框

2）在【修改多重引线样式：序号标注】对话框中共有三张选项卡：引线格式、引线结构及内容。

打开【引线格式】选项卡，在【常规】选项组【类型】下拉列表中选择【直线】项；在【箭头】选项组【符号】下拉列表选择【点】项，并在【大小】文本框输入圆点直径为“2”，如图 6-87 所示。

打开【引线结构】选项卡，在【约束】选项组【最大引线点数】文本框输入点数为“2”；将【基线设置】选项组的所有选项勾选，并在其下部文本框输入基线距离为 2，如图 6-88 所示。

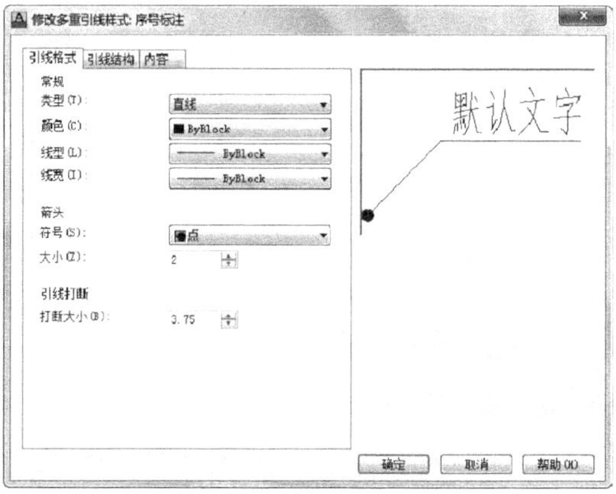

图 6-87 【引线格式】选项卡

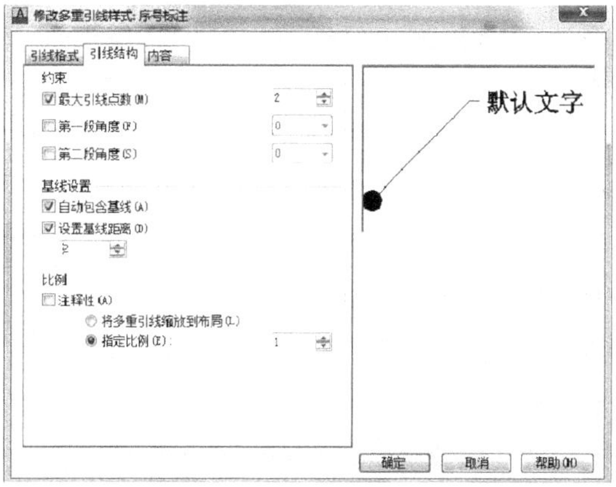

图 6-88 【引线结构】选项卡

提示

图6-88所示的【引线结构】选项卡设置中，【设置基线距离】是指对话框右侧预览图形中“默认文字”左侧的那段水平线的距离，该距离值可不设置，在随后的多重引线命令操作过程中还将会提示用户输入。

打开【内容】选项卡，在【多重引线类型】下拉列表中选择【多行文字】项；在【文字选项】选项组【文字样式】下拉列表中选择【工程数字】项，并在【文字高度】文本框输入文字高度为“7”，在【引线连接】选项组中勾选【水平连接】项，并在【垂直连接位置—左】下拉列表中选择【第一行加下划线】项，在【基线间隙】文本框输入间隙大小为“2”，如图 6-89 所示。

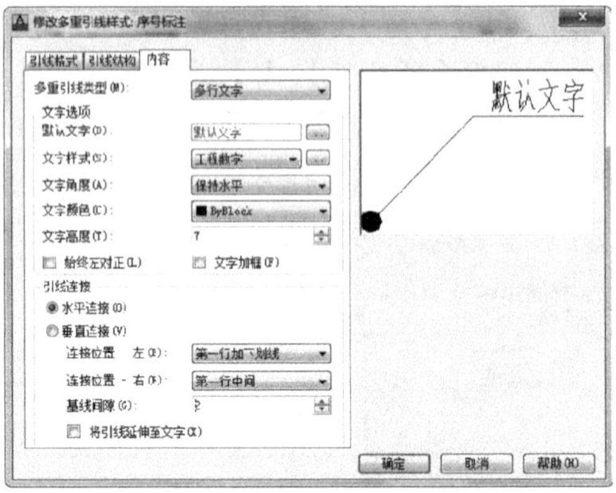

图 6-89 【内容】选项卡

提示

1）图6-89所示的【内容】选项卡设置中，【文字高度】项中文字高度值要根据制图相关规定设置，即文字高度要比尺寸标注的字体大一号。

2）选项卡中的【基线间隙】是指对话框右侧预览图形中文字和水平线之间的间隙。

3）用户若在【多重引线类型】下拉列表中选择【块】选项，在【源块】下拉列表中选择相应的选项(图6-90)，就可以设置各种标注样式。

4）对【多重引线样式管理器】对话框中的【引线格式】、【引线结构】及【内容】选项卡进行适当设置，可以创建出零件图中几何公差标注中的基准符号。

最后单击【确定】按钮，完成引线标注参数的设置，系统返回到【多重引线样式管理器】对话框，如图 6-91 所示。此时的对话框多了一种【序号标注】样式，选中该样式，单击对话框中的【置为当前】按钮，则将创建的多重引线样式设置为当前样式，单击【关闭】按钮完成多重引线标注样式的创建。

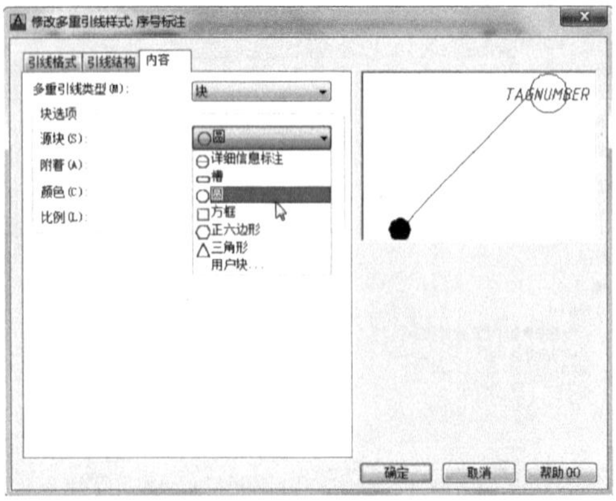

图 6-90 【内容】选项卡其他设置

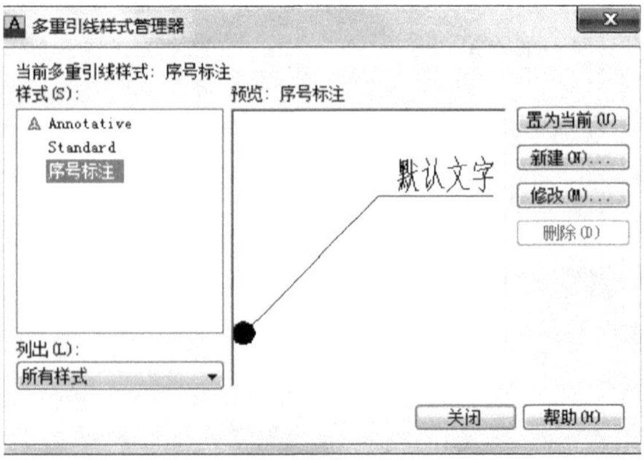

图 6-91 返回【多重引线样式管理器】对话框

2. 序号标注

单击菜单【标注】→【多重引线】命令，或单击【多重引线】工具栏上的图标，或单击功能区【注释】选项卡【引线】面板上的按钮，或在命令行键入“MLEADER”，按命令提示进行操作：

命令 : MLEADER ↙

指定引线箭头的位置或 [引线基线优先 (L)/ 内容优先 (C)/ 选项 (O)] < 选项 >:（装配图某零件上拾取一点作为引线的第一点，如图 6-92 中的 *A* 点）

指定引线基线的位置 :（拾取另一点作为引线第二点，如图 6-92 中的 *B* 点）

指定基线距离 <0.0000>: 2 ↙

绘图窗口将弹出【文字格式】对话框及书写框，在书写框中输入相应的序号数字，如图 6-93 所示。数字输入完成后，单击【文字格式】对话框右上角的【确定】按钮，完成序号标注，标注效果如图 6-92 所示。

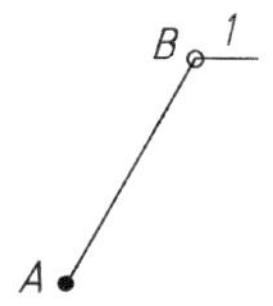

图 6-92　序号标注示例

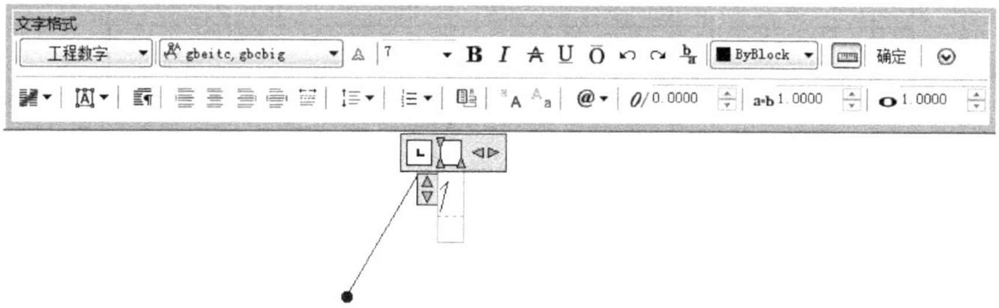

图 6-93　序号标注对话框及书写框

根据上述标注方法完成对装配图所有零件序号的标注。

3. 编辑序号标注

装配图零件序号应按水平或垂直方向排列整齐。在标注过程中可能有些序号的标注并没有整齐排列，如图 6-94a 所示，这就需要通过多重引线对齐命令来实现。

a)　　b)

图 6-94 【多重引线对齐】命令对齐标注序号

单击【多重引线】工具栏上的按钮，或单击功能区【注释】选项卡【引线】面板上的按钮，或在命令行键入“MLEADERALIGN”，按命令提示进行操作：

命令 : MLEADERALIGN ↙

选择多重引线 :（选取图 6-94a 所示的三个序号标注）

选择多重引线 : ↙（结束选择）

当前模式 :（使用当前间距）

选择要对齐到的多重引线或 [选项 (O)]:（选取序号 1 的标注作为对齐参照）

指定方向 :（拖动鼠标当光标处出现一条水平延长虚线时，如图 6-95 所示，单击鼠标则定

义水平方向作为对齐方向）

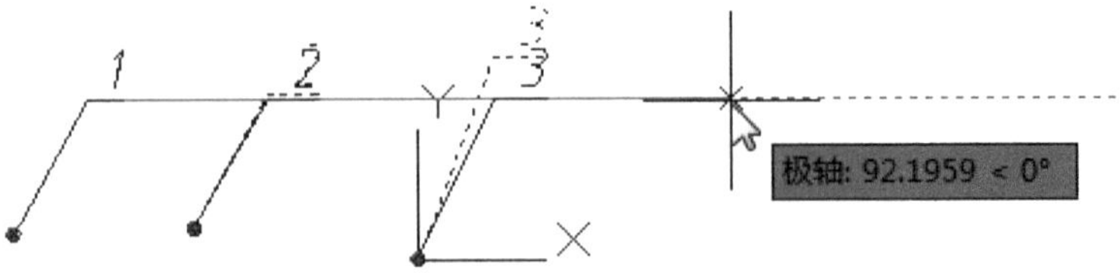

图 6-95　定义多重引线的对齐方向

被选取中的序号标注将水平对齐，结果如图 6-94b 所示。

四、明细栏的绘制及标题栏和明细栏的填写

对于装配图中的标题栏的填写，其做法与零件图绘制相同，这里着重讲解图 6-96 所示的明细栏的绘制与填写。

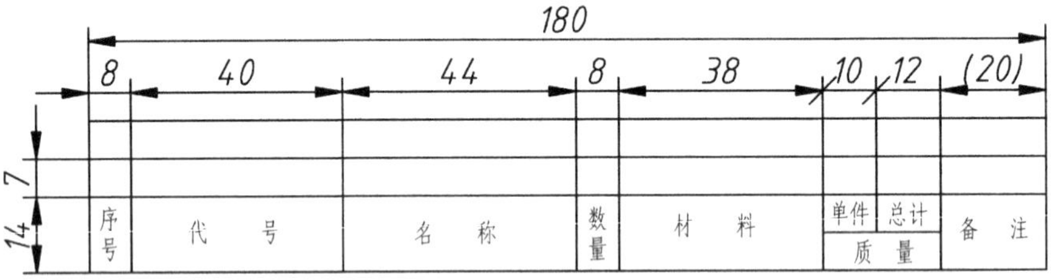

图 6-96　明细栏

1）单击菜单【绘图】→【表格】命令，或单击【绘图】工具栏上的按钮，或单击功能区【注释】选项卡【表格】面板上的按钮，或在命令行键入“TABLE”，出现图 6-97 所示的【插入表格】对话框。单击【表格样式】选择框右侧的按钮，将显示如图 6-98 所示的【表格样式】对话框。

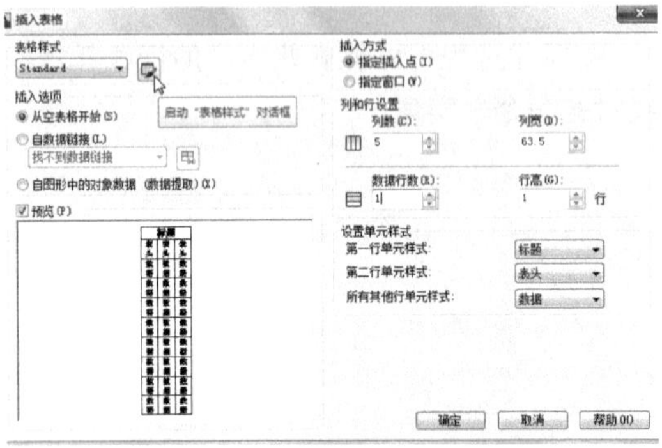

图 6-97 【插入表格】对话框

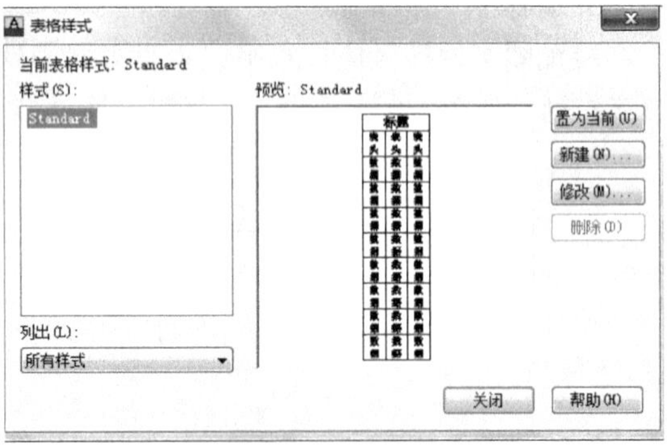

图 6-98 【表格样式】对话框

> **提示**
>
> 用户也可通过单击菜单【格式】→【表格样式】命令，或单击【格式】工具栏上的图标，先创建好表格样式，然后再通过表格命令调用创建的表格样式绘制表格。

2）在【表格样式】对话框上单击【新建】按钮，出现如图 6-99 所示的【创建新的表格样式】对话框，输入新样式名称“明细栏”，然后单击【继续】按钮，则出现【新建表格样式:明细栏】

对话框，如图 6-100 所示。

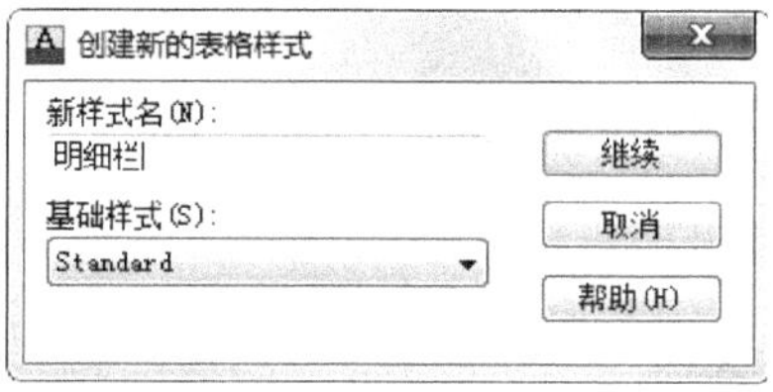

图 6-99 【创建新的表格样式】对话框

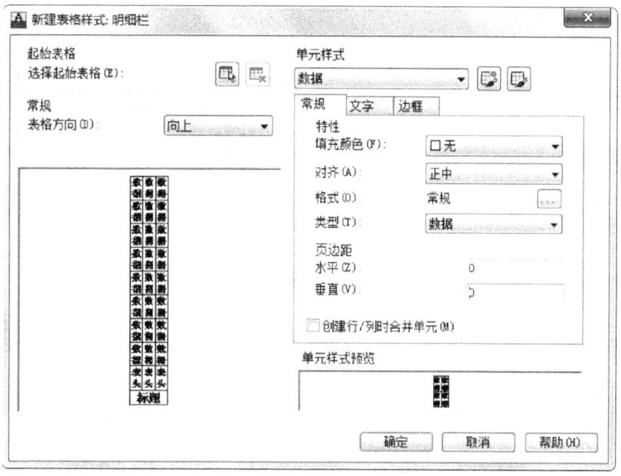

图 6-100 【新建表格样式：明细栏】对话框

3）在【新建表格样式:明细栏】对话框中,在【表格方向】右侧下拉列表选择【向上】选项。单击【常规】选项卡并进行如图 6-100 所示的设置。

4）在【单元样式】区的【文字】选项卡中，将【文字样式】设为【汉字】样式,【文字高度】设为“5”，如图 6-101 所示。【边框】选项卡使用默认设置。最后单击【确定】按钮，返回到【表格样式】对话框，如图 6-102 所示。此时对话框多了一个【明细栏】表格样式，选中该样式，单击对话框右侧的【置为当前】按钮，将该样式设为当前样式。

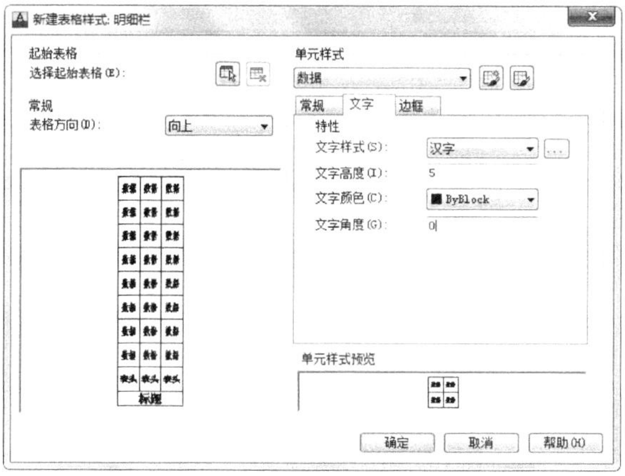

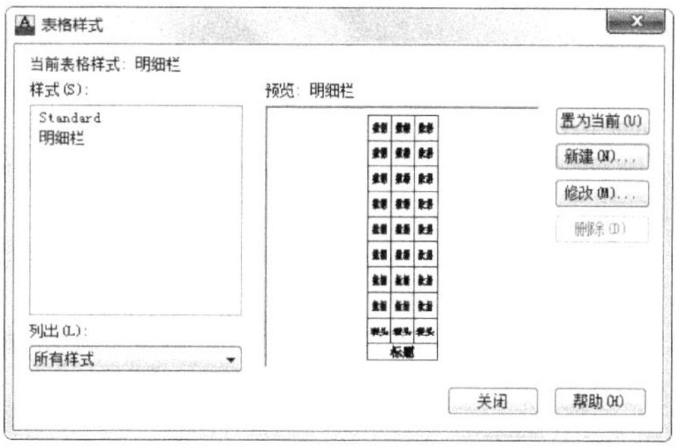

图 6-101 【文字】选项卡

图 6-102 返回【表格样式】对话框

5）单击【表格样式】对话框中的【关闭】按钮，返回【插入表格】对话框。此时对话框中【表格样式】选项框为【明细栏】选项，将列数设为“8”，行数设为“2”，单元样式选项组均选择【数据】项，结果如图 6-103 所示，设置好后单击【确定】按钮，返回到绘图窗口。

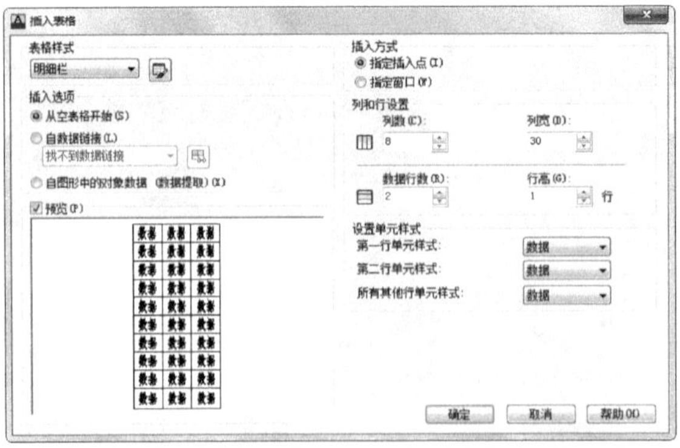

图 6-103　返回【插入表格】对话框设置

技巧

本例中将行数设为“2”是根据图6-96所示的明细栏来设置的。注意：标题要占两行，实际创建的表格为四行；如要创建更多行，可以在表格上部单元格单击右键进行添加行操作。

6）在绘图窗口单击鼠标左键，弹出如图 6-104 所示的表格和【文字格式】对话框，单击对话框上【确定】按钮，则创建了一个 4 行 8 列的表格。

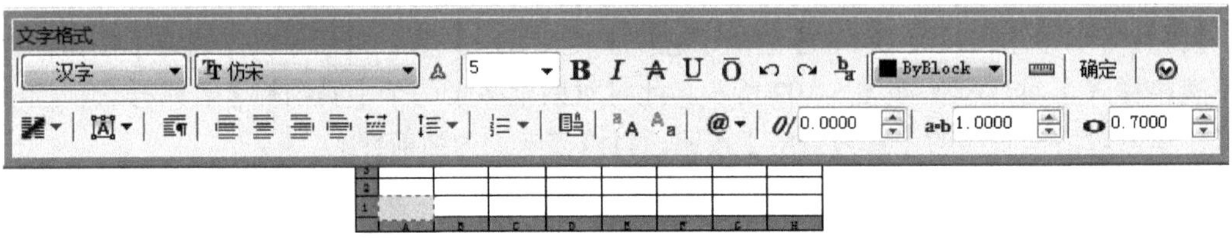

图 6-104　插入表格

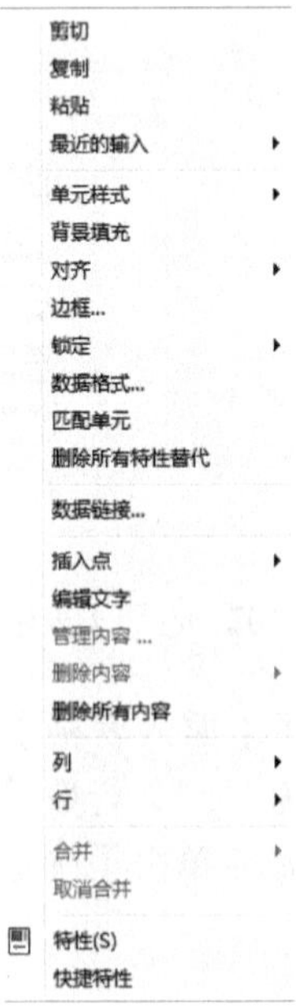

图 6-105　快捷菜单

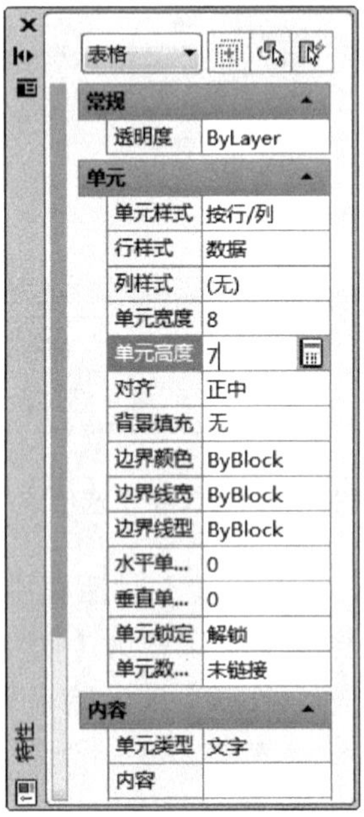

图 6-106　【特性】修改表格

7）选中表格第一列的所有单元格，单击鼠标右键，弹出如图 6-105 所示的快捷菜单。选中【特性】打开“特性”对话框，在该对话框中将单元格宽度设为“8”、高度设为“7”，如图 6-106 所示，单击对话框上的✖按钮完成对第一列的设置。用同样的方法并根据图 6-96 中明细栏单元格的尺寸要求对表格中的其余行高及列宽进行设置，结果如图 6-107 所示。

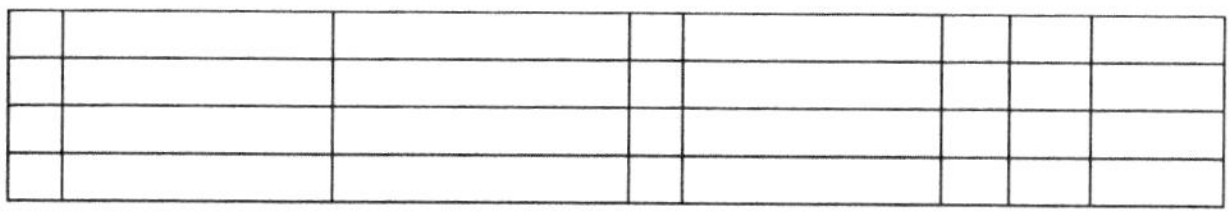

图 6-107　编辑表格单元格宽度、高度

8）选中表格中第一列最下面的两个单元格，在弹出的【表格】对话框中单击【合并单元格】右侧下拉按钮，在弹出的下拉菜单中选择【全部】选项，如图 6-108 所示，即可将选中的单元格合并为一格。用同样的方法对其他要合并的单元格进行处理，结果如图 6-109 所示。

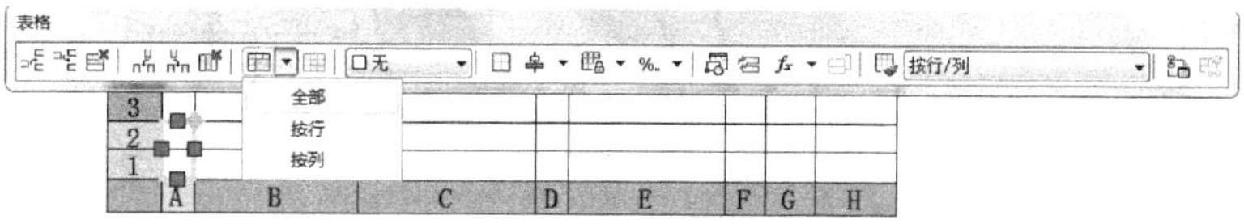

图 6-108　合并单元格操作

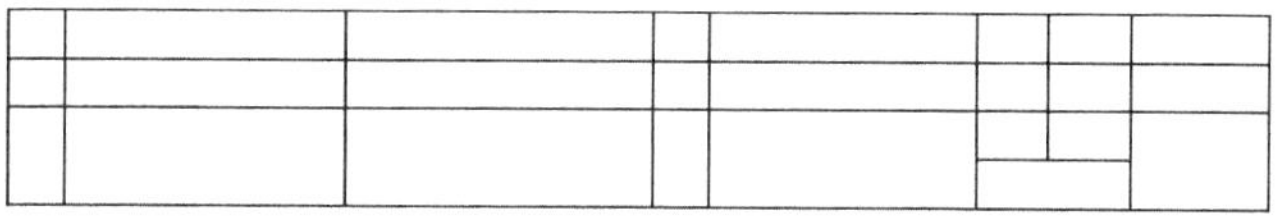

图 6-109　合并明细表的单元格

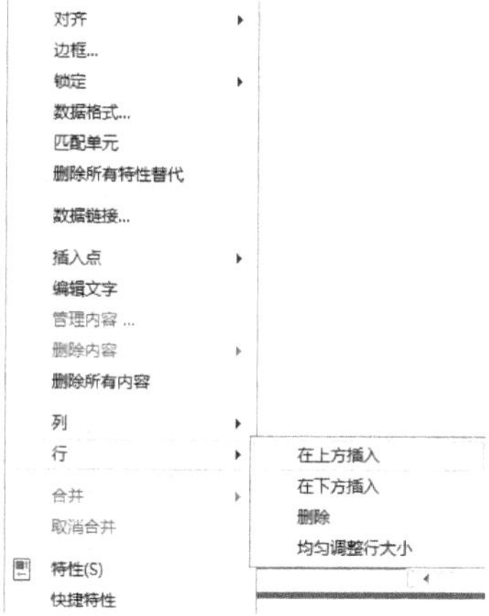

图 6-110　增加明细栏的行数

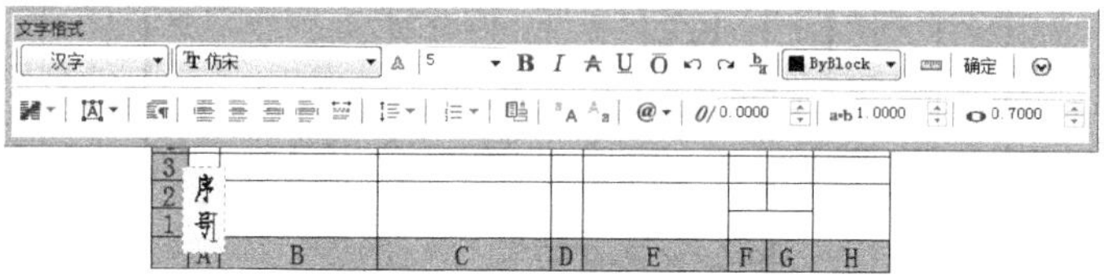

图 6-111　在单元格中输入文字

9）选中表格最上面某一单元格，单击鼠标右键，在图 6-110 所示的菜单中先选择【行】→【在上方插入】项，可在表格上部增加一行。重复该操作可得到铣刀头装配图上明细栏的应有行数。

10）在要输入文字的单元格中双击鼠标则出现文字输入窗口，此时即可进行文字录入，如图 6-111 所示。同理，完成该表格中其他单元格文字的填写，最终完成明细栏的绘制与填写。至此，整个铣刀头装配图绘制工作全部结束。

技巧

用户可以把创建好的明细栏（不填写零件名称、代号等信息）用【写块】命令保存为块，当绘制其他装配图时，只要调用即可，可大大节省绘制时间。

练一练

1. 画出组成铣刀头装配图的成套零件图（图 6-112 ~图 6-114）。

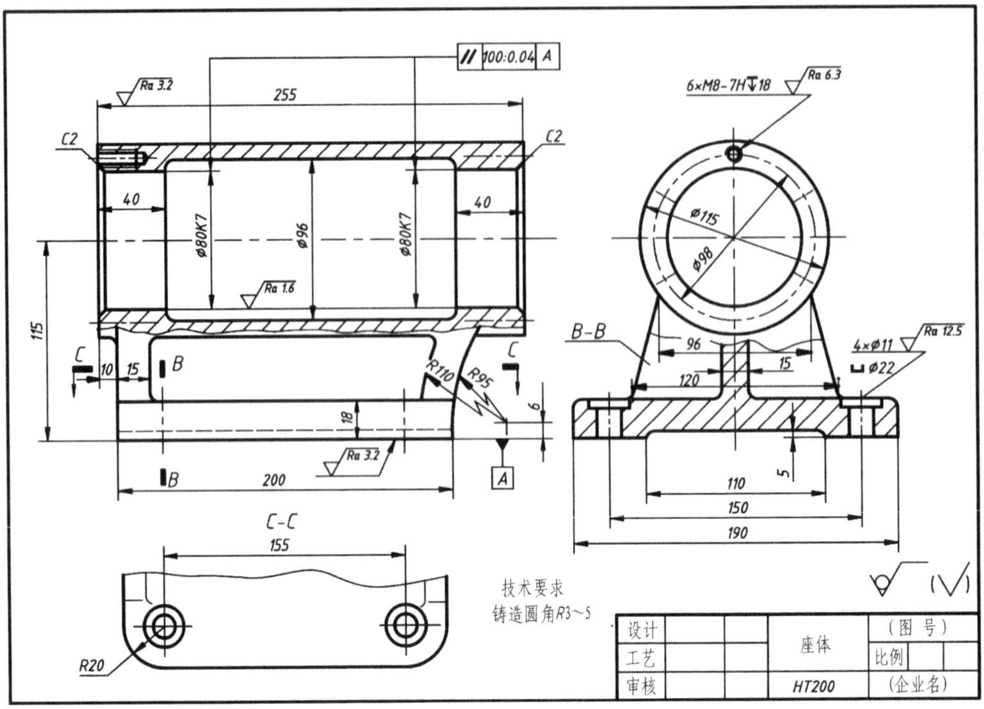

图 6-112　座体

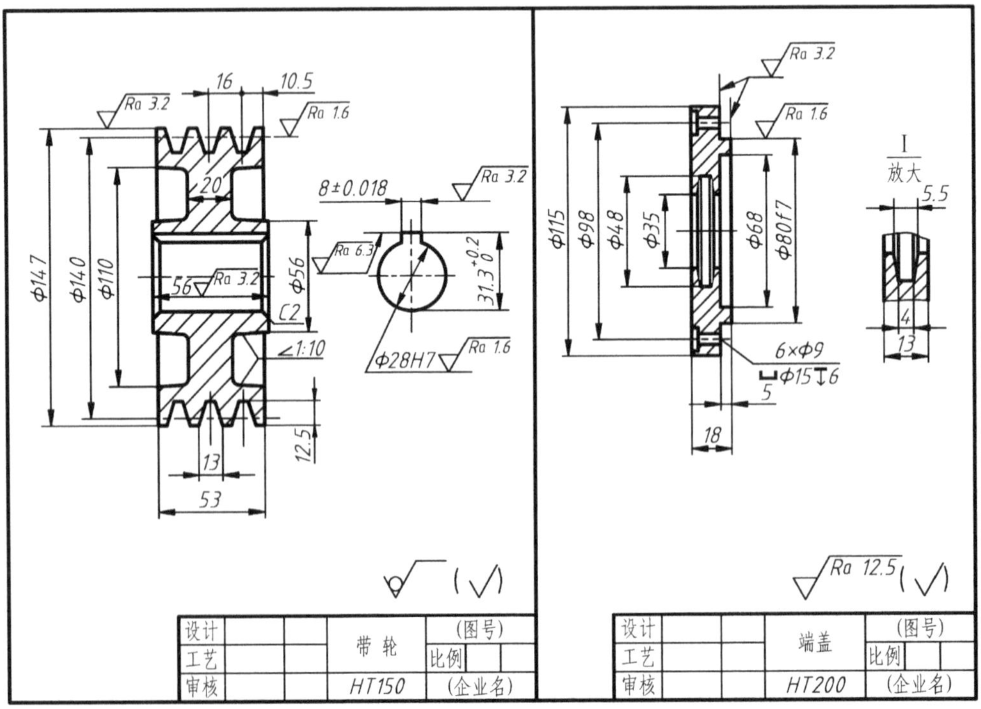

图 6-113　带轮与端盖

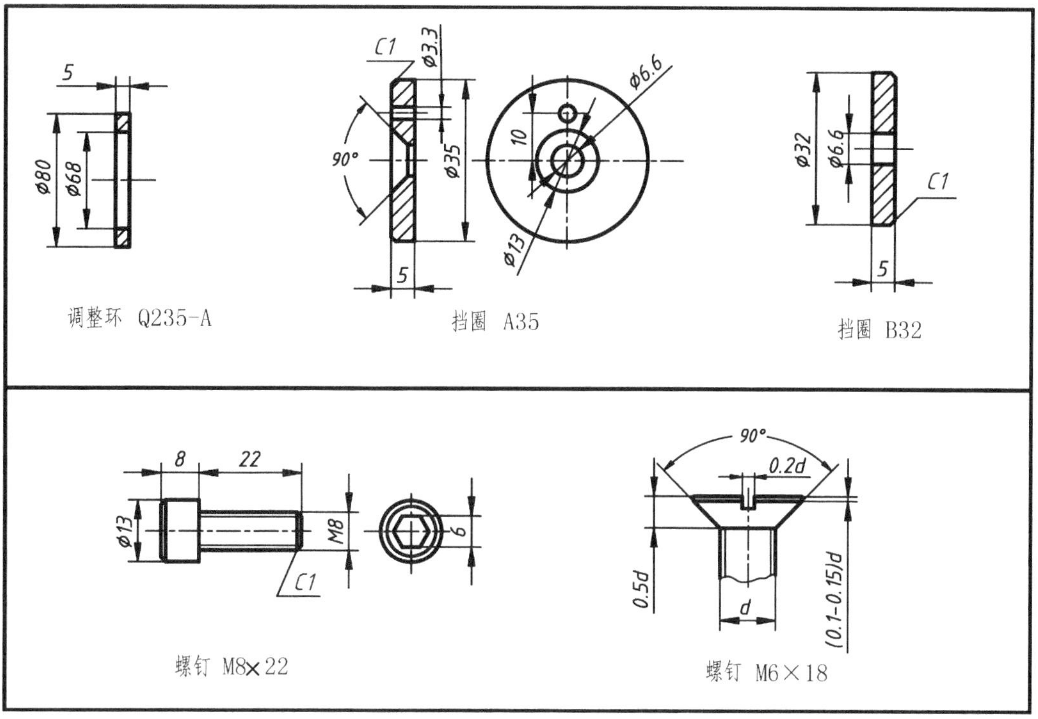

图 6-114 其他零件

2. 根据图 6-115 所示的铣刀头装配示意图，采用 A1 模板，拼画铣刀头装配图。

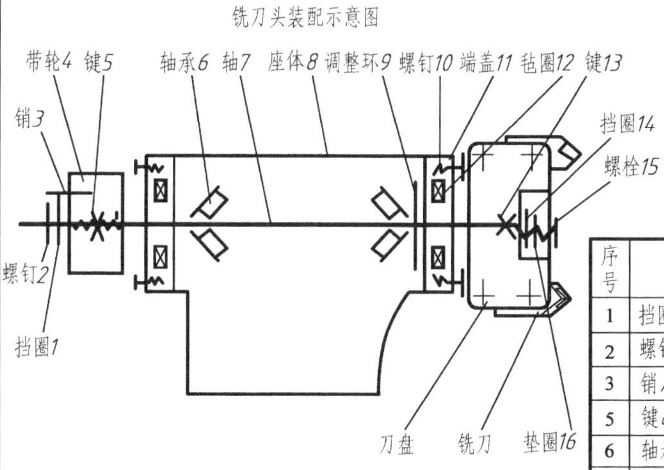

注意：铣刀盘不属于该装配体，由用户自配，画图时参照装配示意图，用双点画线画出。

铣刀头中心的标准件

序号	名称	数量	材料	标准代号
1	挡圈A35	1	35	GB/T 891—1986
2	螺钉M16×18	1	Q275	GB/T 68—2000
3	销A3×12	1	35	GB/T 119—2000
5	键8×40	1	45	GB/T 1096—2003
6	轴承30307	2		GB/T 297—1994
10	螺钉M8×20	12	Q235-A	GB/T 70—2008
13	键6×20	2	45	GB/T 1096—2003
14	挡圈B32	1	35	GB/T 892—1986
15	螺栓M6×20	1	Q235-A	GB/T 5782—2000
16	垫圈	1	65Mn	GB/T 93—1987

图 6-115 铣刀头装配示意图

第七章 Internet 功能与图形输出

学习导航

学习目标	了解 AutoCAD 2013 中 Web 浏览器的启动及操作，能够进行 CAD 相关数据的交换、图形的输入输出、超级链接及 CAD 图的打印
学习重点	图形文件的打印、图形文件的输入及输出
相关命令	打印、电子传递、发布、网上发布、超级链接、输入、输出
建议课时	2 ~ 4 课时

为适应互联网络的快速发展，使用户能快速有效地共享设计信息，AutoCAD 2013 不仅大大强化了其 Internet 功能，而且还进行了全面改进，使其与互联网相关的操作更加方便高效。利用 AutoCAD 2013，用户可在 Internet 上访问或存储 AutoCAD 图形及相关文件，在多用户间共享当前操作的图形。从 Web 站点通过拖动方式在当前图形中插入块或插入超链接，使其他用户方便地访问有关文件，可以创建 Web 格式的文件 (DWF) 以便让用户浏览、打印 DWF 格式文件。利用发布到 Web 向导功能，可以快速地创建包含 AutoCAD 图形文件的 Web 页。

另外，AutoCAD 2013 提供了图形输入与输出接口，用户不仅可以将在其他应用程序中处理好的数据传送给 AutoCAD 以显示图形，还可以将在 AutoCAD 中绘制好的图形打印出来，或者把它们的信息传递给其他应用程序。

第一节 Internet 功能

一、Web 浏览器的启动

单击【Web】工具栏上的按钮或键入“BROWSER”命令，命令行出现提示：“输入网址 (URL) <http://www.autodesk.com.cn>: 系统提示默认的 URL 地址：http://www.autodesk.com.cn:”。用户可按回车键接受默认地址或输入新的地址，此时 AutoCAD 启动 Web 浏览器，然后该浏览器就会快速定位到相应网址，如图 7-1 所示。

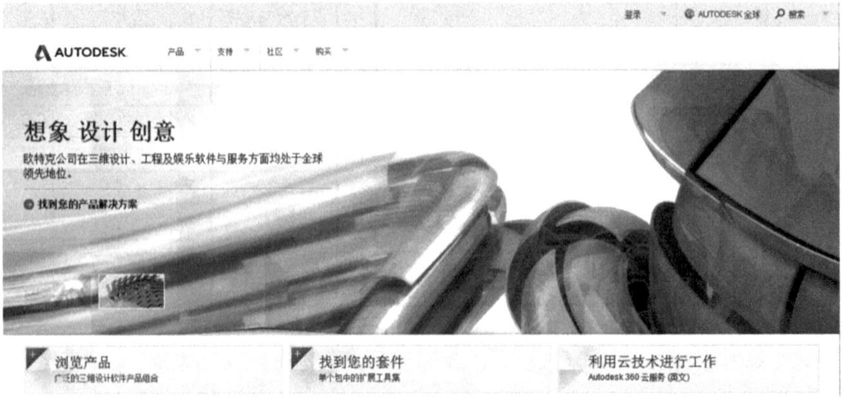

图 7-1 启动 Web 浏览器

二、电子出图

利用 AutoCAD 的电子出图（ePlot）特性，用户可在 Web 上发布 DWF 文件。该文件可由 Internet 浏览器或 Autodesk WHIP! 打开、观察或输出。

AutoCAD 2013 能创建 DWF 文件。DWF 文件像一个电子图表，便于在互联网上查看 CAD 图形。DWF 文件支持图形文件的实时移动和缩放，并支持控制图形、命名视图和嵌入链接显示效果。DWF 文件是矢量压缩格式的文件，可提高图形文件打开和传输的速度，缩短下载时间。以矢量格式保存的 DWF 文件完整地保留了打印输出属性和超级链接信息，并且在进行局部放大时基本能够保持图形的准确性。由于 DWF 文件不是创建工程文档的 CAD 文件格式，仅用来通过 Internet 发布 CAD 文件和通过浏览器查看发布到 Wed 上的 CAD 数据，且由于 WHIP! 插件具有简单直观的界面，因此不懂 CAD 知识的用户也可容易地查看和导航 DWF 文件。有关 DWF 文件的更详细信息，可免费从 Autodesk Web 上下载得到 WHIP！/DWF Developers Toolkit。(Autodesk 公司为其开发的 AutoCAD 软件加入了 WHIP！插件。这种插件能够加速网络程序驱动，并且能够在网上阅读 DWG 和 DWF 文件）的完整拷贝。

AutoCAD 提供了两个配置好的 ePlot PC3(plotter configuration) 文件用于生成 DWF 文件。用户可以修改这些文件或使用【添加打印机向导】来创建其余的 DWF 输出配置。该命令的操作方法如下：

单击【标准】工具栏上的🖨按钮或单击菜单栏【文件】→【打印】或键入“PLOT”命令或“DWFOUT”命令，系统打开【打印】对话框，如图 7-2 所示。在【打印机 / 绘图仪】选项组的【名称】下拉列表框中选择【DWF6 ePlot.pc3】。对话框的其他设置与下一节将要讲述的打印命令相同，单击【确定】按钮，系统打开【浏览打印文件】对话框。在其中指定文件欲输出的文件夹或 URL 地址以及文件名称后，保存即可。

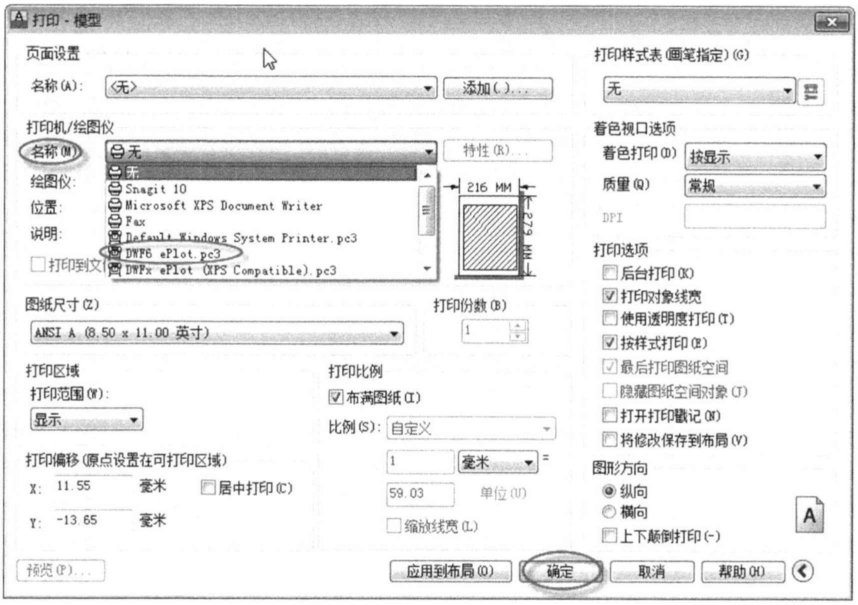

图 7-2 【打印】对话框

如果用户在计算机中安装了 4.0 以上版本的 WHIP！插件和浏览器，则可在 Microsoft Internet Explorer 或 Netscape Communicator 浏览器中查看 DWF 文件。如果 DWF 文件中包含图层和命名视图，还可以在浏览器中控制其特征，如图 7-3 所示。

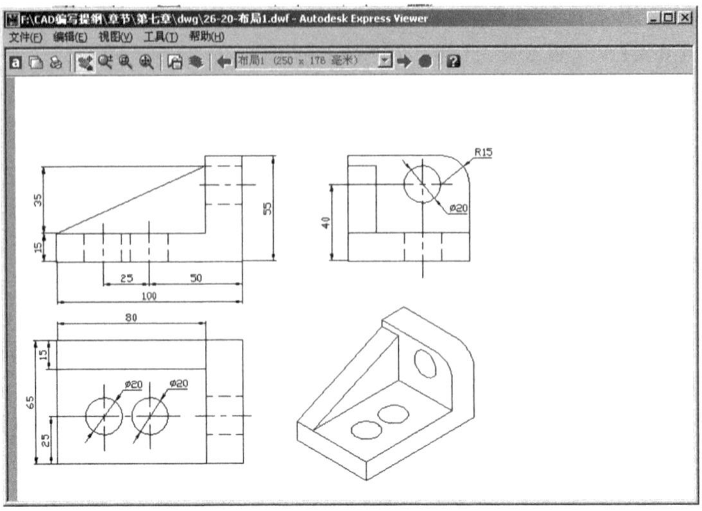

图 7-3　创建的 DWF 文件

三、电子传递与图形发布

1. 电子传递

使用电子传递功能可为 AutoCAD 图形及其相关文件、外部参照创建传递集（即打包），以便在 Internet 上传送，创建方法如下：

单击菜单栏【文件】→【电子传递】或键入“ETRANSMIT”命令，系统自动打开【创建传递】对话框，如图 7-4 所示。该对话框中有【文件树】和【文件表】两个选项卡，分别显示传递文件的有关信息。可以通过【添加文件】或【传递设置】按钮添加文件或进行传递设置。完成设置后，单击【确定】按钮，系统打开【指定 Zip 文件】对话框，如图 7-5 所示。指定文件后，系统自动进行传递。

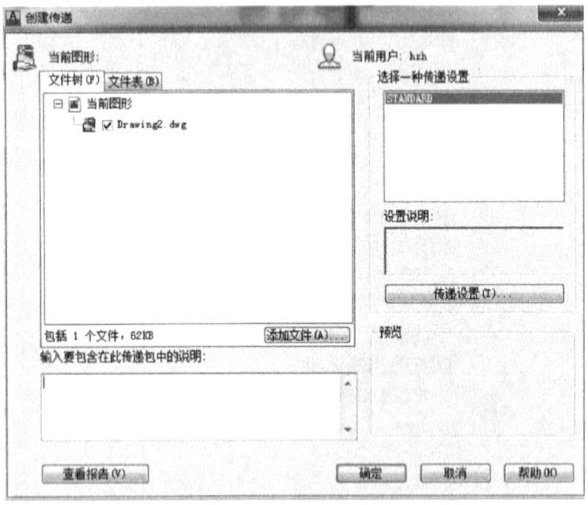

图 7-4 【创建传递】对话框

图 7-5 【指定 Zip 文件】对话框

2. 图形发布

使用图形发布功能可以将图形和打印集直接合并到图纸或发布为 DWF（Web 图形格式）文件，然后将其发布到在每个布局的页面设置中指定的设备中去（打印机或文件）。其特点为能灵活地创建电子或图纸图形集并将其用于分发，以便接收方查看或打印。图形发布的创建方法如下：

单击【标准】工具栏上的按钮或单击菜单栏【文件】→【发布】或键入“PUBLISH”命令，系统将打开【发布】对话框，如图 7-6 所示。

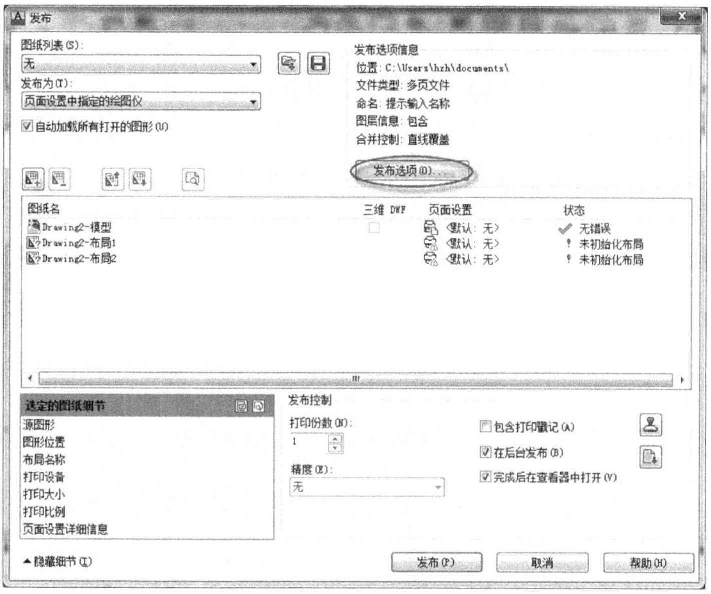

图 7-6 【发布】对话框

1）用户可以通过相关按钮进行添加图纸、加载图纸列表、保存图纸列表、删除图纸、上移图纸、下移图纸以及打印戳记设置等操作。

2）可以通过【发布为】选项将图纸发布到相应的设备。

3）单击【发布选项】按钮打开【发布选项】对话框，如图 7-7 所示，可对发布相关的选项进行设置。

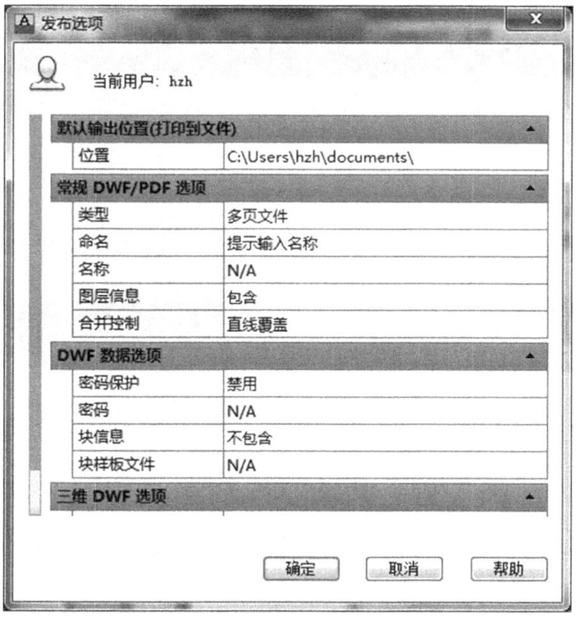

图 7-7 【发布选项】对话框

网上发布向导为创建包含 AutoCAD 图形的 DWF、JPEG 或 PNG 图像的格式化网页提供了简化的界面。其中，DWF 格式不会压缩图形文件；JPEG 格式采用有损压缩，即故意丢失一些数据以显著减小压缩文件的大小；PNG（便携式网络图形）格式采用无损压缩，即不丢失原始数据就可以减小文件的大小。使用网上发布向导，即使不熟悉 HTML 编码，也可以快速、轻松地创建出精彩的格式化网页。创建网页后，可以将其发布到 Internet。

创建网上发布的方法如下：

单击【标准】工具栏上的图标，或单击菜单栏【文件】→【网上发布】或键入“PUBLISHTOWEB”命令，系统将自动打开【网上发布 - 开始】对话框。单击【下一步】按钮，进行相应设置，最后系统打开【网上发布 - 预览并发布】对话框，如图 7-8 所示。

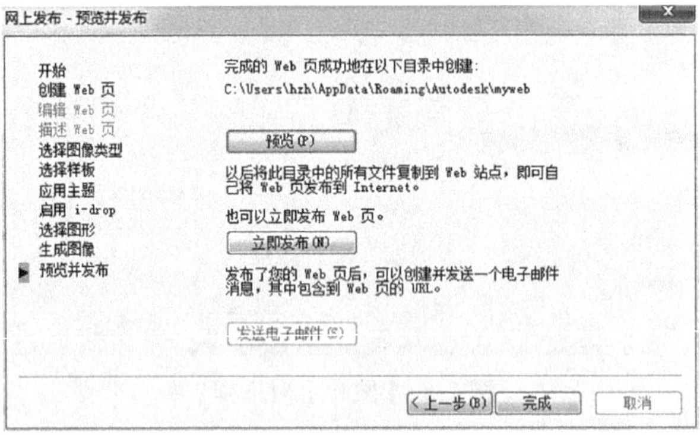

图 7-8 【网上发布 – 预览并发布】对话框

用户可以单击【预览】按钮进行预览或单击【立即发布】按钮进行发布。图 7-9 所示为单击【立即发布】按钮进行网上发布的结果。

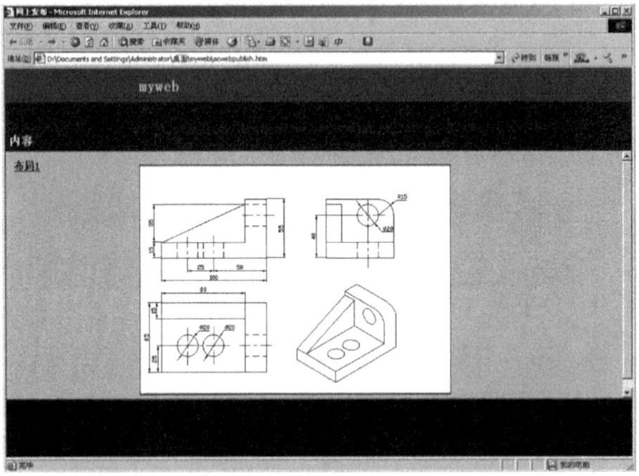

图 7-9 网上发布图形效果

第二节 数据交换与图形输出

一、超级链接

超级链接是 AutoCAD 图形中的一种指针，利用超级链接可实现由当前页到关联文件的跳转。在 AutoCAD 中可为某个视图或字处理程序创建超级链接，还可将超级链接附着到 AutoCAD 的任意图形对象上。超级链接可提供简单而有效的方式，快速地将各种文档（如其他图形、明细表、数据库信息或项目计划等）与 AutoCAD 图形相关联。

超级链接可指向本地机、网络驱动器或 Internet 上存储的文件。在默认的情况下，将鼠标指针放在某个附着超级链接的图形对象上，AutoCAD 即可提供光标的反馈提示，然后便可选择该对象，使用【超级链接】快捷菜单打开与之相关的文件。

在 AutoCAD 2013 中，可创建两种类型的超级链接文件：绝对超级链接与相对超级链接。绝对超级链接存储文件位置的完整路径；而相对超级链接储存文件位置的相对路径，该路径是由系统变量 HYPERLINKBASE 指定的默认 URL 或目录的路径。

1. 添加超级链接

单击菜单栏【插入】→【超级链接】或键入“HYPERLINK”命令,系统将有命令出现提示：

选择对象：(选择需要链接的对象)

……

选择对象：↙

此时系统打开【插入超链接】对话框，如图 7-10 所示。

在对话框中有一个【显示文字】文本框，该文本框指定超级链接的说明。当文件名或 URL 对识别所链接文件的内容不是很有帮助时，此说明很有用。该对话框中有【现有文件或 Web 页】、【此图形的视图】和【电子邮件地址】3 个选项卡，下面分别说明。

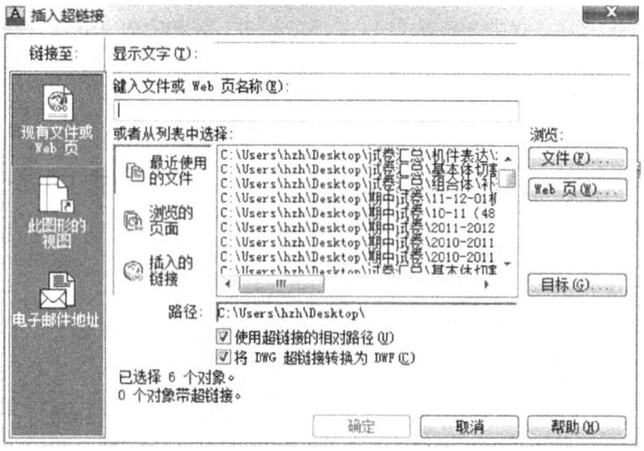

图 7-10 【插入超链接】对话框

1)【现有文件或 Web 页】选项卡：其中【键入文件或 Web 页名称】文本框指定要与超链接关联的文件或 Web 页。该文件可存储在本地、网络驱动器或者 Internet 或 Intranet 上。【最近使用的文件】选项显示最近使用过的文件列表，可从中选择一个进行超链接。【浏览的页面】选项显示最近浏览过的 Web 页列表，可从中选择一个进行超链接。【插入的链接】选项显示最近插入的链接列表，可从中选择一个进行超链接。使用【文件】按钮将打开【浏览 Web- 选择超链接】对话框（标准的文件选择对话框），用户可从中浏览需要与超链接关联的文件。使用【Web 页】按钮将打开 AutoCAD 浏览器，从中可浏览需要与超链接关联的 Web 页。使用【目标】按钮系统将打开【选择文档中的位置】对话框，可从中选择一个命名位置进行链接。【路径】文本框显示与超级链接关联的文件路径。【使用超链接的相对路径】复选框为超级链接使用设置相对路径。如果选择此复选框，链接文件的完整路径并不和超级链接一起存储。AutoCAD 按 HYPERLINKBASE 系统变量中指定的值设置相对路径，如果没有 HYPERLINKBASE 系统变量，则按当前图形的路径设置相对路径。如果没有选择此复选框，则关联文件的完整路径和超级链接一起存储。【将 DWG 超链接转换为 DWF】复选框指定将图形发布或打印为 DWF 文件时，应将 DWG 超级链接转换为 DWF 文件超级链接。

2)【此图形的视图】选项卡用于指定当前图形中链接目标的命名视图，如图 7-11 所示。其中，【选择此图形的视图】列表框中显示了当前图形中命名视图的可扩展的树状图，从中可选择一个进行链接。

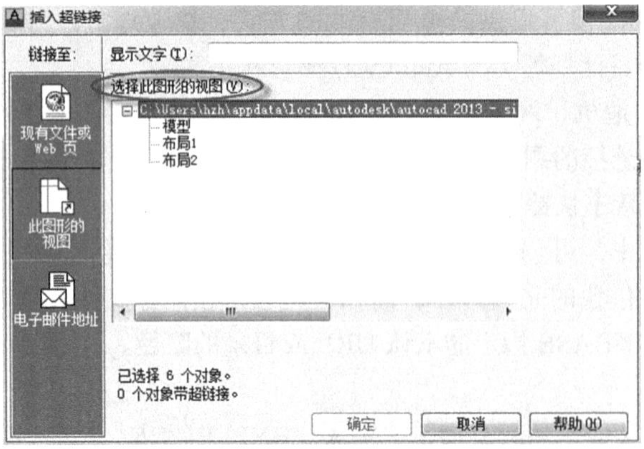

图 7-11 【此图形的视图】选项卡

3)【电子邮件地址】选项卡用于指定链接目标电子邮件地址，如图 7-12 所示。执行超级链接时，将使用默认的系统邮件程序创建新邮件。

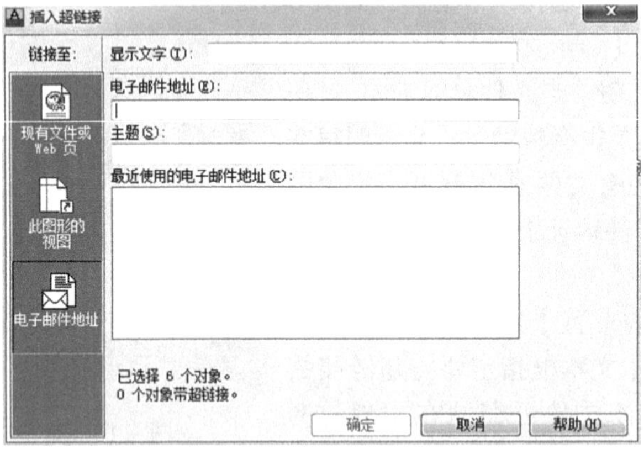

图 7-12 【电子邮件地址】选项卡

其中,【电子邮件地址】文本框指定电子邮件地址,【主题】文本框指定电子邮件的主题,【最近使用的电子邮件地址】列表框列出最近使用过的指定电子邮件地址，可从中选择一个用于超级链接。

例 7-1 将图 7-13 所示的图形与图 7-14 所示的图片链接，链接图片的名字及其保存路径为“C：\Documents and Settings\All Users\Documents\ 轴承架 .bmp”。

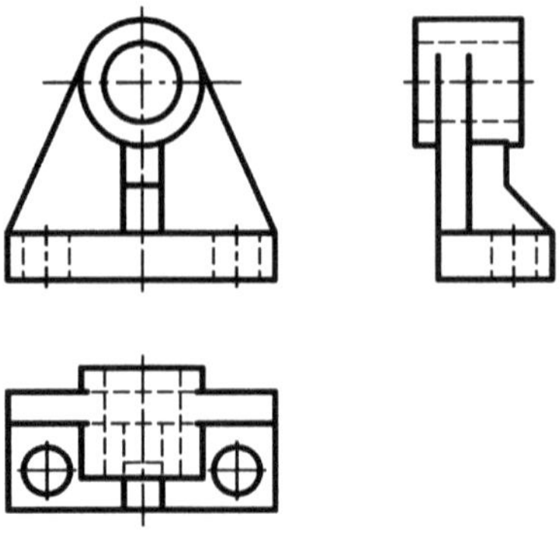

图 7-13 示例图形

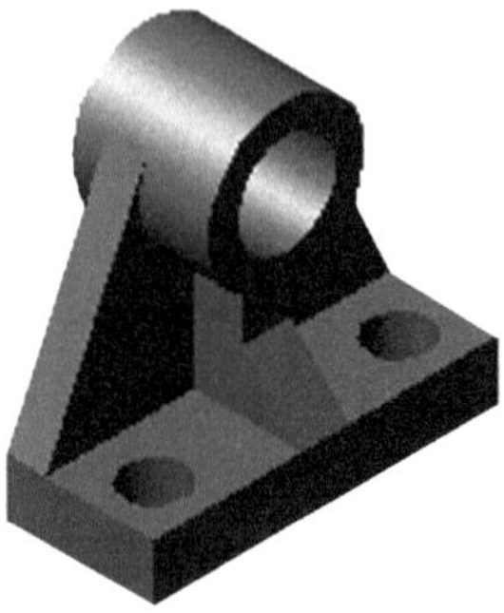

图 7-14 要链接的轴承架图片

操作步骤如下：

1）单击菜单栏【插入】→【超级链接】，根据命令提示在绘图窗口选择图 7-15 所示的图形，按回车键打开【插入超链接】对话框，在【显示文字】文本框中输入【链接到轴承架的三维造型图片上】，在【键入文件或 Web 页名称】文本框中键入链接文件的存放路径“C：\Documents and Settings\All Users\Documents\ 轴承架 .bmp”，单击【确定】按钮关闭此对话框，完成链接。

2）在绘图窗口中，当光标位于带有超链接的对象上时，AutoCAD 将自动显示出超级链接光标和相应的说明文字，便于用户在图形中查找超链接，如图 7-15 所示。

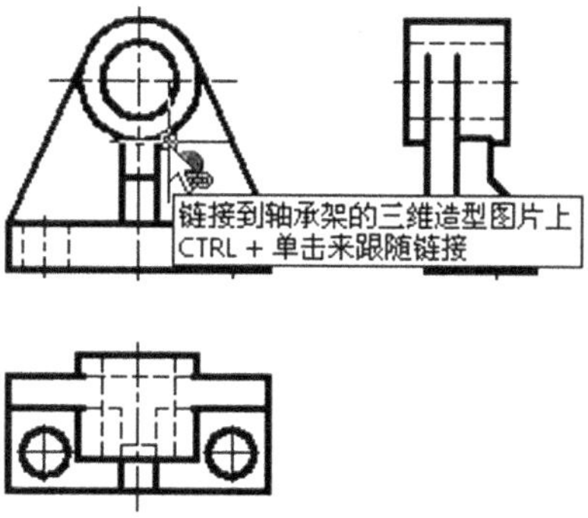

图 7-15　显示超级链接光标和文字说明

2. 编辑、删除和执行超级链接

超级链接创建完成之后，当需要进行补充、删改时，还可以进行编辑。如果某个超级链接不再使用了，也可以从附着超级链接的对象中删除，或者使其与超级链接脱离。使用的命令与添加超级链接所用命令相同，具体操作方法如下：

单击菜单栏【插入】→【超级链接】，出现命令提示：

选择对象：(选择需要编辑的超级链接对象)

……

选择对象：↙

此时系统打开【插入超链接】对话框，如图 7-16 所示。该对话框与图 7-10 所示的【插入超链接】对话框类似，此时要编辑超级链接信息只需在相应文本框中重新输入需要的信息，按【确定】按钮退出即可。如果要删除超级链接，只需要单击该对话框中的【删除链接】按钮，则系统会删除已建立好的超级链接。

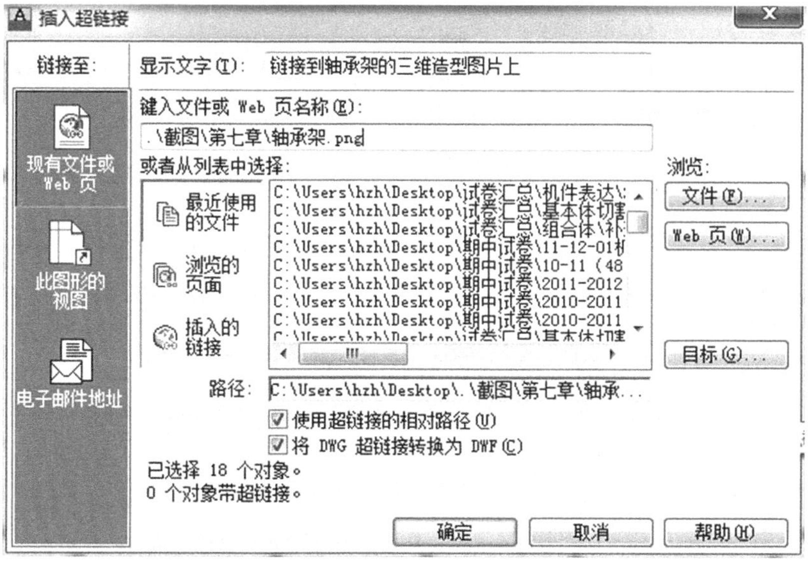

图 7-16 【插入超链接】对话框

提示

用户也可以先选择建立超级链接的图形文件，然后右键单击鼠标，从弹出的快捷菜单中选择【超链接】→【打开X：\XX\XX】命令，如图7-17所示。此时即可打开与该链接相关的图形，并按链接的条件转向不同的操作。

图 7-17　打开链接图形

二、输入与输出其他格式的数据文件

AutoCAD 以 DWG 格式保存自身的图形文件，但这种格式不能适用于其他软件平台或应用程序，要在其他应用程序中使用 AutoCAD 图形，必须将其转换为特定的格式。AutoCAD 可以输出多种格式的文件，供用户在不同软件之间交换数据。

AutoCAD 不仅能够输出其他格式的图形文件，以供其他应用软件的使用，也可使用其他软件生成图形文件。AutoCAD 能够输入的文件类型有 DXF、DXB、SAT、3D Studio、WMF 和封装 PostScript 等。

1．输入图形

AutoCAD 可以输入包括 DXF（图形交换格式）、DXB（二进制图形交换）、ACIS（实体造型系统）、3DS（3D Studio）、WMF（Windows 图元）和 RML（圈阅标记）等类型格式的文件，输入方式类似。

单击【插入】工具栏上的 按钮或键入“IMPORT”均可执行该命令，此时系统打开【输入文件】对话框。在其中的【文件类型】下拉列表框中可以看到系统允许输入图元文件、ACIS 及 3D Studio 图形格式的文件，如图 7-18 所示。

图 7-18 【输入文件】对话框

提示

在AutoCAD 2013的菜单中无“输入”命令，但是用户可以使用【插入】菜单中的【3D Studio】、【ACIS文件】及【Windows 图元文件】分别输入上述3种格式的图形文件。

下面以 3DS 为例进行讲述。

单击菜单栏【插入】→【3D Studio】或键入“3DSIN”，AutoCAD 打开【3D Studio 文件输入】对话框。在该对话框的【文件名】列表框中选择一个文件名，单击【打开】按钮。图 7-19 所示为输入的 3DS 文件。

图 7-19 【3D Studio 文件输入】对话框

2. 输出图形

AutoCAD 2013 可以输出包括 DXF（图形交换格式）、EPS（封装 Postscript）、ACIS（实体造型系统）、3DS（3D Studio）、WMF（Windows 图元）、BMP（位图）、STL（平版印刷）DXX（属性数据提取）等类型格式的文件。

单击菜单栏【文件】→【输出】或键入“EXPORT”均可执行该命令，此时系统打开【输出数据】对话框，如图 7-20 所示。在【文件类型】下拉列表框中可以选择各种格式的文件类型。

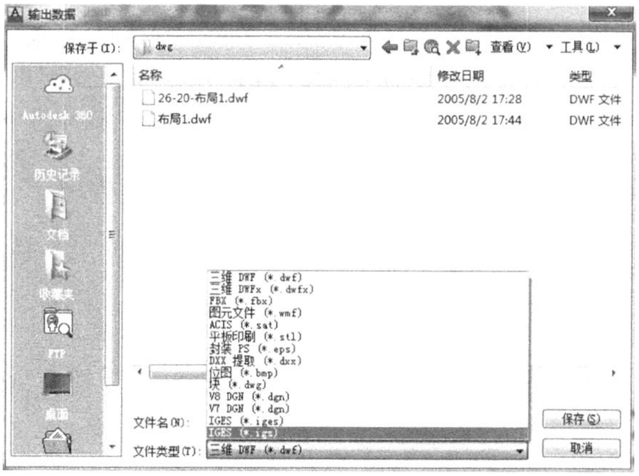

图 7-20 【输出数据】对话框

三、打印

在利用 AutoCAD 建立了图形文件后，通常要进行绘图的最后一个环节，即图形输出。在这个过程中，要想在一张图纸上得到一张完整的图形，必须恰当地规划图形的布局，合理地安排图纸规格和尺寸，正确地选择打印设备及各种打印参数。

在进行绘图输出时，利用打印命令可以将图形输出到绘图机、打印机或图形文件中。AutoCAD 2013 的打印和绘图输出非常方便，其中打印预览功能非常有用，可实现所见即所得。AutoCAD 2013 支持所有的标准 Windows 输出设备。该命令的操作方法如下：

单击【标准】工具栏上的按钮或单击菜单栏【文件】→【打印】或键入“PLOT”或利用快捷键Ctrl+P，系统将显示【打印】对话框，单击右下角的按钮，将对话框展开，如图7-21所示。

图7-21 【打印】对话框

在【打印】对话框中可以设置打印设备参数和图纸尺寸、打印份数等。各选项组具体含义如下：

1)【页面设置】选项组用于指定打印的页面设置，也可通过【添加】按钮添加新设置。

2)【打印机/绘图仪】选项组用来设置打印机配置，选中【打印到文件】复选框，可以将选定的布局发送到打印文件，而不是发送到打印机。

可在【名称】下拉列表框中选择系统所连接的打印机或绘图机名。下面的提示行给出了当前打印机名称、位置以及相应说明。用【特性】按钮来确定打印机或绘图机的配置属性。单击该按钮后，系统打开【绘图仪配置编辑器】对话框，如图7-22所示，用户可以在其中对绘图仪的配置进行编辑。

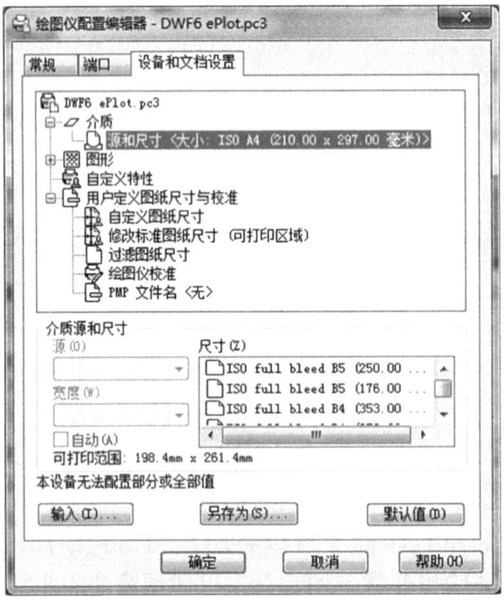

图7-22 【绘图仪配置编辑器】对话框

提示

要指定打印文件的默认位置，可通过菜单【工具】→【选项】命令，在选项对话框中单击【打印和发布】选项卡，在【打印到文件操作的默认位置】指定默认路径即可。

3）【图纸尺寸】选项组用来确定图纸尺寸。

4）【打印份数】选项组用来指定每次打印图纸的份数。

5）【打印比例】选项组用来确定绘图比例。其中【比例】下拉列表框确定绘图比例。当为【自定义】选项时，可在下面的文本框中自定义任意打印比例。【缩放线宽】复选框用来确定是否打开线宽比例控制。该复选框只有在打印图纸空间时才会用到。

6）【打印区域】选项组用来确定打印区域的范围。其中【窗口】选项用于选定打印窗口的大小。【范围】选项与【范围缩放】命令类似，用于告诉系统打印当前绘图空间内所有包含实体的部分（已冻结层除外）。在使用【范围】之前，最好先用【范围缩放】命令查看一下系统将打印的内容。【图形界限】选项控制系统打印当前层或由绘图界限所定义的绘图区域。如果当前视点并不处于平面视图状态，系统将作为【范围】选项处理。其中，当前图形在图纸空间时，对话框中显示【布局】按钮，当前图形在模型空间时，对话框显示【图形范围】按钮。【显示】选项控制系统打印当前视窗中显示的内容。

7）【打印偏移】选项组用来确定打印位置。【居中打印】复选框控制是否居中打印。【X】、【Y】文本框分别控制X轴和Y轴打印偏移量。

8）【打印样式表】选项组用来确定准备输出的图形的相关参数。其中【名称】下拉列表框可选择相应的参数配置文件名。【编辑】按钮将打开【打印样式表编辑器 – acad.ctb】对话框的【表格视图】选项卡，如图7-23所示，在该对话框中可以编辑相关参数。

图7-23 【打印样式表编辑器】对话框

9）【着色视口选项】选项组用来指定着色和渲染视口的打印方式，并确定它们的分辨率大小和 DPI 值。以前只能将三维图像打印成线框，为了打印着色渲染图像，必须将场景渲染为位图，然后在其他程序中打印此位图。现在使用着色打印便可以在 AutoCAD 中打印着色三维图像或渲染三维图像。还可以使用不同的着色选项和渲染选项设置多个视口。其中在【着色打印】下拉列表框中可指定视图的打印方式；在【质量】下拉列表框中可指定着色和渲染视口的打印质量。【DPI】文本框指定渲染和着色视图每英寸的点数，最大可为当前打印设备分辨率的最大值。只有在【质量】下拉列表框中选择了【自定义】后，此选项才可用。

10）在【打印选项】选项组中，【打印对象线宽】复选框用来设置打印时是否显示打印线宽。【按样式打印】复选框选用在打印类型选项组中规定的打印样式打印。【最后打印图纸空间】复选框表示首先打印模型空间，最后打印图纸空间。通常情况下，系统首先打印图纸空间，再打印模型空间。【隐藏图纸空间对象】复选框指定是否在图纸空间视口中的对象应用【隐藏】操作。此选项仅在【布局】选项卡上可用。此设置的效果反映在打印预览中，而不反映在布局中。

11）【图形方向】选项组用来确定打印方向，其中【纵向】单选按钮表示用户选择纵向打印方向；【横向】单选按钮表示用户选择横向打印方向；【反向打印】复选框控制是否将图形旋转 180° 打印。

12）【预览】按钮用于预览整个图形窗口中将要打印的图形。

完成上述参数设置后，单击【确定】按钮，AutoCAD 将开始输出图形并动态显示绘图进度。如果图形输出错误或用户要中断图形输出，可按 Esc 键，AutoCAD 将结束图形输出。

附　　录

附录 A　AutoCAD 2013 菜单命令表

【文件】菜单				
命令图标	中文命令	英文命令	简化命令	主要功能
	新建	New		创建新图形
	新建图纸集	Newsheetset		创建用于管理图形布局、文件路径和工程数据的新图纸集数据文件
	打开	Open		打开现有的图形文件
	打开图纸集	Opensheetset		打开选定的图纸集
	加载标记集	Opendwfmarkup		打开包含标记的 DWF 或 DWFx 文件
	关闭	Close		关闭当前图形
	局部加载	Partiaload		将附加几何图形加载到局部打开的图形中
	输入	Import	IMP	将不同格式的文件输入当前图形中
	附着	Attach		将外部参照、图像或参考底图（DWF、DWFx、PDF 或 DGN 文件）插入到当前图形中
	保存	Save		用当前的文件名或指定名称保存图形
	另存为	Saveas		用新文件名保存当前图形的副本
	输出	Export		以其他文件格式保存图形中的对象
	将布局输出到模型	Exportlayout		创建新图形的模型空间中当前布局的视觉表示
	DWG 转换	Dwgconvert		转换选定图形文件的图形格式版本
	电子传递	Etransmit		将一组文件打包以进行 Internet 传递
	网上发布	Publishtoweb		创建包含选定图形的图像的 HTML 页面
	发送			将当前图形文件作为传真或电子邮件发送
	页面设置管理器	Pagesetup		控制每个新建布局的页面布局、打印设备、图纸尺寸和其他设置
	绘图仪管理器	Plottermanager		显示绘图仪管理器，从中可以添加或编辑绘图仪配置
	打印样式管理器	Stylesmanager		显示打印样式管理器，从中可以修改打印样式表
	打印预览	Preview	PRE	将要打印图形时显示此图形
	打印	Plot	PRINT	将图形打印到绘图仪、打印机或文件
	发布	Publish		将图形发布为 DWF、DWFx 和 PDF 文件，或发布到绘图仪
	查看打印和发布详细信息	Viewplotdetails		显示有关完成的打印和发布作业的信息
	图形实用工具			图形实用工具
	图形特性	Dwgprops		设置和显示当前图形的文件特性
	退出	Quit	EXIT	退出程序

（续）

【编辑】菜单				
命令图标	中文命令	英文命令	简化命令	主要功能
	放弃	Undo	u	撤销命令的效果
	重做	Redo		恢复上一个用 UNDO 或 U 命令放弃的效果
	剪切	Cutclip		将选定的对象复制到剪贴板，并将其从图形中删除
	复制	Copyclip		将选定的对象复制到剪贴板
	带基点复制	Copybase		将选定的对象与指定的基点一起复制到剪贴板
	复制链接	Copylink		将当前视图复制到剪贴板中以便链接到其他 OLE 应用程序
	粘贴	Pasteclip	PA	将剪贴板中的对象粘贴到当前图形中
	粘贴为块	Pasteblock		将剪贴板中的对象作为块粘贴到当前图形中
	粘贴超链接	Pasteashyperlink		创建到文件的超链接，并将其与选定的对象关联
	粘贴原坐标	Pasteorig		使用原坐标将剪贴板中的对象粘贴到当前图形中
	选择性粘贴	Pastespec		将剪贴板中的对象粘贴到当前图形中，并控制数据的格式
	删除	Erase	E X	从图形中删除对象
	全部选择	Ai_selall		全选所有未隐藏的对象
	OLE 链接	Olelinks		更新、更改和取消现有的 OLE 链接
	查找	Find		查找指定的文字，然后可以选择性地将其替换为其他文字

【视图】菜单				
命令图标	中文命令	英文命令	简化命令	主要功能
	重画	Redrawall	RA	刷新所有视口中的显示
	重生成	Regen	RE	从当前视口重生成整个图形
	全部重生成	Regenall	REA	重生成图形并刷新所有视口
	缩放	Zoom	Z	控制当前视口的显示缩放
	平移	Pan	P	在当前视口中移动视图
	SteeringWheels	navswheel		显示包含视图导航工具集合的控制盘
	ShowMotion	Navsmotion		显示 ShowMotion 界面
	动态观察	3Dorbit	3DO	在三维空间中旋转视图，但仅限于水平动态观察和垂直动态观察
	相机	3Ddistance		启动交互式三维视图并使对象显示得更近或更远
	漫游和飞行	3Dwalk		交互式更改图形中的三维视图以创建在模型中漫游和飞行的外观
	全屏显示	Cleanscreenon		清除工具栏和可固定窗口（命令行除外）屏幕
	视口	Vports		在模型空间或图纸空间中创建多个视口
	命名视图	View	V	保存和恢复命名视图、相机视图、布局视图和预设视图
	三维视图	Ddvpoint	VP	设置三维观察方向

（续）

命令图标	中文命令	英文命令	简化命令	主要功能
	创建相机	Camera		设置相机位置和目标位置，以创建并保存对象的三维透视视图
	显示注释对象			显示比例
	消隐	Hide	HI	重生成不显示隐藏线的三维线框模型
	视觉样式	Vscurrent		设置当前视口的视觉样式
	渲染	Render	RR	创建三维实体或曲面模型的真实照片级图像或真实着色图像
	运动路径动画	Anipath		保存相机在三维模型中移动或平移的动画文件
	显示	Ucsicon		控制 UCS 图标的可见性和位置
	工具栏	Toolbar	TO	显示、隐藏和自定义工具栏

【插入】菜单

命令图标	中文命令	英文命令	简化命令	主要功能
	块	Insert	I	将块或图形插入当前图形中
	DWG 参照	Xattach	XA	插入 DWG 文件作为外部参照
	DWF 参照	Dwfattach		将 DWF 或 DWFx 文件作为参考底图插入到当前图形中
	DGN 参考底图	Dgnattach		将 DGN 文件作为参考底图插入当前图形中
	PDF 参考底图	Pdfattach		将 PDF 文件作为参考底图插入当前图形中
	点云参照	Pointcloudattach		在当前图形中插入点云（PCG 或 ISD) 文件
	光栅图像参照	Imageattach	IAY	将参照插入图像文件中
	字段	Field		创建带字段的多行文字对象，该对象可以随着字段值的更改而自动更新
	布局			布局
	3D studio	3Dsin		输入 Autodesk 3ds MAX (3DS) 文件
	ACIS 文件	Acisin		输入 ACIS (SAT) 文件并创建三维实体、体或面域对象
	二进制图形交换	Dxbin		输入 AutoCAD DXB（二进制图形交换）文件
	Windows 图元文件	Wmfin		输入 Windows 图元文件
	点云（扫描文件）	Pointcloudindex		根据扫描文件创建点云（PCG 或 ISD) 文件
	OLE 对象	Insertobj	IO	插入链接或内嵌对象
	外部参照	Externalreferences		打开外部参照选项板
	超链接	Hyperlink		将超链接附着到对象或修改现有超链接

【格式】菜单

命令图标	中文命令	英文命令	简化命令	主要功能
	图层	Layer		管理图层和图层特性

（续）

命令图标	中文命令	英文命令	简化命令	主要功能
	图层状态管理器	Layerstate		保存、恢复和管理命名图层的状态
	图层工具			图层工具
	颜色	Color	COL	设置新对象的颜色
	线型	Linetype	LT	加载、设置和修改线型
	线宽	Lweight	LW	设置当前线宽、线宽显示选项和线宽单位
	透明度	Cetransparency		设定当前透明度
	比例缩放列表	Scalelistedit		控制可用于布局视口、页面布局和打印的缩放比例的列表
	文字样式	Style	ST	创建、修改或指定文字样式
	标注样式	Dimstyle	DST 或 DIMSTY	创建和修改标注样式
	表格样式	Tablestyle		创建、修改或指定表格样式
	多重引线样式	Mleaderstyle		创建和修改多重引线样式
	打印样式	Plotstyle		控制附着到当前布局、并可指定给对象的命名打印样式
	点样式	Ddptype		指定点对象的显示样式及大小
	多线样式	Mlstyle		创建、修改和管理多线样式
	单位	Units	UN	控制坐标和角度的显示格式和精度
	厚度	Thickness		设置当前三维厚度
	图形界限	Limits		在当前的“模型”或布局选项卡上，设置并控制栅格显示的界限
	重命名	Rename	REN	更改指定给项目（例如图层和标注样式）的名称
【工具】菜单				
命令图标	中文命令	英文命令	简化命令	主要功能
	工作空间	Wssettings		设置工作空间选项
	选项板			选项板
	工具栏>AutoCAD			打开或隐藏 AutoCAD 提供的工具栏
	命令行	Commandline		显示或隐藏命令行窗口
	全屏显示	Cleanscreenon		打开或关闭全屏显示
	拼写检查	Spell	SP	检查图形中的拼写
	快速选择	Qselect		根据过滤条件创建选择集
	绘图次序			选择绘图次序
	隔离			隐藏对象
	查询			测量、计算、显示相关信息
	更新字段	Updatefield		手动更新图形中所选对象的字段
	块编辑器	Bedit		在块编辑器中打开块定义
	外部参照和块在位编辑			外部参照和块在位编辑

（续）

命令图标	中文命令	英文命令	简化命令	主要功能
	数据提取	Dataextraction		从外部源提取数据，并将数据合并至数据提取处理表或外部文件
	数据链接			数据链接
	动作录制器			动作录制
	加载应用程序	Appload	AP	加载和卸载应用程序，定义要在启动时加载的应用程序
	运行脚本	Script	SCR	从脚本文件执行一系列命令
	宏 > 宏	Vbarun		运行 VBA 宏
	AutoLISP			加载，显示
	显示图像	Saveimg		将渲染图像保存到文件中
	新建 UCS			三维坐标系
	命名 UCS	Ucsman		管理已定义的用户坐标系
	地理位置	Geographiclocation		指定图形文件的地理位置信息
	CAD 标准			相关标准
	向导			向导
	绘图设置	Dsettings	DS、SE	设置栅格和捕捉、极轴和对象捕捉追踪、对象捕捉模式、动态输入和快捷特性
	组	Group		创建和管理已保存的对象集（称为编组）
	解除编组	Ungroup		将组分解
	数字化仪			使用数字化仪
	自定义	Cui		管理产品中自定义的用户界面元素
	选项	Options	OP、PR	自定义程序设置

【绘图】菜单

命令图标	中文命令	英文命令	简化命令	主要功能
	建模			创建三维立体
	直线	Line	L	创建直线段
	射线	Ray		创建始于一点并无限延伸的直线
	构造线	Xline	XL	创建无限长的直线
	多线	Mline	ML	创建多条平行线
	多段线	Pline	PL	创建二维多段线
	三维多段线	3Dpoly	3P	创建三维多段线
	多边形	Polygon	POL	创建等边闭合多段线
	矩形	Rectang	REC	创建矩形多段线
	螺旋	Helix		创建二维螺旋或三维弹簧
	圆弧	Arc	A	创建圆弧
	圆	Circle	C	创建圆
	圆环	Donut	DO	创建实心圆或较宽的环

（续）

命令图标	中文命令	英文命令	简化命令	主要功能
	样条曲线	Spline	SPL	经过指定点或在指定点附近创建一条平滑的曲线
	椭圆	Ellipse	EL	创建椭圆或椭圆弧
	块	Block	B	从选定的对象中创建一个块定义
	表格	Table		创建空的表格对象
	点	Point	PO	创建点对象
	图案填充	Hatch	H	使用填充图案、实体填充或渐变填充来填充封闭区域或选定对象
	渐变色	Gradient		使用渐变填充填充封闭区域或选定对象
	边界	Boundary		从封闭区域创建面域或多段线
	面域	Region	REG	将封闭区域的对象转换为面域对象
	面域覆盖	Wipeout		创建区域覆盖对象
	修订云线	Revcloud		使用多段线创建修订云线
	文字	Mtext/Text		绘制文字
【标注】菜单				
命令图标	中文命令	英文命令	简化命令	主要功能
	快速标注	Qdim		从选定对象快速创建一系列标注
	线性	Dimlinear	DLI 或 DIMLIN	创建线性标注
	对齐	Dimaligned	DAL 或 DIMALI	创建对齐线性标注
	弧长	Dimarc		创建圆弧长度标注
	坐标	Dimordinate	DOR 或 DIMROD	创建坐标标注
	半径	Dimradius	DRA 或 DIMRAD	为圆或圆弧创建半径标注
	折弯	Dimjogged		为圆和圆弧创建折弯标注
	直径	Dimdiameter	DDI 或 DIMDIA	为圆或圆弧创建直径标注
	角度	Dimangular	DAN 或 DIMANG	创建角度标注
	基线	Dimbaseline	DBA 或 DIMBASE	从上一个标注或选定标注的基线处创建线性标注、角度标注或坐标标注
	连续	Dimcontinue	DCO 或 DIMCONT	创建从先前创建的标注的延伸线开始的标注
	标注间距	Dimspace		调整线性标注或角度标注之间的间距
	标注打断	Dimbreak		在标注和延伸线与其他对象的相交处打断或恢复标注和延伸线
	多重引线	Mleader		创建多重引线对象
	公差	Tolerance	TOL	创建包含在特征控制框中的形位公差

（续）

命令图标	中文命令	英文命令	简化命令	主要功能
	圆心标记	Dimcenter	DCE	创建圆和圆弧的圆心标记或中心线
	检验	Diminspect		为选定的标注添加或删除检验信息
	折弯线性	Dimjogline		在线性标注或对齐标注中添加或删除折弯线
	倾斜	Dimedit	DED 或 DIMED	使线性标注的延伸线倾斜
	对齐文字	Dimedit		对齐文字
	标注样式	Dimstyle	DST 或 DIMSTY	创建和修改标注样式
	替代	Dimoverride	DOR 或 DIMOVER	控制选定标注中使用的系统变量的替代值
	更新	Dimstyle		用当前标注样式更新标注对象
	重新关联标注	Dimreassociate		将选定的标注关联或重新关联至对象或对象上的点
【修改】菜单				
命令图标	中文命令	英文命令	简化命令	主要功能
	特性	Properties	PR	控制现有对象的特性
	特性匹配	Matchprop	MA	将选定对象的特性应用于其他对象
	更改为 ByLayer	Setbylayer		将选定对象的特性替代更改为 ByLayer（来自图层）
	对象	Xbind	XB	将外部参照中命名对象的一个或多个定义绑定到当前图形
	剪裁			剪裁边界
	注释性对象比例	Objectscale		为注释性对象添加或删除支持的比例
	删除	Erase	E X	从图形中删除对象
	复制	Copy	CO 或 CP	在指定方向上按指定距离复制对象
	镜像	Mirror	MI	创建选定对象的镜像副本
	偏移	Offset	O	创建同心圆、平行线和平行曲线
	阵列	Array	AR	创建图形中对象的多个副本并按阵列排布
	删除重复对象	Overkill		删除重复对象
	移动	Move	M	在指定方向上按指定距离移动对象
	旋转	Rotate	RO	绕基点旋转对象
	缩放	Scale	SC	放大或缩小选定对象，使缩放后对象的比例保持不变
	拉伸	Stretch		拉伸与选择窗口或多边形交叉的对象
	拉长	Lengthen	LEN	更改对象的长度和圆弧的包含角
	修剪	Trim	TR	修剪对象以与其他对象的边相接
	延伸	Extend	EX	扩展对象以与其他对象的边相接
	打断	Break	BR	在两点之间打断选定对象
	合并	Join		合并相似的对象以形成一个完整的对象

（续）

命令图标	中文命令	英文命令	简化命令	主要功能
	倒角	Chamfer	CHA	给对象加倒角
	圆角	Fillet		给对象加圆角
	光顺曲线	Blend		在两条开放曲线的端点之间创建平滑连接样条曲线
	三维操作	3D		在三维视图中操作
	实体编辑			三维实体编辑
	曲面编辑			曲面编辑
	网格编辑			网格编辑
	点云编辑			点云编辑
	更改空间	Chspace		在模型空间和图纸空间之间移动对象
	分解	Explode	EXP	将复合对象分解为其组件对象

【参数】菜单

命令图标	中文命令	英文命令	简化命令	主要功能
	几何约束	Geomconstraint		约束相应要素
	自动约束	Autoconstrain		根据对象相对于彼此的方向将几何约束应用于对象的选择集
	约束栏	Constraintbar		可显示对象上的可用几何约束的工具栏状 UI 元素
	标注约束	Dimconstraint		将标注约束应用于选定的对象或对象上的点
	动态约束	Dcdisplay		显示或隐藏图形中的所有动态标注约束
	删除约束	Delconstraint		从对象的选择集中删除所有几何约束和标注约束
	约束设置	Constraintsettings		控制约束栏上几何约束的显示
	参数管理器	Parameters		打开或关闭参数管理器

【窗口】菜单

命令图标	中文命令	英文命令	简化命令	主要功能
	关闭	Close		关闭当前图形
	全部关闭	Closeall		关闭当前所有打开的图形
	锁定位置			锁定
	层叠	Syswindows		使窗口层叠，保持标题栏可见
	垂直平铺	Syswindows		在水平方向上以不重叠的平铺方式排列窗口和图标
	水平平铺	Syswindows		在垂直方向上以不重叠的平铺方式排列窗口和图标
	排列图标	Syswindows		排列窗口图标

【帮助】菜单

命令图标	中文命令	英文命令	简化命令	主要功能
	帮助	Help		打开“帮助”窗口
	下载脱机帮助			下载脱机帮助
	欢迎屏幕	Welcomescreen		打开欢迎屏幕
	其他资源			启动 Web 浏览器
	发送反馈			通过 Autodesk.com.cn 提交反馈信息
	客户参与计划			显示客户参与计划对话框
	关于 AutoCAD 2013	About		显示关于 AutoCAD 2013 的产品信息

附录 B　AutoCAD 2013　快捷键功能索引

键盘快捷操作	
快捷键	功能
F1	显示帮助文件
F2	打开或关闭文本窗口
F3	打开或关闭对象捕捉功能
F4	打开或关闭三维对象捕捉功能
F5	切换轴测面
F6	打开或关闭动态 UCS 功能
F7	打开或关闭栅格显示功能
F8	打开或关闭正交功能
F9	打开或关闭捕捉模式
F10	打开或关闭极轴追踪模式
F11	打开或关闭对象捕捉追踪功能
F12	打开或关闭动态输入功能
A	绘制圆弧，ARC（圆弧）命令的简写
B	创建块，BLOCK（创建块）命令的简写
C	绘制圆，CIRCLE（圆）命令的简写
D	管理标注样式，DIMSTYLE（标注样式）命令的简写
E	删除选定的图形，ERASE（删除）命令的简写
F	绘制过渡圆角，FILLET（圆角）命令的简写
G	创建组，GROUP（组）命令的简写
H	填充图案，HATCH（图案填充）命令的简写
I	插入图块，INSERT（插入块）命令的简写
J	合并对象，JOIN（合并）命令的简写
L	绘制直线，LINE（直线）命令的简写
M	移动图形，MOVE（移动）命令的简写
N	开启或关闭导航栏，NAVBAR（导航栏）命令的简写
O	偏移图形，OFFSET（偏移）命令的简写
P	平移视图，PAN（平移）命令的简写
R	刷新视图，REDRAW（重画）命令的简写
S	拉伸图形，STRETCH（拉伸）命令的简写
T	输入文字，MTEXT（多行文字）命令的简写
U	撤销上一个操作，UNDO（放弃）命令的简写
V	管理视图，VIEW（视图）命令的简写
W	创建外部图块，WBLOCK(写块）命令的简写
X	分解图形，EXPLODE（分解）命令的简写
Z	缩放视图，ZOOM（缩放）命令的简写
Esc	退出已经激活的命令
Delete	删除选定的对象
CTRL+0	打开或关闭全屏显示模式
CTRL+1	打开或关闭特性面板
CTRL+2	打开或关闭设计中心

（续）

键盘快捷操作	
快捷键	功能
CTRL+3	打开或关闭工具选项板窗口
CTRL+4	打开或关闭图纸集管理器
CTRL+6	打开或关闭数据库连接管理器
CTRL+7	打开或关闭标记集管理器
CTRL+8	打开或关闭快速计算器
CTRL+9	打开或关闭命令行窗口
CTRL+F2 或者 F2	打开或关闭文本窗口
CTRL+A	选择模型空间或当前布局中的所有对象，处于冻结或锁定图层上的对象除外
CTRL+B 或者 F9	打开或关闭捕捉模式
CTRL+C	将选定对象复制到剪贴板
CTRL+D 或者 F6	打开或关闭动态 UCS 功能
CTRL+E 或者 F5	切换轴测面
CTRL+F 或者 F3	打开或关闭对象捕捉功能
CTRL+G 或者 F7	打开或关闭栅格显示
CTRL+I	切换坐标
CTRL+J 或者回车键或者空格键	重复执行上一个命令
CTRL+K	向对象附着超链接或修改现有的超链接
CTRL+L 或者 F8	打开或关闭正交功能
CTRL+N	创建新图形
CTRL+O	打开现有图形
CTRL+P	打印当前图形
CTRL+Q	退出应用程序
CTRL+R	在布局视口之间循环
CTRL+S	保存当前图形
CTRL+V	粘贴剪切板中的数据
CTRL+W	打开或关闭选择循环功能
CTRL+X	将对象剪切到剪贴板
CTRL+Y	重复上一个操作
CTRL+Z	撤销上一个操作
CTRL+[	取消当前命令
CTRL+ \	取消当前命令
CTRL+SHIFT+C	将选定对象与指定基点一起复制到剪贴板
CTRL+SHIFT+H	切换选项板状态
CTRL+SHIFT+I	打开或关闭推断约束功能
CTRL+SHIFT+L	选择前次选择的对象
CTRL+SHIFT+P	打开或关闭快捷特性
CTRL+SHIFT+S	以新文件名保存当前图形的副本
CTRL+SHIFT+V	将剪贴板中的对象作为块粘贴到当前图形中
SHIFT+F1	关闭所有子对象过滤器
SHIFT+F2	仅选择三维对象上的顶点
SHIFT+F3	仅选择三维对象上的边
SHIFT+F4	仅选择三维对象上的面
SHIFT+F5	仅选择历史记录子对象
ALT+F8	运行 VBA 宏
ALT+F11	显示 Visual Basic 编辑器

参考文献

[1] 华红芳，孙燕华 . 机械制图与零部件测绘 [M]. 北京：电子工业出版社，2012.
[2] 华红芳，马宏亮，姚民雄 .AutoCAD 工程制图实训教程 [M]. 北京：机械工业出版社，2009.
[3] 陈志民，等 .AutoCAD 2013 机械绘图实例教程 [M]. 北京：机械工业出版社，2012.
[4] 孙士保 .AutoCAD 2012 中文版实用教程 [M]. 北京：电子工业出版社，2012.